KB106026

나를 잃어버린 사람들

나를 잃어버린 사람들

아닐 아난타스와미 지음
변지영 옮김

뇌과학이 밝힌 인간 자아의 8가지 그림자

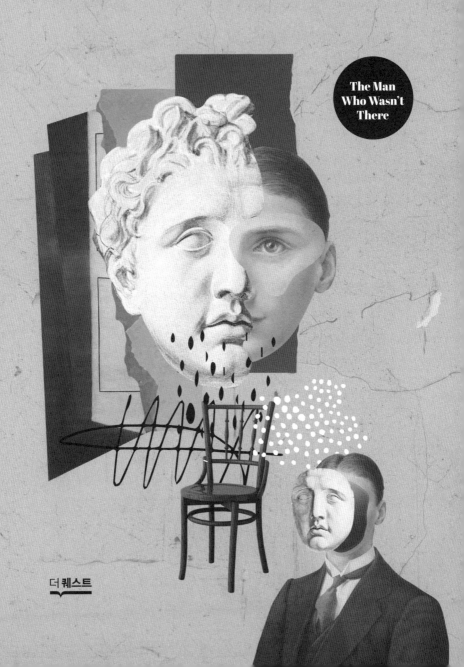

더 퀘스트

뇌과학이 밝힌 인간 자아의 8가지 그림자

나를 잃어버린 사람들

초판 발행 · 2017년 4월 17일
초판 2쇄 발행 · 2017년 5월 1일
개정판 발행 · 2023년 3월 15일
개정판 2쇄 발행 · 2023년 4월 12일

지은이 · 아닐 아난타스와미
옮긴이 · 변지영
발행인 · 이종원
발행처 · (주)도서출판 길벗
브랜드 · 더퀘스트
주소 · 서울시 마포구 월드컵로 10길 56(서교동)
대표전화 · 02)332-0931 | **팩스** · 02)323-0586
출판사 등록일 · 1990년 12월 24일
홈페이지 · www.gilbut.co.kr | **이메일** · gilbut@gilbut.co.kr
대량구매 및 납품 문의 · 02)330-9708

책임편집 · 이민주(ellie09@gilbut.co.kr) | **편집** · 박윤조, 안아람 | **제작** · 이준호, 손일순, 이진혁, 김우식
영업마케팅 · 한준희, 김선영, 이지현 | **영업관리** · 김명자, 심선숙 | **독자지원** · 윤정아, 최희창

디자인 · 형태와내용사이 | **전산편집** · 이은경 | **CTP 출력 및 인쇄** · 북솔루션 | **제본** · 북솔루션

ISBN 979-11-407-0341-8 03400
(길벗 도서번호 040202)

정가 19,800원

내려놓으려는 사람들에게 이 책을 바친다.
하지만 궁금하다.
'누가'
'무엇을'
내려놓으려는 것일까?

그 모든 시공간의 광대함 속에서, 중심 없는 우주가 하고많은 사람들 중 나를 만들어냈다니 참으로 기이하다. (…) 기나긴 시간 동안 '나'는 없었는데, 특정 시간과 특정 공간에 존재하는 특정한 물질적 유기체가 형성되면서 불현듯 내가 '존재한다'. 그 유기체가 살아 있는 동안은. (…) 어떤 종의 한 구성원으로 존재한다는 것이 어떻게 이렇게 놀라운 결과를 가져올 수 있을까?[1] _ 토머스 네이글

무엇이 '진짜 나'인가

고대 인도 마드야미카Madhyamika 학파(중관파中觀派, 인도 대승불교의
한 종파–옮긴이)의 경전에는 도깨비에게 잡아먹힌 인간에 관한 우
화[1]가 등장한다. 서기 150년에서 250년 사이로 거슬러 올라가는
이 이야기는 자아의 참된 본성에 관한 불교적 개념을 조금은 섬뜩
하게 그린다.

먼 길을 가던 한 남자가 버려진 집을 발견하고는 하룻밤 쉬어가기로
했다. 그런데 자정이 되니, 도깨비 하나가 시체를 들고 나타났다. 도
깨비는 남자 바로 옆에 그 시체를 내려놓았다. 곧이어 이 도깨비를
쫓던 다른 도깨비 하나가 이 집에 도착했다. 두 도깨비는 만나자마자
시체를 놓고 말싸움을 시작했다. 서로 자기가 시체를 이 집으로 가져

왔다면서 그 시체가 자기 것이라고 우겼다. 분쟁이 해결될 기미가 보이지 않자, 도깨비들은 남자 쪽으로 몸을 돌려 자기들이 들어오는 것을 지켜봤으니 판결을 내려달라고 청했다. 그들은 답을 원했다. '누가 시체를 집으로 가져왔는가?'

남자는 어느 쪽 도깨비든 어차피 자신을 죽일 것이니 거짓말을 해봐야 소용없다고 생각하고 진실을 말했다.

"먼저 들어온 도깨비가 시체를 갖고 왔어요."

화가 난 두 번째 도깨비는 앙갚음으로 남자의 팔을 뜯어버렸다. 이어서 우화는 뜻밖에도 섬뜩한 전개를 맞이한다. 곧바로 첫 번째 도깨비가 시체의 팔을 뜯어내 남자에게 붙여주었다. 그 뒤로도 두 번째 도깨비는 계속 남자의 신체를 떼어냈고, 첫 번째 도깨비는 시체에서 같은 부위를 차례로 떼어내 남자에게 갖다 붙였다. 결국 그들은 남자 몸의 모든 부분을 시체의 것과 맞바꿨다. 두 팔과 다리, 몸통, 심지어 머리까지. 마침내 두 도깨비는 함께 남자의 몸을 먹어치우더니, 입을 깨끗이 씻고는 가버렸다.

도깨비들이 떠나자 홀로 남은 남자는 극도로 혼란스러웠다. 그는 자신이 목격한 것을 곰곰이 돌이켜 봤다. 자신의 본래 몸은 도깨비들에게 모두 먹혀버렸다. 그의 몸은 이제 다른 누군가의 신체 부위들로 완전히 대체되었다. 이제 그는 몸을 가진 것일까, 아닐까? 만약 몸을 가졌다면 그것은 그의 몸일까, 아니면 다른 누군가의 몸일까? 만약 자기 몸이 아니라면, 그는 어떻게 그 몸을 볼 수 있을까?

다음 날 아침, 남자는 극도로 혼란스러운 채 길을 떠났다. 길에서 그는 불교 수도승 한 무리를 만났다. 그는 화급히 질문을 던졌다. "내가 존재하는 것입니까, 아닙니까?"

수도승들은 그에게 반문했다. "당신은 누구인가요?"

남자는 그 질문에 뭐라고 답해야 할지 알지 못했다. 심지어 자신이 사람인지조차 확신할 수 없었다. 그는 승려들에게 도깨비들을 만나 괴롭힘을 당한 이야기를 들려줬다.

이 남자가 오늘날의 신경과학자들에게 '내가 누구인지' 묻는다면, 그들은 뭐라고 답할까?

아마도 그들 중 몇몇은 도깨비들이 그에게 한 일이 생물학적으로 말이 되지 않는다는 것을 지적하면서도 감질나는 대답들을 몇 가지 내놓을 것이다. 나는 이 책에서 '나'란 무엇인지를 설명하기 위해 고군분투하는 바로 그 대답들에 주목한다.

차례

1장
나는 죽었다고 말하는 남자

자아란 무엇이며 어떻게 만들어지는가

그날의 전화통화는 누구라도 잊지 못할 것이다.
수화기 너머의 사람이 말한다.
"여기, 자기가 죽었다고 말하는 남자가 있습니다."

사람들은 뇌로부터, 오직 뇌로부터 슬픔과 고통과 비탄과 눈물뿐 아니라 즐거움과 기쁨, 웃음과 농담이 생겨난다는 것을 알아야 한다. (…) 우리가 겪는 이 모든 것이 뇌로부터 온다. (…) 광기는 뇌가 습한 것에서 비롯된다.[1] _ 히포크라테스

내가 확실하게 느끼는 이 자아는 아무리 붙잡으려 애써도, 정의하고 요약하려 해도, 고작 내 손가락들 사이로 미끄러지는 물방울에 지나지 않는다.[2] _ 알베르 카뮈

애덤 제먼Adam Zeman은 그날의 전화통화를 결코 잊지 못할 것이다. 정신과 의사가 그에게 전화를 걸어 급히 정신과 병동으로 오라고 호출했다. 황당하게도 자기 뇌가 죽었다고 주장하는 환자가 있다고 했다. 제먼은 일반 정신과 병동이 아닌 집중치료 병동에서 부르는 것이라 생각했다. 하지만 집중치료 병동이라 해도 매우 특이한 경우였다.

마흔여덟 살 환자 그레이엄은 두 번째 아내와 헤어지고 실의에 빠진 나머지 자살을 시도했다. 그는 욕조에 물을 채운 뒤 전기난로를 집어넣어 감전되어 죽으려 했다. 다행히 퓨즈가 나가서 목숨을 건졌다.

"그 일로 그레이엄의 몸에 문제가 생긴 것 같지는 않아요. 하지만 그 일이 있고 몇 주 뒤부터 그레이엄은 자신의 뇌가 죽어버렸다고 믿었습니다."

영국 엑서터대학교의 신경학자 제먼의 얘기다. 그레이엄의 믿음은 상당히 구체적이었고, 제먼은 이끌리듯 그와 아주 이상한 대화를 나누었다.

제먼은 그레이엄에게 이렇게 말했다.

"이봐요, 그레이엄. 당신은 내 말을 들을 수 있죠. 나를 볼 수도 있고요. 내가 말하는 걸 이해할 수도 있어요. 과거를 기억하고 자신을 표현할 수도 있어요. 당신의 두뇌는 분명히 잘 움직이고 있어요."

하지만 그레이엄은 "아뇨, 아뇨. 내 뇌는 죽었습니다. 정신은 살아 있어요. 하지만 뇌는 죽었습니다"라고 반박했다. 설상가상으로 그레이엄은 자살 시도가 실패한 것 때문에 괴로워하고 있었다. 제먼은 말했다.

"그는 죽었지만 살아 움직이는 존재un-dead(드라큘라나 좀비 참고-옮긴이) 아니면 반쯤 죽은half-dead 사람이었습니다. 실제로 많은 시간을 묘지에서 보냈거든요. 묘지에 있으면 온전히 자기 자신이 된 것 같다고 했어요."

제먼은 그레이엄의 기이한 믿음이 어디에서 비롯됐는지 이해하고자 많은 질문을 던졌다. 아주 근본적인 무언가가 달라진 것이 분명했다. 자기 자신과 세상에 대한 그레이엄의 주관적 경험은 완전히 달라졌다. 그는 더 이상 먹거나 마실 필요를 느끼지 못했다. 한때 그에게 즐거움을 주었던 것들에서 이제 아무런 느낌도 받지 못했다.

"그는 담배 한 대를 깊이 빨아들여도 아무 느낌이 없다고 해요."

제먼이 나에게 말했다. 그레이엄은 잠잘 필요성을 느끼지 못하고 졸리지도 않다고 주장했다. 물론 그는 먹고 마시고 자는 것 모두를 하고 있었지만, 그 행위들을 향한 욕구나 거기서 얻는 느낌의 강도는 급격히 꺾였다.

그레이엄은 우리 모두가 가진 무언가를 잃어버렸다. 인간 고유의 민감한 욕구와 감정을 잃어버린 것이다. 이인증離人症, depersonalization disorder(자신이 낯설게 느껴지거나 자신과 분리된 느낌을 경험하는 등 자기 지각에 이상이 생긴 상태-옮긴이)으로 고통받는 환자들은 자주 정서가 둔감해지거나 정서 저하를 느낀다. 이처럼 정서의 강렬함을 잃어버리는 상태는 우울장애 환자에게서도 나타날 수 있다. 하지만 우울장애 환자들은 '내가 존재하지 않는다'는 삭막한 망상에 빠지지는 않는다. 그레이엄은 극단적으로 정서적 생생함을 상실한 나머지, 제면의 말처럼 "자신의 경험이 완전히 바뀌었기 때문에 뇌가 죽은 게 틀림없다는 결론을 내린" 것이다.

제면은 그레이엄의 강력한 망상에는 두 가지 주요 요소가 영향을 끼친다고 추측했다. 첫째, 자기 자신과 세상을 느끼는 감각에 질적으로 엄청난 변화가 일어났다. 말하자면 정서적 토대 같은 것이 없어져버렸다는 것이다. 그리고 둘째, 경험을 추론하는 능력에 변화가 생겼다. 제면은 "그레이엄의 경우에는 이 두 가지가 다 적용되는 것으로 보인다"고 말했다.

그레이엄의 망상은 그 반대 증거를 눈앞에 보여주어도 꿈쩍도 하지 않았다. 제면은 대화를 나누면서 자기 망상이 잘못되었음을 알아차릴 법한 논지로 그레이엄이 고집을 꺾도록 유도했다. 그레이엄은 자신의 모든 정신적 기능이 온전하며, 보고 듣는 것, 말하고 생각하고 기억하는 것 등이 다 가능하다는 것을 인정했다.

제먼이 그레이엄에게 말했다.

"그레이엄, 당신의 정신은 분명히 살아 있어요."

그레이엄이 답했다.

"그렇죠, 그렇죠. 정신은 살아 있죠."

제먼은 한발 더 들어갔다.

"정신은 뇌와 많은 관련이 있지요. 정신이 살아 있다면 뇌도 분명 살아 있어요."

그러나 그레이엄은 미끼를 물지 않고 이렇게 받아쳤다.

"아뇨. 내 정신은 살아 있지만 뇌는 죽었어요. 그때 욕조에서 이미 죽었다고요."

제먼은 나에게 말했다.

"자기 생각이 완전히 틀렸다는 증거가 눈앞에 있는데도 전혀 받아들이지 않더군요."

그레이엄이 '뇌가 죽었으니 나는 죽은 존재'라는 명백한 망상을 키워왔다는 사실에 나는 아주 놀랐다. 죽음의 법적 정의에 뇌사가 포함되지 않던 시대였다면 그의 망상이 다르게 받아들여졌을까?

제먼은 여태껏 환자들을 진료해오면서 자신이 죽었다고 주장하는 사례는 딱 한 번 봤다고 했다. 1980년대 중반, 수련의 시절 영국 바스에서의 일이었다. 장기간에 걸쳐 대장 수술을 여러 번 받은 여성 환자가 심각한 영양실조로 고통받고 있었다. 거듭된 수술로 그녀의 몸은 피폐해져 있었다.

"그녀는 아주 우울해했고, 자신이 죽었다고 믿기 시작했어요. 그녀가 겪은 정신적 충격이 워낙 크다는 걸 아니까 이상하게도 그녀를 이해하게 되더라고요. 그녀는 자신이 죽었다고 생각했어요."

제먼은 그레이엄의 증상을 살피고 진단을 내렸다. 진단명은 19세기 프랑스의 신경학자이자 정신의학자였던 쥘 코타르Jules Cotard가 처음으로 발견한 '코타르증후군Cotard's syndrome'이었다.

✳

파리 6구의 의과대학가를 걸어 내려가면 어마어마한 돌기둥들이 보인다. 프랑스 네오클래식 건축의 빼어난 전형인 이 기둥들은 파리데카르트대학교(파리 제5대학교) 입구로 이어지는 주랑현관이다. 18세기 후반 건축가 자크 공두앵Jacques Gondouin이 설계한 이 건물의 정면은 건축가가 의도[3]한 대로 눈길을 끌면서도 개방적이고 사람들을 맞아들이는 느낌을 준다.

나는 희귀본 서고를 찾아 의과대학 도서관으로 들어갔다. 쥘 코타르의 생애에 관한 문서를 보기 위해서였다. 그의 친구이자 동료였던 앙투안 리티Antoine Ritti가 코타르 사후 5년쯤에 작성한 추도연설문이었다. 코타르는 디프테리아를 앓던 딸을 헌신적으로 돌보다가 그 역시 디프테리아에 감염돼 1889년에 사망했다.[4] 코타르에 관해 우리가 아는 것 대부분은 이 추도문에서 나왔다. 책등에 '여러 가지 전기들MÉLANGES BIOGRAPHIQUES'이라고 간결하게 쓰여 있는 낡은 가죽 장정본에서 유실되지 않고 남아 있는 원고들 중 하나다. 나는 리티의 추도문이 들어 있는 페이지를 찾아 펼쳤다. 추도문 첫 페이지는 그 당시 의과대학 학장에게 보내는 헌사로, "깊이 존경하는 마음을 담아"라고 쓴 손 글씨 아래 앙투안 리티의 서명이 있었다.

코타르는 이른바 허무망상nihilistic delusion 또는 부정망상délire des négation이라고 불리는 증상을 설명한 사람으로 널리 알려졌다. 하지만 그런 표현을 제시하기 전에도 그는 1880년 6월 28일 어느 프랑스 정신의학회 모임에서 마흔세 살의 여성 환자 사례[5]를 인용해 "극심하게 우울한 심기증 환자의 망상delirium"에 관해 최초로 언급했다. "그녀는 자신이 '뇌와 신경, 가슴과 내장이 없으며, 오직 피부와 뼈만 있다'며 '신도 악마도 존재하지 않는다', 그리고 자신은 '불멸하는 존재이며 영원히 살 것이기 때문에 음식을 먹을 필요가 없다'고 주장했다. 그녀는 살아 있는 채로 태워달라고 요청했으며, 다양한 방법으로 자살을 시도했다."

그로부터 얼마 지나지 않아 코타르는 이런 증상에 '부정망상'이라는 표현을 썼고, 그가 사망한 뒤 의사들이 그의 이름을 따 '코타르 망상'이라고 이름 붙였다. 시간이 흐르면서 '코타르 망상'은 코타르증후군의 증상 중 가장 두드러지게 나타나는, '자신이 죽었다고 믿는' 증상을 가리키게 되었다. 하지만 이 증후군 자체는 일련의 증상들을 가리키며, 자신이 죽었다거나 존재하지 않는다는 망상을 반드시 포함하지는 않는다. 그 밖의 증상들로는 몸의 다양한 부분이나 기관이 사라졌거나 부패했다는 생각이나 죄책감, 저주받았다는 느낌, 그리고 역설적이게도 불멸불사할 것이라는 느낌 등이 포함된다.

하지만 흥미로운 철학적 과제를 제기하는 것은 단연 '자신이 존재하지 않는다는 망상'이다. 17세기 프랑스 철학자 르네 데카르트의 명제 "나는 생각한다. 고로 존재한다Cogito ergo sum"는 최근까지도 서양철학의 튼튼한 기반이 되어왔다. 데카르트는 마음과 몸의 분명한 이원론을 확립한 철학자다. 그에게 '몸'이란 물질세계의 것으로, 공간을 점유하고 시간에 따라 존재하는 것이다. 반면 마음의 정수는 '생각cogito'이었고, 그것은 공간으로 확장되지 않았다. 데카르트에게 생각이란 "감각으로부터 독립된, 명확하고 뚜렷한 지적 인식"[6]까지 의미하는 것은 아니었다. 철학자 토마스 메칭거Thomas Metzinger에 따르면, 데카르트 철학의 함의는 "인간은 자기 마음에 들어 있는 내용에 관해서는 틀릴 수 없다"[7]는 것이었다.

이러한 데카르트의 사상은 알츠하이머병을 포함해 환자들이 종종 자신의 상태를 인식하지 못하는 여러 병에서 사실이 아님이 드러났다. 코타르증후군 역시 수수께끼다. 메칭거는 코타르증후군으로 고통받는 것이 어떤 것인지 알려면 철학자들이 말하는 이른바 장애의 '현상학phenomenology'에 주목해야 한다고 주장한다. "환자들은 그저 자신이 죽었다고 얘기하는 것이 아니라 '전혀 존재하지 않는다'고 명확하게 진술합니다."[8] 명백히 살아 있는 사람이 존재하지 않는다고 주장하는 것이 논리적으로는 불가능해 보이지만, 이것은 분명 코타르증후군 현상학의 일부다.

　도서관을 떠나서 의과대학가로 나왔다. 그러고는 뒤돌아 '파리 데카르트대학교'라고 새겨진 돌기둥 위의 석판을 다시 한 번 바라보았다. 데카르트의 이름을 딴 대학교에서 쥘 코타르를 연구한다는 것이 흥미로웠다. 코타르의 이름을 딴 이 망상은 과연 데카르트의 사상을 어떻게 받아들일까? 코타르증후군 환자는 "나는 생각한다, 고로 존재하지 않는다"라고 말할까?

＊

　"'신체적인 나'를 알고 있는 자는 누구인가? 나 자신이라는 상像과 지속적인 정체감sense of identity을 갖고 있는 자, 내가 적절하게 분투하고 있음을 아는 자는 누구인가? 나는 이 모든 것을 알고 있다. 그리고 더 나아가, 그것들을 안다는 것을 안다. 하지만 위에서 이것들을 다 조망하면서 파악하는 자는 누구인가?"[9]

　정말 누구인가. 미국의 심리학자 고든 올포트Gordon Allport가 남긴 이 서정적인 사색은 인간이라는 가장 중요한 난제를 포착한다. 우리는 올포트가 말하는 것을 본능적으로, 상세하게 안다.[10] 그것은 우리가 잠에서 깨어났을 때에는 있고, 잠들면 사라진다. 어쩌면 꿈에 다시 나타나려고 사라지는 것일지도 모른다. 그것은 우리가 소유하고 통제하는 몸에 뿌리내리고 있다는 느낌이자 거기로부터 세상을 지각하는 느낌이다. 또한 첫 기억에서 상상할 수 있는 미래의 어딘가까지 시간을 가로지르며 뻗어 있는 개인적 정체성의 느낌이다. 이것들은 모두 일관된 한 덩어리로 묶인다. 이것이 바로 '자기감sense of self'이다. 하지만 우리에게 우리 자신에 대한 이런 개인적 친밀함이 있다고 해도 자아의 본질을 밝히는 것은 여전히 가장 큰 도전과제다.

기록으로 남은 인간의 역사를 통틀어, 인류는 늘 자아self에 대해 매혹되는가 하면 당혹해했다. 로마 통치기의 그리스 여행가 파우사니아스Pausanias는 델포이 신전 앞에 새겨진 일곱 현자의 격언에 대해 썼고, 그중 하나가 "너 자신을 알라Know thyself"[11]였다. 힌두교 경전 중 가장 분석적이고 형이상학적인 《케나 우파니샤드The Kena Upanishad》는 이런 말로 시작된다. "누구의 명령과 지시로 마음이 그 대상을 향해 가는가? (…) 인간은 누구의 의지로 말을 하는가? 어떤 힘이 눈과 귀를 지휘하는가?"[12]

성 아우구스티누스가 시간에 관해 다음과 같은 말을 했는데, 이는 동시에 자아에 관해 말한 것일지도 모른다. "아무도 내게 묻지 않는다면, 나는 안다. 하지만 누군가가 물어봐서 그것을 설명하려고 하면, 나는 알지 못한다."[13]

부처에서 현대의 신경과학자와 철학자에 이르기까지 많은 사람이 자아의 본질에 관해 숙고해왔다. '나'는 정말 있을까, 아니면 환상에 지나지 않는 것일까? '나'라는 것이 뇌에 있다면 뇌 어느 부분에 있을까? 신경과학은 자기감이 뇌와 몸 사이에 일어나는 복합적 상호작용의 결과이자 한 사람의 개성을 이음새 없이 매끄럽게 연결해주기 위한, 매 순간 자아에 대해 업데이트하는 신경 프로세스의 결과물이라고 본다. 우리는 자아가 환상이며 자연의 가장 정교하고 교묘한 속임수라는 얘기를 종종 듣는다. 하지만 '속임수'나 '환상'이라고 하는 이 모든 얘기는 기본적인 사실을 오히려 혼란스럽게 만든다. 자아가 없어지면 속임을 당하는 '나I'도 없어진다. 착각하는 주체가 사라지는 것이다.

✳

파리데카르트대학교에서 의과대학가를 30분 정도 걸어 내려가면 국립자연사박물관을 지나 피티에-살페트리에르 병원에 다다른다. 이 병원은 쥘 코타르가 1864년 인턴으로 진료를 시작한 곳이다. 나는 그 병원의 소아청소년정신과 과장 데이비드 코언David Cohen을 만나러 갔다.

코언은 레지던트 과정부터 열 명 남짓한 코타르증후군 환자를 진료했다. 병의 희귀성을 감안할 때, 상대적으로 많은 사례를 접한 코언은 코타르증후군을 더 깊이 들여다볼 수 있었다. 우리는 어느 특정 환자에 관해 얘기를 나눴다. 열다섯 살 메이는 코타르증후군 환자 중 가장 어린 나이로 기록되어 있다.[14] 코언은 메이를 치료했고, 그녀가 회복되고 나서도 지속적으로 대화를 나눴다. 이 과정을 거쳐 코언은 메이의 망상을 그녀의 삶의 이력과 연결시킬 수 있었다. 그는 어떻게 자아가 코타르 망상 같은 상태에서도 그 사람의 개인적인 일대기는 물론이고, 지배적인 문화규범의 영향까지 받는지를 엿보았다.

메이는 코언의 진료실로 오기 한 달 전쯤부터 매우 슬프고 우울한 기분이 들었고, 결국 자신의 존재에 대해 망상을 보이기 시작했다. 진료실에 왔을 때에는 이미 심한 긴장증catatonia으로 말도 못했고 움직이지도 않았다.

"간호사들조차 그녀를 겁냈어요."

코언은 말했다. 메이는 입원치료를 며칠 받고 나서 조금 호전되었다. 하루에 몇 단어 정도는 말할 수 있게 되었고, 간호사들은 애써 그 말들을 받아 적었다. 메이가 어쩌다 입을 열어 진술한 내용과 부모에게 들은 이야기 사이에서 코언은 메이의 이야기를 맞춰 나갔다.

메이의 가족은 중산층 가톨릭 신자였다. 메이에게는 오빠와 언니가 한 명씩 있었다. 열 살 위인 언니는 치과의사와 결혼했다. 가족은 우울장애 병력이 있었다. 메이가 태어나기 전에 어머니는 심한 우울장애를 앓았고, 메이의 숙모들 중 한 명은 뇌에 약간의 전류를 흘려보내 발작을 유발하는 전기충격요법을 받은 적이 있었다. 전기충격요법은 중증 우울장애를 치료할 때 최후의 수단으로 사용하던 것이었다.[15]

메이의 망상은 전형적인 코타르증후군에 해당했다.

"그녀는 자신이 치아도 자궁도 없으며, 이미 죽은 것 같다고 말했어요."

코언은 이러한 메이의 상태를 영어로 설명하려고 애썼다.

"영어로 뭐라고 말하는지 모르겠는데…… 음, '모르 비벙morts vivants'이었어요!"

그의 말을 듣고 나중에 찾아보았다. 문자 그대로 번역하면 살아 있는 시체living dead였다.

"그녀는 관 속으로 들어갈 날만을 기다렸죠."

코언이 말했다.

6주 동안 약물을 복용하고 치료를 받았지만 상태가 나아지지 않자 코언은 전기충격요법을 제안했다. 우울장애 가족력이 있었기 때문에 그녀의 부모는 곧바로 동의했다. 그 뒤로 다시 6주의 치료 끝에 메이가 회복하는 모습을 보이자 코언은 전기충격요법을 중지했다. 하지만 이내 증상이 재발했고 코언은 치료를 재개했다. 이번에는 약간의 두통과 경미한 혼동, 기억에 조금 문제가 있는 것 말고는 회복되었다. 말하기 시작했을 때 그녀는 마치 악몽에서 깨어난 사람 같았다.

이후 코언은 메이에게 망상에 관해 언급하면서 머릿속에 어떤 연상이 떠오르는지 자유롭게 말하도록 유도했다. 이 대화가 놀라운 실마리를 던져주었다. 예를 들어, 치아가 없다는 망상은 의사였던 그녀의 형부와 관련이 있는 것 같았다. 코언은 메이가 형부에게 어떤 감정을 품고 있을지도 모른다는 것을 알아차렸다. 그녀는 형부에게는 절대로 치료받고 싶지 않다고 말했다. 코언은 다시 그녀가 한 말을 영어로 정확히 옮기려고 애썼는데, 프랑스어로는 '정숙하다_{pudique}'는 말이었다. 그녀는 형부에 대해 말할 때 "그 앞에서 발가벗는 일은 결코 없을 것"이라는 식으로 말했다.

자궁을 잃어버렸다는 망상은 그녀가 자위를 했던 경험과 관련이 있는 듯했다.

"그녀는 자위를 하는 것에 크게 죄책감을 느꼈고 불임이 될지도 모른다고 생각했지요."

코언은 망상의 특수성이 개인적·자전적 스토리, 그리고 문화적 맥락과 관련이 있다고 말했다. 특히 문화적 맥락과의 연관성을 설명하기 위해 그는 1990년대에 진료실을 찾아온 쉰다섯 살 남성의 사례를 꺼냈다.[16] 코언이 코타르증후군이라고 진단한 환자였다. 그 남자의 망상 중 하나는 사실이 아닌데도 자신이 후천성면역결핍증후군AIDS에 걸렸다고 생각하는 것이었다. 그는 당시 양극성 장애를 앓고 있었는데, 조증 단계에서 지나치게 성욕을 느끼는 것에 죄책감을 느꼈다. 코언은 이것이 그의 에이즈 망상과 관련 있다고 생각했다. 1970년대 이전에는 코타르 환자들의 심기망상 hypochondriacal delusion이 당대의 문화적 재앙이었던 매독으로 나타났다. 그 시절에는 누군가가 성병에 걸리면 거의 매독이라고 믿었다. 흥미롭게도 그 남자는 젊은 시절 군대에 있을 때 실제로 매독에 걸렸다(코언은 그에게 항체가 있는지 검사했다). 하지만 그로부터 몇십 년 뒤 코타르증후군을 앓으면서 그의 망상은 매독이 아니라 에이즈로 바뀌었다. "죄지은 몸에 신이 내린 형벌"[17]인 매독이 시대에 맞게 에이즈로 대체된 것이다(이후 '매독'이라는 단어는 더 이상 등장하지 않았다).

"그게 유일한 사례입니다. 하지만 나는 이 사례가 아주 많은 것을 알려준다고 생각해요."

코언은 말했다.

코타르증후군은 자아가 어떻게 작용하는지를 보여준다. 자신의 존재에 대해 극심한 혼란을 느끼는 이 병은 자아가 자신의 몸, 자신의 이야기, 그리고 사회적·문화적 환경과 연결되어 있다는 것을 보여준다. 뇌, 몸, 마음, 자아, 사회는 불가분하게 서로 연결되어 있다.

✳

다시 엑서터대학교로 돌아가자. 애덤 제먼은 그레이엄에게서 코타르증후군과 비슷한 증상을 발견했다. 그레이엄의 경우, 자신의 정신은 살아 있는데 뇌가 죽었다는 망상이 나타났다.

"현대적 버전으로 업데이트된 코타르 망상으로 보였습니다. 뇌만 홀로 죽었다는 결론에 도달하기 위해서는 의학이 발달한 결과 비교적 최근에 나온 '뇌사'라는 개념이 필요하죠."

제먼의 발견에서 더욱 흥미로운 점은 그레이엄의 망상에 내재된 이원론이었다. 바로 '무형'의 정신이 뇌나 몸 없이도 독립적으로 존재할 수 있다는 발상이었다. 제먼이 나에게 말했다.

"우리 대부분이 갖고 있는 이원론적 생각을 아름답게 표현한 것이라는 생각이 들었어요. 뇌가 죽어도 정신은 살아 있을 수 있다는 발상은 오히려 극단적인 이원론의 표현이지요."

철학적 사색거리와 별개로, 그레이엄의 상황은 별로 좋지 않았다. 제먼은 말했다.

"그는 활기 없이 맥이 빠져 있었고, 목소리에도 정서 변화가 드러나지 않았어요. 이따금 미소가 살짝 스치기도 했지만, 표정 변화는 거의 없었죠. 존재한다는 것 자체에 극도로 절망하는 사람이 어떤지, 무언가를 생각한다는 것을 너무나 힘들어하는 사람들이 어떤지 아시죠?"

✳

코타르증후군을 앓는 환자는 종종 극심한 우울을 겪는다. 대부분의 사람들이 이해할 수 있는 것보다 훨씬 심각한 수준이다. 나는 프랑스의 정신과 의사 한 명을 더 만났다. 파리의 빅토르 위고 거리에 있는 진료실에서 만난 윌리엄 드카르발류William de Carvalho는 코타르증후군 환자의 우울에 관해 설명했다. 그는 코타르증후군이 우울 척도에서 어디쯤에 위치하는지를 설명하기 위해 그림을 그려 보여주었다. 그는 왼쪽에 '정상'이라고 적어넣은 뒤, '슬프다' '우울하다' '매우 우울하다' '병적으로 우울하다'라는 단어를 똑같은 간격을 두고 차례차례 오른쪽으로 써나갔다. 그러고 나서 점 몇 개를 더 찍었는데, 그 진행 방향은 더는 직선 모양이 아니었다. 그 점들 끝에 그는 '코타르'라고 써넣었다.

"코타르 앞에는 지구에서 토성까지 뻗고도 남을 만큼 거대한 검은 장벽 같은 게 서 있어요. 그 벽 너머는 볼 수가 없는 거죠."

말쑥한 프랑스계 세네갈 사람인 그는 말솜씨가 좋았다.

그는 개업의였지만, 파리에서 유명한 성聖 안나 병원에서도 일하고 있었다. 그는 1990년대 초반에 진료했던 코타르 환자 한 명을 기억해냈다. 그 남자는 전형적인 '우울의 오메가' 모습을 띠고 있었다. 이 표현은 찰스 다윈Charles Darwin의 저서 《인간과 동물의 정서표현The Expression of Emotions in Man and Animals》에서 유래되었다. 다윈은 "코 위와 두 눈썹 사이로 피부가 주름 잡히면서 만들어지는 얼굴 표정이 그리스 문자 오메가Ω를 닮았다"[18]고 썼다. 다윈은 이것을 얼굴의 "슬픔 근육"[19]이라고 했는데, 다윈의 이러한 생생한 묘사에서 영감을 받아 독일의 정신의학자 하인리히 쉴러Heinrich Schüle는 1878년에 "우울의 오메가"[20]라는 용어를 고안해냈다.

드카르발류가 진료한 환자는 쉰 살의 엔지니어이자 시인이었다. 그는 자신의 아내를 죽이려는 것처럼 꾸몄다. 두 손을 아내의 목 주위에 갖다 댄 뒤, 아내에게 경찰을 부르라고 했다. 경찰이 도착해보니 불안정하다 못해 기괴하기까지 한 남자가 있었다. 그래서 경찰은 그를 경찰서가 아니라 곧바로 성 안나 병원으로 데려갔다(그는 프랑스 철학자 루이 알튀세르Louis Althusser를 모방했다. 우울장애를 앓고 있던 알튀세르는 1980년 아내를 목 졸라 죽였고, 정신병원에 먼저 수용되었다가 감옥으로 옮겨졌다[21]).

사건 다음 날, 드카르발류는 성 안나 병원에서 그를 만났다.

"내가 물었죠. '왜 아내를 죽이려 했습니까?' 그러자 그가 대답하더군요. '네, 그건 교수형을 당해도 싼 범죄입니다.' 그는 사형당하기를 바랐지만, 프랑스에는 사형제도가 없었습니다."

그 남자는 코타르증후군의 또 다른 특징적 증상인 죄책감을 극단적인 형태로 보여주었다.

"또 그는 자신이 히틀러보다 더 나쁘다고 말했습니다. 그러더니 자기는 인류에게 크나큰 해악이라며 죽음을 당할 수 있도록 도와달라고 요청하더군요."

그 환자는 체중이 줄었고 제멋대로 자란 턱수염은 헝클어져 있었다. 많은 물을 써가면서 샤워할 권리가 없다고 느꼈기 때문에 목욕을 하지 않았다. 그는 여전히 코타르증후군으로 극심하게 고통받고 있었고, 병원은 기록을 남기기 위해 그에 관한 영상 자료를 만들기로 결정했다. 촬영 도중 어느 순간 환자는 흰 시트를 끌어올려 얼굴을 가렸다.

"나는 너무 나빠요. 나는 사람들이 이걸 보면서 나의 사악함에 물드는 걸 원치 않아요."

그는 카메라 뒤에 서 있던 드카르발류에게 말했다. 의사 드카르발류는 이건 자료로 남기기 위한 영상일 뿐이라고, 어느 누구에게도 영향을 줄 수 없을 거라고 말했다.

"그러자 그는 말했습니다. '알아요. 하지만 사실이에요. 나는 너무 나빠요.'"

문화적 맥락이 그 남자의 망상에 영향을 끼친 것이었다. 그는 자신이 에이즈 확산에 책임이 있으며, 사람들은 그 영상을 보기만 해도 에이즈에 걸리고 말 것이라고 확신했다.

몇 달이 지나 그는 (전기충격요법을 포함한 치료로) 회복했고, 드카르발류는 완치된 남자와 함께 그 영상을 보았다. 12분 분량의 동영상이 끝나자 남자는 드카르발류 쪽으로 몸을 돌려 말했다.

"음, 이거 아주 흥미롭네요. 근데 이 사람 누구예요?"

드카르발류는 그가 농담을 하고 있다고 생각했다.

"당신이죠."

드카르발류가 남자에게 말했다.

"아뇨, 내가 아닌데요."

드카르발류는 남자를 설득시켜야 할 이유가 없다는 것을 곧바로 깨달았다. 그는 이제 코타르증후군의 어둠 속에 빠져 있던 그 남자가 아니었다.

정신의학자들은 코타르증후군 환자들이 그렇게 심각한 우울장애로 고통받으면서도 왜 자살을 시도하지 않는지 의아해한다. 이것은 환자들이 마치 자동차 헤드라이트 불빛에 놀라 도로 위에 멈춰버린 사슴들처럼 어떤 행위를 하는 것 자체가 불가능하기 때문이기도 하다. 하지만 드카르발류는 그들이 이미 죽었다고 생각하기 때문에 자살을 시도하지 않는다고 본다.

"이미 죽었는데 더 이상 어떻게 죽겠어요."

제먼은 그레이엄과 대화하면서 그의 우울과 망상의 정도를 파악했고, 근본적으로 신경학적 원인이 있다고 추정했다. 무언가가 그레이엄의 자기감과 환경에 대한 지각을 바꿔놓았다. 이것을 설명해줄 만한 신경과학자가 한 명 있었다. 벨기에 리에주대학교의 스티븐 로리스Steven Laureys였다. 제먼은 그레이엄에게 동의를 구한 뒤 그를 정신과 간호사와 함께 리에주로 보냈다. 그레이엄은 리에주 대학병원에 도착했고 의사 로리스를 찾았다.

비서가 로리스에게 전화를 걸었다. 제먼과 마찬가지로 로리스 또한 이 전화를 결코 잊지 못할 것이다.

"선생님, 자신이 죽었다고 말하는 환자가 여기 와 있어요. 이쪽으로 좀 와주세요."

로리스가 보는 환자들은 대개 상태가 많이 안 좋다. 어떤 이들은 혼수상태에 있고, 어떤 이들은 (과거에 식물인간이라고 불렀던) 무반응각성증후군unresponsive wakefulness을 겪고 있다. 또 어떤 이들은 약간의 의식만 있고, 어떤 경우는 락트인증후군locked-in syndrome(의식은 있지만 전신이 완전히 마비되었거나 오직 눈만 움직일 수 있는 상태)을 앓고 있다. 로리스 연구팀은 이렇게 심각한 환자들을 건강한 실험 참가자들과 10년 넘게 비교 연구하면서 전두엽frontal lobe(이마 아래 있는 대뇌피질cerebrum cortex 부분)과 두정엽parietal lobe(전두엽 뒤에 있는 부분)에서 주요 뇌 영역의 신경망을 발견했다. 그는 이 신경망의 활동을 '의식적 자각의 신호'라고 여긴다. 그는 이 자각을 두 차원으로 분석할 수 있다고 말했다. 하나는 외부세계에 대한 자각이다. 시각, 촉각, 후각, 청각, 미각 등 오감을 통해 우리가 지각하는 모든 것이다. 다른 한 차원은 내부 자각으로, 자아와 좀 더 밀접하게 관련된 것들이다. 말하자면 자신의 몸에 대한 내적 지각, 외부 자극과 무관하게 작동하는 생각들, 심상이나 백일몽, 자기참조적인self-referential 것들 대부분이 여기에 속한다.

"우리가 의식이라고 부르는 아주 복잡한 것을 이렇게 줄여서 말하면 지나치게 단순화될 수 있어요. 하지만 나는 이렇게 두 차원으로 나누어 보는 것이 중요한 작업이라고 생각합니다."

로리스는 이렇게 강조했다. 그리고 실제로 로리스 연구팀은 의식적 자각과 관련된 전두두정엽 신경망frontoparietal network[22]이 사실상 두 개의 다른 신경망으로 이루어져 있다는 것을 보여주었다. 하나의 활동은 외부 자각과 관련이 있었다. 바로 전두엽과 두정엽의 바깥 면에 있는 영역인 외측전두두정엽 신경망이다. 다른 하나는 내부 자각과 관련 있는데, 어쩌면 이 부분이 '자아'라는 영역과 상관이 있을 것이다. 이 부분은 전두엽과 두정엽의 내부, 뇌의 두 반구가 갈라지는 틈 근처에 있다.

건강한 실험 참가자들에 관한 연구에서는 자각에 관련된 이 두 가지 차원이 역상관관계를 갖는다. 다시 말해 외부세계에 집중할 때에는 외부 자각과 연관된 신경망의 활동이 활발해지고 내부 자각에 연관된 영역은 가라앉는다. 반대의 경우도 마찬가지다.

이런 전두두정엽 신경망과 별개로 의식적 자각에 개입하는 또다른 주요 뇌 영역으로 '시상thalamus'이 있다. 시상과 전두두정엽 신경망은 쌍방으로 길게 연결되어 있고, 의식적 자각이 일어나는 것은 바로 이 영역에서 정보를 교환하고 처리하는 역학에 해당한다고 로리스는 말한다.

하지만 로리스는 대화 도중 거듭 주장했다.

"우리가 신新골상학자가 되어서는 안 됩니다."

독일의 의사 프란츠 요제프 갈Franz Joseph Gall이 개척했던 골상학이라는 미심쩍은 분야[23]를 말하는 것이었다. 갈은 모든 정신능력이 특정 뇌 영역의 산물이고, 이 영역들은 두개골에 특유의 돌출부bump들을 만든다고 주장했다. 그의 이론대로라면 누군가의 머리를 만져서 뇌 내부의 어느 '기관organ'이 상대적으로 더 강한지 알아낼 수 있다.

로리스에 따르면, 자아는 뇌의 어느 한 영역에 국한된 것이 아니다. 오히려 자아의 어떤 측면들은 전두엽과 두정엽, 시상의 피질정중선구조cortical midline structures에 걸친 네트워크의 활동으로 나타난다.

로리스는 그레이엄을 만나보고 그가 아주 우울한 상태에 있다는 것을 알아차렸다. 로리스는 그레이엄의 시커먼 치아에 주목했다. 그는 오랫동안 양치를 하지 않았다. 그레이엄은 애덤 제먼에게 이야기했던 것처럼 자신의 뇌가 죽었다는 말을 되풀이했다. 로리스가 나에게 말했다. "그는 어떤 것도 꾸며내지 않았어요. 그래서 우리는 정밀검사에 들어갔지요."

그가 검사에 반대하지는 않았는지 묻자, 로리스는 "아니요. 그는 괜찮다고 했어요"라고 대답했다.

이런 상태에서도 그레이엄은 자신을 지칭할 때 여전히 일인칭으로 '나'라고 했다.

로리스 연구팀은 그레이엄의 뇌를 MRI(자기공명영상)와 PET(양전자 단층촬영)로 검사했다. MRI에서는 뇌의 구조적 문제가 발견되지 않았다. 하지만 PET 결과에서는 굉장히 흥미로운 사실이 발견되었다. 내외부의 의식적 자각과 관련된 전두두정엽 신경망이 아주 미미하게 대사활동을 보이고 있었다. 내부 자각 신경망 일부에는 '디폴트모드네트워크default mode network'로 불리는, 자기참조적 활동을 할 때 활성화되는 영역이 있다. 이 네트워크의 핵심 중추는 '설전부precuneus'라고 불리는 뇌 영역으로, 뇌에서 가장 많이 연결되어 있는 부분 중 하나다. 그레이엄의 경우, 디폴트모드네트워크와 설전부가 지나치게 고요했다. 로리스가 보기에, 무반응각성증후군 환자들에게서 관찰되는 것과 거의 비슷한 바닥 수준이었다. 물론 그레이엄은 약물을 복용하고 있었다. 하지만 로리스는 약물만으로는 이런 수준의 신진대사 저하를 설명할 수 없다고 생각했다.[24]

신진대사 저하는 또한 전두엽의 외측 표면까지 퍼져 있었는데,[25] 이 부분은 '이성적인 생각'에 관여한다고 알려진 영역이다.

로리스와 제먼은 하나의 사례를 너무 과장해서 보지 말라고 경고했지만 결과는 의미심장했다. 뇌 정중선midline 영역의 손상된 신진대사 활동이 그레이엄의 '자아경험self-experience'을 변화시켰고, 아마도 그것이 '자기감'을 대폭 감소시킨 것으로 보였다. 하지만 신진대사 저하가 전두엽의 다른 영역까지 퍼져 있었기 때문에 그는 정상 상태였을 때와 달리 변화된 경험을 이성적으로 이해하지 못했다. 결국 그레이엄은 자신의 뇌가 죽었다고 확신하게 되었다.

2014년 11월에 발표된 최근의 연구 결과 또한 이러한 가설을 뒷받침한다. 인도인 의사 두 명이 예순다섯 살의 여성 치매 환자를 치료하고 있었는데, 그녀는 전형적인 코타르 징후를 보였다.[26] 인도 아그라에 있는 사로지니나이두 의과대학교의 사얀타나바 미트라Sayantanava Mitra는 나에게 이런 내용이 담긴 이메일을 보내왔다.

"환자가 이렇게 말하는 겁니다. '내 생각엔 내가 죽었고 지금 이건 내가 아닌 것 같아요.' '나는 존재하지 않아요.' '내 뇌에는 아무것도 없어요. 진공이에요.' '이건 전염되고 있어요. 식구들에게 전염되면 그 모든 고통의 책임은 나한테 있어요'."

미트라 연구팀은 그 환자를 정밀검사했고, MRI 검사 결과 뇌의 전두측두부frontotemporal region가 위축되어 있다는 것을 발견했다. 특히 섬엽insula이라 불리는 뇌 안의 가장 깊은 영역이 좌우반구 모두 심하게 손상되어 있었다. 섬엽이 우리 몸 상태에 대한 주관적 지각이나 '나'라고 하는 의식적 경험의 중요한 부분에 관여한다는 증거들이 점차 많이 제기되고 있다. 섬엽이 손상되어 그녀는 자신의 몸에 대한 감각이 저해되었고, 설상가상으로 치매 또한 잘못된 지각을 정정하기 어렵게 함으로써 결국 자신이 죽었다고 주장하는 데까지 이른 것으로 보인다.

두 의사는 그녀에게 약한 항정신병 약물과 항우울제를 처방했다. 그녀는 심리치료를 받을 수 있을 만큼 회복했다. 미트라는 치료사가 MRI 자료를 "자신의 머리가 부패했다는 그녀의 믿음을 반박하는 증거"로 사용하면서 치료를 해나갔다고 말했다. 치료사는 그녀가 잘못된 믿음을 버리도록 하는 데 성공했다. 그녀는 드디어 퇴원했고, 약물을 복용하면서 계속적으로 좋아졌다.

그레이엄 역시 마침내 회복했다. 코타르증후군은 다행히 대부분의 경우 일시적이다. 비록 때로는 전기충격요법을 치료에 포함시켜야 하는 경우도 있긴 하지만 말이다.

"나는 코타르 망상이 직유에 대한 은유의 승리라고 생각합니다. 아침에 일어나서 자신이 반 정도는 살아 있지만 반은 죽어 있는 것 같다고 느껴본 사람은 많습니다. 그런 종류의 직유를 사용해서 경험의 변화를 표현하는 일이 그리 드문 것은 아닙니다. 하지만 코타르증후군에서 기이한 점은 이러한 직유를 마치 문자 그대로 사실인 것처럼 여긴다는 것입니다. 그런 일이 일어나려면 사고력에 어떤 장애가 있어야만 합니다." 제먼은 나에게 말했다.

＊

코타르증후군 환자가 아주 드물다는 것은 곧 그들의 망상을 낳는 신경학적 토대가 아직 완전히 밝혀지지 않았다는 얘기이기도 하다. 하지만 코타르증후군을 통해 우리가 자아의 본질을 언뜻 들여다볼 수 있다는 것만은 확실하다.

예를 들어, 철학자 손 갤러거Shaun Gallagher가 오스트리아 철학자 루트비히 비트겐슈타인Ludwig Wittgenstein에게서 아이디어를 얻어 이름 붙인 '면제원칙immunity principle'²⁷을 한번 보자. 그것은 우리가 "나는 지구가 평평하다고 생각해"라고 말했을 때, 지구가 평평하다는 것은 틀릴 수 있지만 그 주장을 하는 주체인 '나'는 틀릴 수 없다는 것을 뜻한다. 우리가 대명사 '나'를 쓸 때 그 말은 다른 누군가가 아닌 경험의 주체를 가리킨다. 나는 그것에 대해서는 틀릴 수 없다. 아닌가?

코타르 망상은 분명히, 조현병schizophrenia 같은 여러 다른 질환들과 마찬가지로 철학자들을 생각하게 만든다. 코타르 망상에서의 '나는 존재하지 않는다'는 강한 믿음은 외견상 면제원칙에 위배된다. 하지만 망상이 있는 사람이 자기 존재의 본질에 대해 (지구가 평평하다는 주장과 유사하게) 틀렸다고 하더라도 면제원칙은 유지된다. 왜냐하면 여전히 '내'가 그 주장을 하고 있으며 '나'는 오직 '존재하지 않는다'는 것을 경험하는 그 사람 이외의 다른 사람을 가리킬 수는 없기 때문이다.

'나'라는 것은 무엇인가, 또는 누구인가? 바로 이 질문이 이 책 전체에 스며들어 있다. '나'가 누구든, 무엇이든 그것은 경험의 주체로서의 그 자신을 나타낸다.

하지만 뇌의 육체적·물리적 작용이 외견상 실체가 없는 ('나'와 주관성subjectivity의 핵심으로 보이는) 사적 정신생활을 어떻게 일으킨단 말인가? 이것이 이른바 '의식의 난제hard problem of consciousness'다. 신경과학은 아직 여기에 대한 답을 내놓지 못했다. 과학이 이런 문제를 풀 수 있다거나, 우리가 뇌를 더 상세히 이해하면 할수록 이 문제가 사라질 수도 있다고 보는 것에 철학자들은 격렬하게 반대한다. 이 책은 의식의 난제에 신경과학적 해법을 내놓으려는 것이 아니다. 아직까지 그런 해법은 존재하지 않는다.

이 책은 자아의 본질을 다룰 것이다. 자아를 생각하는 한 가지 방법은 그것을 구성하는 많은 측면을 숙고해보는 것이다. 우리는 타인에게, 심지어 자기 자신에게조차 단순한 하나로 존재하지 않는다. 우리는 많은 얼굴을 갖고 있다. 저명한 미국 심리학자 윌리엄 제임스William James는 자아에 최소한 세 개의 측면이 있다고 보았다.[28] 나, 또는 나의 것이라고 여기는 모든 것을 포함하는 '물리적 자아material self', 타인과 나의 상호작용에 달린 '사회적 자아social self'("인간은 자신을 알아보고 자신의 모습을 간직해주는 사람이 많을수록 사회적 자아도 많이 갖게 된다"[29]), 그리고 '영적 자아spiritual self'("사람의 내면적 또는 주관적 존재, 정신적 능력 또는 성향"[30])다.

우리는 자아를 두 개의 범주로 나누어 탐구해볼 수도 있다. '대상으로서의 자아self-as-object'와 '주체로서의 자아self-as-subject'다. 자아의 어떤 측면은 그것의 대상으로 나타난다. 예를 들어 당신이 만약 "나는 행복해"라고 말한다면, 그 순간 행복이라는 당신의 자기감 일부는 '대상으로서의 자아' 범주에 속한다. 당신은 그것을 존재의 상태로 인식한다. 하지만 자신의 행복을 인식하고 느끼는 '나'는 파악하기도 규정하기도 힘든 '주체로서의 자아'다. 행복하다던 '나'는 곧 우울해질 수도 있고 황홀해질 수도 있으며, 그 사이의 무엇이 될 수도 있다.

이 분류를 염두에 두고 로리스의 연구를 보면, 건강한 사람의 경우 전두두정엽 신경망의 활동이 내부 자각과 외부 자각을 왔다 갔다 하면서 끊임없이 전환되는 것을 알 수 있다. 이는 외부 자극에 대한 인식에서 자기 자신의 측면에 대한 인식으로 의식의 내용을 바꾸는 것으로 보인다. 당신이 자아를 인식한다고 할 때, 그것은 당신이 자신의 몸, 기억, 그리고 삶에 관한 이야기에서 자아의 측면을 의식의 내용으로 삼고 있다는 말이다. 이것들이 '대상으로서의 자아'를 구성한다.

코타르증후군 환자들은 이러한 '대상으로서의 자아' 중 일부를 선명하게 경험하지 못할 수 있다. 내 것[31] 또는 내 것이 아닌 것, 나 또는 내가 아닌 것이라고 대상에 꼬리표를 붙이는 것이 내 의식에서 무엇이 되었든, 기능을 제대로 하지 못하는 것이다(우리는 다음 장에서 그렇게 꼬리표를 붙이는 메커니즘에 관해 알아볼 것이다). 그레이엄의 경우 내 것이라는 감각, 곧 자신의 몸과 감정에 대한 명확함이 부족했다. 그리고 거기서 기인한 말도 안 되는 믿음, 곧 자신의 뇌가 죽었다는 생각은 아무런 저항 없이 그의 의식적인 인식 영역에 들어섰다. 외측전두엽lateral frontal lobe의 활동과 기능이 저하되어 있었으니 가능했을 것이다.

하지만 자기가 무엇을 인식하는지와 상관없이, 언제나 경험의 주체가 되는 사람도 있을까? 외부의 무언가에 완전히 몰입되어, 이를테면 애잔한 바이올린 솔로 연주를 몰입해서 듣는 동안 몸에 대한 것이든 일에 대한 걱정이든 자신과 관련된 어떠한 정보도 의식 안에 없다고 할 때, 그 경험을 하고 있는 것이 '나'라는 느낌도 과연 사라지는가?

해답에 좀 더 가까이 다가가기 위해 '나'라는 것에 관해 다양하게 동요를 겪었던 사람들의 통찰을 살펴보자. 그들의 통찰은 자아를 보여주는 창문과도 같다. 다양한 신경심리적 장애는 그 장애로 인해 손상되어 때로는 엄청난 병을 낳기도 하는 자아에 관한 실마리를 제시한다.

라라 제퍼슨Lara Jefferson이 저서《저희 자매들이에요: 내면의 광기에서 나온 기록These Are My Sisters: A Journal from the Inside of Insanity》에 인용한 다음 이야기는 조현병 환자의 자아에 어떠한 손상이 일어나는지 명확하게 보여준다.

"나에게 무슨 일이 일어났는데, 그게 뭔지는 모르겠어요. 이전의 나는 모두 바스라져 무너졌고, 내가 전혀 알지 못하는 존재가 생겨났어요. 나에게 그녀는 낯선 사람입니다. (…) 그녀는 진짜가 아니에요. 그녀는 '내'가 아니지만 (…) 그녀는 나예요. 내가 미쳤다고 해도 어쩔 수 없어요. 나는 어떻게든 나를 해결해야 해요. 여전히 나는 내 책임이니까요."[32]

이런 엄청난 손상에서 우리는 우리가 누구인지에 관한 단서를 찾을 수 있다. 뇌의 병소가 두뇌 연구의 실마리가 되듯, 이런 질병들은 자아 연구의 실마리가 된다. 이 질병들은 자아의 외관에 균열이 일어나 생겨났다. 이 균열들을 통해 우리는 다른 방법으로는 거의 이해할 수 없는, 멈추지 않고 계속되는 신경 프로세스를 살펴볼 수 있다. 이 책에서 자아를 방해하는 신경심리학적 질병의 목록을 모두 나열하지는 않을 것이다. 다음 두 가지 기준에 부합하는 것들만 꼽았다. 첫째, 자아에 대해 어떤 명확한 측면을 연구할 수 있는 것들. 둘째, 이런 질병들을 특별히 자아의 관점에서 다루는, 진행 중인 중요한 과학 연구의 범주 안에 있는 것들.

알츠하이머병 사례에서는 우리가 자신에 관한 이야기를 어떻게 풀어내는지 살펴본다. 당신이 만약 '나는 누구지?'라는 질문에 평서문으로 대답하지 못한다면("나는 리처드다" "나는 은퇴한 교수다" 등으로), 당신의 기억에 문제가 있거나 이러한 특징들을 생각해내는 뇌 영역이 손상된 것이다. 이때 당신은 자기감도 잃어버린 것일까? 만약 그렇다면, 자기감 전체를 잃어버린 것일까, 아니면 일부만 잃어버린 것일까? 당신을 설명하는 일관된 이야기(이른바 서사적 자아, 또는 자전적 자아)가 인지적으로 분열되었다 하더라도 당신의 다른 측면은 여전히 기능하고 있는 것일까?

랠프 월도 에머슨Ralph Waldo Emerson은 알츠하이머병을 앓았다고 전해진다. 그는 기억에 관해, 그리고 우리가 누구인지를 만드는 데 기여하는 기억의 역할에 관해 생생하게 썼다. 하지만 에머슨은 흥미롭게도 자신의 치매에는 무관심했다.[33] 때로는 자기 자신이 병에 걸렸다는 사실을 모른다는 것이 알츠하이머병의 특징 중 하나다. 또한 알츠하이머병은 그 사람의 정체성을 망가뜨린다.

다음 장에서는 알츠하이머병을 다룬다. 병의 말기에 뇌가 파괴되는데도 어떻게 '자아성selfhood'의 일부가 몸에 남아 있을 수 있는지 질문하면서 알츠하이머병이 사람을 망가뜨리는 데에 어떤 역할을 하는지 살펴본다. 미국의 저명한 작곡가 에런 코플런드Aaron Copland 역시 알츠하이머병을 앓았다. 때때로 그는 자신이 어디에 있는지 알지 못했지만, 대표작이 된 관현악 모음곡〈애팔래치아의 봄Appalachian Spring〉을 여전히 지휘할 수 있었다.[34] 누가 또는 무엇이 그 지휘자의 지휘봉을 움직였던 것일까?

'신체통합정체성장애body integrity identity disorder, BIID'는 대개 팔다리를 비롯한 자신의 몸 일부를 자기 것이 아니라고 느껴서 해당 부분을 절단하는 끔찍한 행동을 하게 되는 병이다. 이와 관련한 사례에서 우리는 뇌가 자신의 몸이라는 느낌, 곧 신체적 자아를 어떻게 구축하는지 들여다볼 수 있다.

'조현병'은 사람을 조각조각 해체해버린다. 이러한 분열의 원인은 부분적으로 우리 모두가 갖고 있는, 자기 행동의 주체라는 느낌인 '주체감sense of agency'의 상실이다. 자아의 아주 중요한 측면인 이런 느낌이 틀어지면 어떻게 될까? 정신 이상이 될까?

그리고 자아에게서 정서적 기반을 빼앗아 자기 자신을 낯설게 느끼게 하는 '이인증'이 있다. 이인증은 자아를 창조하는 데에 정서와 감정이 어떤 역할을 하는지 분명하게 보여준다.

'자폐증autism'은 '발달하는 자아'에 대한 실마리를 던져준다. 자폐증을 갖고 있는 아이들은 본능적으로 타인의 마음을 '읽지' 못해서 대인관계에 어려움을 겪는다. 그렇다면 이런 능력 또한 자기 마음을 읽는 것, 곧 '자아인식self-awareness'과 관련되는 것일까? 아주 흥미로운 최근의 한 연구는 자기 몸과 환경의 상호작용을 느끼지 못하는 자폐적 뇌에 그 장애의 근원이 있어서, 먼저 '신체적 자아'에 대한 확신이 없어지고 그다음에 문제 행동이 이어진다고 추정한다.

'유체이탈out-of-body experience'이나 더 복잡한 '도플갱어 효과doppelgänger effect'(자신과 몸과 똑같이 복제된 사람을 만나거나 보는 것)는 정신이 몸 하나에 담겨 내 몸을 알아보며 눈 뒤쪽에서 세상을 바라보는 등 우리가 당연하게 여기는 가장 기본적인 것들조차 망가질 수 있다는 것을 보여준다. 이런 경험들에서 우리는 어쩌면 다른 어떤 것보다 선행하는, 낮은 수준의 자아를 이루는 데 필요한 구성요소를 들여다볼 수 있다.

'황홀경 간질ecstatic epilepsy'은 신비로운 황홀을 경험하게 한다. 우리가 진실로 현재에 몰입하고 자신의 존재를 온전히 자각하고 있을 때, 역설적으로 경계를 잃어 자신을 초월하는 느낌으로 이끄는 것이다. 이런 질병을 통해 우리는 자아의 본질에 더 가까워질 수 있다. 이렇게 순간적으로만 지속되는 자아는 자아가 있느냐 없느냐를 가리는 논쟁의 중심에 있다.

우리는 2,500년 전 석가모니가 첫 설법을 했던 인도 사르나트로 떠나는 여정으로 이 책을 끝맺을 것이다. 불교에서 말하는 무아無我는 현대 철학자들 중 일부가 주장하는, 자아는 신기루에 지나지 않는다는 말과 공명하는 듯하다. 하지만 정말 그럴까?

자아가 허구라는 발상이 경험적 증거로 입증될 수 있을까? 자아에 관한 장애와 문제들에서 하나씩 모아온 우리의 통찰은 오래된 질문을 이해하는 데 도움을 줄 것이다. 그리고 아마도 우리들에게 질문을 걸어올지도 모른다.

✳

파리에서 데이비드 코언을 만났을 때 나는 그에게 열다섯 살 된 코타르증후군 환자인 메이에 관해 물었다.

"그녀가 존재하지 않는다고 말하는 그 사람은 누구입니까?"

코언은 답했다.

"이것이 정신의학의 미스터리입니다. 아주 심한 광기의 상태라 하더라도 거기에는 항상 현실세계와 관련된 뭔가가 있지요."

리에주에서는 로리스의 박사과정 학생으로 그레이엄에 관한 검사와 연구를 돕는 아테나 데메르치Athena Demertzi를 만났다. 데메르치는 그레이엄이 자신의 뇌가 죽었다는 망상을 갖고 있으면서도 자아의 핵심은 그대로 남아 있었다고 말해주었다. 검사를 마친 데메르치가 그레이엄에게 물었다.

"괜찮으세요?"

그레이엄이 답했다.

"괜찮아요."

데메르치가 다시 물었다.

"살아 있는 것처럼 팔팔해요?"

그러자 그레이엄이 날카롭게 답했다.

"네, 팔팔하다고요."

자아는 놀라우리만치 탄탄하면서도 무서울 정도로 연약하다. 나는 이 책이 '우리가 누구인가' 하는 이 중요한 역설에 활기를 불어넣길 바란다.

2장
나의 이야기를 모두 잃어버렸을 때

알츠하이머병이 앗아가는 '나다움'의 재료, 기억

알츠하이머병은 '나를 가장 나답게 만드는'
기억들을 하나둘씩 앗아간다.
한때 유능했던 항해사는 더 이상 배가 무엇인지도 기억하지 못했다.

기억은 알 수 없는 신비를 알 수 없는 신비와 연결시켜주며, 그 신성한 무기의 힘으로 불가능한 일들을 해낸다. 과거와 현재를 한데 결합시키고, 과거와 현재 둘 다를 바라보고 둘 다에 존재하며, 인간의 삶에 지속성과 존엄성을 가져다준다. 기억 덕분에 우리에게 가족과 친구가 있다. 이로써 가정이 있을 수 있는 것이다.[1] __랠프 월도 에머슨

모든 순간은 시간 속으로 사라질 것이다. 빗속으로 눈물이 사라지듯.

__레플리컨트 로이 배티, 〈블레이드 러너〉

나는 앨런, 미켈과 함께 캘리포니아에 있는 그들의 집 거실에 있었다. 앨런은 커다랗고 등받이가 높은 갈색 가죽 소파에 앉아 있었는데, 하얀 턱수염과 콧수염, 그리고 머리가 많이 빠진 정수리와 놀랄 만큼 색이 짙은 눈썹이 품위 있어 보였다. 언뜻 보기에는 뭐가 문제인지 알 수 없었다. 미켈은 앨런 바로 옆 의자에 앉아 있었다. 나는 앨런에게 형제가 있는지 물었다. 그는 없다고 했다가 곧바로 정정했다.

"아, 정신이 좀 나간 동생이 있어요."

"정신지체예요."

미켈이 부드럽게 고쳐주었다.

"맞아요. 정신지체예요."

앨런이 동의했다.

"네 살이 되었을 때까지도 아무도 그 애가 미쳤는 줄 몰랐어요. 나는 그때 열여덟 살이었죠. 이해하지 못하는 게 많았어요."

"동생이 네 살이었을 때 당신은 열 살이었어요."

미켈이 말했다.

"맞아."

앨런이 답했다.

"앨런, 동생에 대한 기억이 많은가요?"

내가 물었다.

"그 애를 생각하면 좀 슬프죠. 왜냐하면 걔는 말도 못하고 뭐 그 랬으니까요. 그 애를 데리고 산책을 나가거나 했는데, 걔는 한마디 도 말한 적이 없어요."

앨런이 말을 잠시 멈추더니 덧붙였다.

"걔가 지금 살아 있는지조차 모르겠어요."

"아니에요, 여보. 동생은 죽었어요."

미켈이 말했다.

"우리가 만난 해에 죽었잖아요."

앨런과 미켈은 30년 전쯤 만났다. 앨런은 커뮤니티칼리지의 철 학교수였고, 마흔 살의 미켈은 조산사로 일하다가 인생 후반부에 자신의 타고난 재질을 발견하고는 학교로 돌아온 상태였다.

"동생이 어떻게 죽었는지 기억나요?"

미켈이 물었다.

"자다가 뭐 그러다가 죽은 것 같은데."

앨런이 답했다.

사실 앨런의 동생은 혈전 때문에 입원해 있었는데, 당시 머물던 병원의 고층 창밖으로 떨어져 사망했다. 30년 전 앨런은 미켈에게 정신적 문제가 있는 남동생이 뛰어내릴 생각은 못했을 것이고, 아 마도 집에 가고 싶은 마음에 병실이 1층인 줄 알고 창밖으로 나왔을 것이라고 얘기했다.

미켈이 이 대화를 앨런에게 상기시키자 앨런이 답했다.

"아, 그거 내가 잊고 싶어하는 건데……. 하지만…… 창문에서 떨어졌어."

그는 웅얼거리며 두서없이 말했다.

"병원에서는 뭐라고 했나요?"

미켈이 묻자 앨런이 답했다.

"그때 그런 사실을 받아들이기엔 나는 너무 슬펐고 어렸어."

미켈은 내 쪽으로 몸을 돌려 남동생이 죽었을 때 앨런은 쉰 살이었다고 알려주었다.

✳

1995년 12월 21일, 독일의 연구자들은 푸른색 종이문서를 발견했다. 90년쯤 전에 분실된 서류였다. 그 문서는 프랑크푸르트 출신인 쉰한 살 여성 아우구스테 D$_{\text{Auguste D}}$라는 환자의 사례보고서였다. 1901년 11월 26일자로 직접 손으로 기록한 이 문서에는 아우구스테와 그녀의 담당의 알로이스 알츠하이머$_{\text{Alois Alzheimer}}$가 주고받은 대화가 담겨 있었다.[2] 독일 연구자들은 이 문서를 1997년 의학저널《랜싯$_{\text{Lancet}}$》에 게재했다(아우구스테의 대답은 굵은 글씨로 표기했다).

그녀는 무기력한 표정으로 침대에 앉아 있었다. 이름이 무엇이죠? **아우구스테.** 성은? **아우구스테.** 남편 이름은 무엇입니까? **아우구스테인 것 같아요.** 남편이요? **아, 내 남편.** 그녀는 질문을 이해하지 못하는 것처럼 보였다. 결혼하셨습니까? **아우구스테와.** D 여사님? **네, 네, 아우구스테 D예요.** 여기 얼마나 있었죠? 그녀는 기억하려고 노력하는 듯했다. **3주요.** 이건 뭐죠? 나는 그녀에게 연필을 보여주었다. **펜이에요.** 지갑과 열쇠, 다이어리, 담배 등은 제대로 알아봤다. 점심때 그녀는 콜리플라워와 돼지고기를 먹었다. 그녀에게 무엇을 먹었는지 물어보자 시금치를 먹었다고 답했다. 그녀가 고기를 씹고 있을 때 나는 그녀에게 무엇을 하고 있는지 물었다. 그녀는 감자를 먹은 뒤에 호스래디시를 먹고 있다고 대답했다. 그녀에게 물건을 보여주고 얼마 안 되어 확인하면 그녀는 그 사실을 기억하지 못했다. 중간중간 그녀는 쌍둥이 얘기를 꺼냈다.[3]

3일 뒤 알츠하이머 박사는 몇 가지 사항을 더 보태 썼다.

어느 동네에 사시죠? **말할 수 있어요. 나는 조금 기다려야만 해요.** 내가 뭐라고 물어봤죠? **음, 프랑크푸르트 암마인이에요.** 주소는요? **발데마르 가, 아니다…… 아니에요.** 언제 결혼하셨나요? **지금으로선 알 수 없어요. 그 여자는 같은 층에 살아요.** 어느 여자요? **우리가 살고 있는 여자요.** 그 환자는 G부인, G부인이라고 불렀다. **여기서 한 층 더 깊은 곳에 그녀는 살아요…….** 내가 그녀에게 열쇠와 연필, 책을 보여주자 그녀는 그것들의 이름을 정확히 댔다. 내가 무엇을 보여주었죠? **몰라요, 몰라요.** 어렵군요, 그렇죠? **너무 긴장돼요, 너무 긴장돼요.** 나는 그녀에게 손가락 세 개를 펴 보여주었다. 손가락이 몇 개죠? **세 개.** 여전히 긴장되나요? **네.** 내가 손가락 몇 개를 보여드렸죠? **음, 프랑크푸르트 암마인이에요.**[4]

아우구스테는 1906년 4월 8일에 사망했다. 그 무렵 알츠하이머 박사는 프랑크푸르트를 떠나 뮌헨의 왕립정신병원으로 옮겼다. 아우구스테의 뇌도 그곳으로 옮겼고 "뇌 조직을 자른 얇은 슬라이스 견본은 은염silver salt에 담갔다".[5] 이 슬라이스들을 유리 슬라이드에 부착한 뒤 "알츠하이머는 습관처럼 피우던 담배를 손에서 내려놓고 코안경까지 벗더니 슬라이스를 몇백 배로 확대해 보여주는 최첨단 자이스 현미경을 뚫어지게 들여다보았다. 그는 마침내 그녀의 병을 발견했다".[6]

여름이 지나 가을로 접어든 11월 4일, 튀빙겐에서 열린 37회 남서부 독일 정신의학자 콘퍼런스에서 알츠하이머 박사는 자신이 발견한 것을 발표했다. 아우구스테는 "점진성 인지 장애와 신체 일부분 기능장애, 환각, 망상, 그리고 심리사회적 무능"[7] 등의 증상이 있었으며, 더 중요하게는 대뇌피질 세포들이 특이한 기형을 보였다.

이듬해 알츠하이머 박사는 이 기형에 관해 상세히 설명한 〈대뇌피질의 특이하고 심각한 질병A Characteristic Serious Disease of the Cerebral

Cortex〉[8]이라는 논문을 발표했다. 기형 중 하나는 뉴런 내부에서 발견되었다. "거의 정상처럼 보이는 세포의 중심에서 하나 또는 여러 개의 원섬유fibril가 두껍고 견고한 특징 때문에 두드러지게 눈에 띈다."[9] 알츠하이머 박사는 또한 세포 사이에 이상한 물질들이 합쳐져 있는 '속립성 병소miliary foci'[10] 지점을 발견했다.

그것은 치매의 새로운 형태였다. 1910년 왕립정신병원 병원장이었던 에밀 크레펠린Emil Kraepelin은 이런 이상한 치매 사례에 박사의 이름을 따서 '알츠하이머병'이라고 이름 붙였다. 그는 이렇게 썼다. "알츠하이머병의 임상적 의미는 아직 명확하지 않다. 그 해부학적 발견은 우리가 아주 심각한 노인성 치매의 하나를 다루고 있으며, 이 질병이 이르면 40대 후반에 시작될 수도 있다는 사실을 보여준다."[11]

알츠하이머 박사가 아우구스테 D의 뇌에서 발견한 기형들을 이제는 신경원섬유매듭neurofibrillary tangles 또는 베타아밀로이드 단백질beta-amyloid protein의 플라크plaque라고 부른다. 신경과학자들은 여전히 신경원섬유매듭 또는 베타아밀로이드 플라크(이러한 신경병리에 선행하는 물질, 곧 전구체precursor가 과연 있을지 궁금해하는 학자들도 있다) 중 무엇이 먼저인지 논쟁하고 있다. 하지만 이러한 이상 단백질이 병의 가차 없는 진행과 관련 있다는 것만은 명백하다.

아우구스테 D가 오늘날의 신경과 의사를 만났다면, 그녀는 알츠하이머병이라는 진단을 받았을 것이다.

미켈은 조산사를 아직 엄격히 규제하지 않았던 1980년대 캘리포니아에서 무자격 조산사로 일하면서 가정분만을 돕고 있었다. 하지만 조산사를 둘러싼 법적 문제가 점점 만만치 않아졌고, 결국 미켈은 간호학교에 진학하기로 결심했다. 간호학교에서 철학 과목을 수강하면서 카리스마 있는 쉰 살의 철학교수를 만났다. 커다란 뿔테 안경에 가죽 재킷을 입은 백발의 교수는 교실로 천천히 들어와 철학과 정부에 관해 논하며 지적인 면모를 드러냈다.

"내 생각에 정부는 독재자나 탐욕스런 정치인들이 아니라 로마의 집시와 발레 댄서들이 운영해야 합니다."

미켈은 그때를 회상하며 웃었다. 미켈은 교수에게 매료되었다.

둘은 곧 만나기 시작했다("수업 후에 많은 쪽지를 주고받았고 비밀리에 여러 번 만나기도 했다"고 미켈은 말했다). 그는 이혼하는 중이었고 술을 많이 마셨다. 미켈 역시 잘못된 결혼으로 힘들어했고 학교를 다시 다닐 즈음 부부관계는 와해되기 시작했다. 미켈과 앨런은 모두 자녀를 두고 있었다. 하지만 그 무엇도 그들의 사랑을 막지 못했다.

나는 앨런을 만나 미켈이 말했던 것, 그러니까 미켈이 앨런에게 완전히 매료되었던 것에 대해 물었다.

"음, 우리 둘 다 서로에게 빠져버렸죠."

그의 목소리는 놀랍게도 확고하고 자신감에 넘쳤다.

"그건……."

그는 정확한 표현을 찾기 위해 애썼다.

"그건 공기 중에서 휘익 도는 것 같았어요."

토네이도였군요, 내가 덧붙였다.

"맞아요. 토네이도 같은 거였어요."

그는 동의했다.

결과적으로, 그들은 함께 (내가 방문했던) 집을 샀고, 결혼했으며, 주로 유럽으로 함께 여행 다니며 공동의 삶을 만들어갔다. 미켈은 그녀의 아들 하나가 결혼식 축사에서 했던 말을 떠올렸다.

"어머니와 앨런은 함께 맞섰고…… 그들은 해냈죠. 마침내 그들을 위한 삶을 만들었습니다. 그 많은 시련에도 불구하고요."

미켈은 앨런의 성격 중 무언가가 정신적 문제를 일으키리라고는 꿈에도 생각하지 못했다.

"그 일이 일어날 때까지 정말 단 한 번도 생각하지 못했어요. 그가 치매에 걸린다는 건 정말 예상치 못한 일이었죠."

첫 번째 징후는 2003년 봄에 일어났다. 미켈과 앨런은 캘리포니아 북쪽 일강 근처 가버빌에 있는 벤보우 히스토릭 인에 묵으며 주말을 보냈다. 월요일에 집으로 돌아와보니 자동응답기가 앨런의 대학 조교와 학생들에게서 온 메시지로 꽉 차 있었다. 그날이 기말고사 날이라는 것을 앨런이 까맣게 잊고 있었던 것이다. 앨런의 기억에 문제가 있다는 것을 보여준 최초의 심각한 징후였다.

그해 9월, 그들은 유럽으로 휴가를 떠났다. 미켈은 앨런이 새로운 그 무엇에도 대처하지 못한다는 것을 발견했다. 그는 끊임없이 길을 잃었고, 프랑스 시골 동네를 헤맸으며, 현금카드를 영화 대여기에 갖다 댔고, 짐 싸는 것조차 곤란해했다.

캘리포니아로 돌아온 뒤 앨런은 치매 징후를 더 많이 보였다. 멀지 않은 곳에 사는 딸의 집에 가는 길을 잊어버리는 등 뭔가 잘못된 듯한 일들이 계속 일어났다. 미켈이 나에게 말했다.

"외출했다 돌아와보니 앨런이 차단기가 올려진 상태에서 뜨거운 전기 욕조를 씻고 있는 거예요. 굉장히 위험했죠. 감전될 수도 있었어요. 내가 앨런에게 차단기부터 내려야 한다고 했더니, 그는 차고 쪽으로 걸어갔어요. 차단기는 그 반대쪽에 있었거든요."

그들이 신경과 전문의를 찾아가기까지는 1년이 걸렸다. 앨런은 몇 가지 기본검사를 받았다(예를 들어 100부터 7씩 건너뛰면서 거꾸로 세기 등 집중력을 요구하여 인지능력 감퇴를 확인하는 검사). 그는 꽤 잘 해냈고, 신경과 전문의는 앨런의 높은 지능 덕이라고 보았다. 그리고 MRI 검사 결과, 몇 군데에서 혈관 폐색이 발견되었다. 앨런은 혈관성 치매(뇌의 혈액순환 장애로 인한 인지능력 감퇴) 초기라는 진단을 받았다. 몇 년 뒤 앨런의 진단명은 알츠하이머병으로 바뀌었다.

한편 앨런은 성격에도 변화가 일어났다. 진단받기 전에 앨런은 미켈을 사랑하고 완벽한 결혼생활을 꾸렸으며, 친절하고 다정한 남자였다. 앨런과 미켈은 부부라면 흔히 하는 말다툼을 했지만 대개 대화를 통해 금방 화해하곤 했다.

"앨런은 늘 현재에 충실했어요."

미켈은 나에게 말했다.

하지만 알츠하이머병이 일단 시작되자 더는 예전의 앨런이 아니었다. 아주 사소한 말다툼에도 앨런은 문을 쾅 닫고 집에서 뛰쳐나가 차 안으로 달아났다. 그는 또한 끊임없이 뭔가를 메모했다. 그의 오랜 습관이었던 메모에서 성격의 변화를 엿볼 수 있었다. 미켈이 말했다.

"어떤 메모는 정말로 못됐어요. 내가 앨런에게 뭔가를 부탁하자 그는 이렇게 끄적여놓았어요. '미켈이 못된 이유 5번' '못됐어, 못됐어, 못됐어……'"

그는 메모에서 치매 진단을 받은 것에 대한 고통을 드러내기도 했다. 미켈은 어느 날의 메모를 이렇게 회상했다.

"나를 이 지옥 같은 구멍에서 꺼내줘."

앨런은 자신의 병에 관한 책을 있는 대로 찾아 읽었는데, 심지어 《마지막 출구Final Exit》까지 읽었다. 치명적인 병의 고통에서 벗어나기 위해 타인의 도움을 받아 자살하는 내용이었다(그는 그 책을 늘 침대 옆 탁자 위에 두었다). 앨런은 미켈에게 말했다.

"기저귀를 차고 삶을 끝내고 싶진 않아. 요양원에서 죽어가고 싶지도 않아. 당신이 나를 바닷가로 데려가 부두에서 밀어버려야 해."

미켈은 그런 짓을 할 사람이 아니었다. 그녀는 앨런에게 이렇게 말했다.

"나는 못해요, 앨런. 그럼 나는 살인죄로 기소돼서 감옥에 가고 말 거예요. 죽고 싶어하는 마음은 충분히 이해해요. 하지만 어차피 죽어야만 할 때가 올 거예요. 나는 당신 편이지만 자살을 도울 수는 없어요. 적어도 그건 당신을 위하는 일이 아니에요."

알츠하이머병과 맞닥뜨리자, 앨런의 뛰어난 지능과 지적인 성품은 양날의 검이 되었다.

"앨런에게 뇌를 잃어버린다는 건 가장 끔찍한 일이에요. 그는 자신의 뇌, 자신의 지성을 가장 소중하게 여겼으니까요."

미켈이 말했다.

✳

"알츠하이머병은 당신에게서 '내가 누구인가' 하는 것을 빼앗아가죠. 인간에게 그보다 더 큰 공포가 있을까요? 이 병이 일단 삶에 들어오면 하루하루 살아오면서 축적한 모든 기억과 가치관, 이 세상과 가족, 사회와의 연결고리가 사라져요. '인간으로서 내가 누구인가'를 사실상 규정하는 경계를 뜯어내버리죠."[12]

하버드대학교 신경학 교수 루돌프 탄지Rudolph Tanzi의 말이다. 그는 PBS 다큐멘터리 〈잊는다는 것: 알츠하이머병 환자의 초상The Forgetting: A Portrait of Alzheimer's〉에서 알츠하이머병의 최후를 명확하게 설명한다.

알츠하이머병 환자를 돌보는 미켈 같은 사람들과 많은 얘기를 나눈다 해도, 당신은 그 병이 마침내 인간 존재의 핵심을 파괴한다는 결론을 피할 수 없다. 적어도 겉으로 보면 그렇다.

노르웨이에서 태어나 캘리포니아에 살고 있는 예순 살 여성 클레어[13]는 말했다.

"정말 힘들어요. 당신과 함께 살아온 사람이 눈앞에서 사라져 버리는 겁니다."

가족들은 알츠하이머병 말기인 클레어의 아흔 살 아버지를 유료 양로원으로 보냈다. 그녀와 어머니는 아버지를 자주 방문했다.

"아버지의 몸은 예전 그대로예요. 하지만 아버지의 눈을 들여다보면, 거기에는 아무것도 없어요."

클레어의 목소리가 속삭이듯 작아졌다.

"정말 아무것도 없어요."

막대한 양의 의학보고서에서 클레어와 비슷한 맥락으로 이야기한다. 보고서들은 "자아의 지속적인 부식" "부적절한 자아" "존재하지 않는 한계점까지 떠밀리는 표류" 심지어 "자아의 완전한 상실"이라는 표현까지 써가며 알츠하이머병의 영향을 묘사했다.[14]

여전히 그런 생각에 도전하는 과학자들도 있다. 특히 사회과학자들이 그렇다. 만약 알츠하이머병이 자아를 지워간다면, 그 부식은 정말로 아무것도 남지 않을 때까지 계속되는가? 우리는 알츠하이머병이 날짜나 시간을 회상하는 능력 또는 식구들을 알아보는 능력 등은 말할 것도 없고, 바지를 입거나 양치를 하지 못하는 등 자기 자신을 건사하지 못할 정도로 인지능력을 파괴한다고 알고 있다. 하지만 설사 감각능력과 운동기능이 온전하다 하더라도 인지와 그에 수반되는 능력이 완전히 파괴되었다면, 그 사람의 자아에 과연 무엇인가 남아 있기는 한 것일까?

그러한 질문에 대답하려면 철학자, 과학자, 사회과학자들이 자아에 관해 생각했던 것으로 돌아가야 한다. 자아는 근본적으로 서사구조라고 주장하는 사람들도 있다. 전체적인 삶의 이야기, 우리가 누구인지에 관해 타인에게, 아니 본질적으로는 자기 자신에게 말하는 이야기. 이런 '이야기'가 자아를 구성하는 중요한 측면 중 하나인 것은 사실이다. 이러한 이야기는 기억력과 상상력의 영향을 받는다.

심리학자 도널드 포킹혼Donald Polkinghorne은 이렇게 썼다.

"사람들은 살면서 겪었던 다양한 사건을 하나로 통합해 이해할 수 있도록 연결시켜 자신만의 개인적인 이야기를 만든다. 바로 자아에 관한 이야기들이다. 이 이야기들은 개인의 정체성과 자기이해의 기초가 되고, '나는 누구지?'라는 질문에 대답할 거리를 제공해준다."[15]

다양한 이야기가 자아의 일부를 구성한다는 주장을 받아들이기란 어렵지 않다. 하지만 그것뿐일까? 아니면 이야기가 형성되기 전에 존재하는 또 다른 측면들도 있을까? 어떤 철학자들은 오직 이야기만이 자아 전체를 구성한다고 주장한다. 이야기가 사라지면 아무것도 남지 않는다는 것이다. 포킹혼은 이렇게 썼다.

"그들의 관점에서 자아란 궁극적으로 이야기들이 짜여 촘촘하게 모여 있는 것에 지나지 않는다. 자아는 자기 자신에 대해 우리가 말하고 들어온 이야기들로 구성되고, 그 이야기들로부터 서서히 펼쳐지며 생겨나는 실체entity다."[16]

이렇게 '자아가 곧 이야기'라고 보는 관점에서는 이야기를 구성하는 인지적 행위가 자아 형성의 중심에 놓이기까지 한다. 하지만 알츠하이머병을 앓는 사람들의 경험은 이런 관점에 대해 적어도 두 가지 중대한 의문점을 던진다.

한편으로 '인지'와 이야기를 만들어내는 '인지의 역할'이 자아를 구성하는 중심이라고 보는 데에 이의를 제기한다. 치매 환자를 10년 넘게 관찰해온 토론토대학교의 피아 콘토스Pia Kontos는 이렇게 말했다.

"'나는 누구인가' 하는 것에는 인지기능과 분리되어 독립적으로 존재하는 무언가가 분명 있어요."

그녀는 이러한 주장이 논란거리가 될 것을 알고 있었다.

"이 관점은 물론 자아에 관한 우리 서구적 해석과 완전히 상반됩니다. 서구적 관점에서 자아에 대한 이해의 중심에는 이성과 독립성, 통제가 있으니까요. 마음과 몸이 별개라는 이른바 데카르트적 전통에서 비롯한 것이죠. 마음과 몸이 구분된다는 단순한 얘기가 아니라 몸은 사실상 아무것도 아니라고 격하시키는 특유의 이원론적 발상입니다. 몸은 빈 조개껍데기이고, 자아와 주체, 의도성이라는 측면에서 모든 것이 마음의 영역에 있다고 보는 것입니다."

콘토스는 자아, 주체, 심지어 기억에 관한 담론에까지 몸을 가져오고 싶어한다.

따라서 자아가 이야기라고 한다면, 이때의 이야기는 순전히 인지능력에 국한된 것이 아니다. 몸도 발언권을 갖는다.

다른 한편으로, 알츠하이머병은 자아가 이야기에 지나지 않는다는 관점을 또 다른 방면에서 반박한다. 자아가 이야기로, 이야기에 의해 구성되며 그 밖에 다른 길은 없다고 보는 것이 자아를 가장 잘 설명하는 방법이라고 주장하는 사람들에게 반례로 작용한다. 알츠하이머병이 일관된 이야기를 구성하고 전달하는 능력을 파괴하는 것은 사실이지만, 이 '서사적 자아narrative self'가 해체되고 난 뒤에 무엇이 남는지는 명확하지 않기 때문이다.

철학자 단 자하비Dan Zahavi는 이렇게 썼다.

"어떤 경험이 단순히 내 것이 아닌, 주인 없는 에피소드가 되면 고통이나 불편함 역시 자기 것으로 느끼지 않는다는 것은 전혀 확인된 바 없다."17

'서사적 자아'가 사라졌을 때 무엇이 남는지를 알아내면, 자아를 불러일으키는 뇌의 작용도 밝혀낼 수 있다.

예를 들어 자하비는 자아가 온전히 갖춰진 하나의 이야기가 되기에 앞서, 애초에 어떤 순간이 이야기의 일부가 되기 전에 그 경험의 주체가 될 수 있는 최소한의 무언가가 자아인 것이 틀림없다고 주장한다.

이렇듯 가혹한 수모를 가져옴에도 불구하고 알츠하이머병을 통해 우리는 더욱더 다층적이고 정교한 방법으로 자아를 들여다볼 수 있다. 또한 이렇게 자아에 관해 새롭게 이해하면 알츠하이머병 말기의 의미를 이해하는 데, 그리고 알츠하이머병 환자들을 돌보는 데 도움이 될 것이다.

✳

캘리포니아주 새크라멘토 북쪽으로 차를 타고 1시간쯤 가야 나타나는 마을에 살던 클레어의 아버지는 어느 날 경찰서로 걸어가서 소지하고 있던 총을 넘겼다. 알츠하이머병 진단을 받았을 무렵이었다.

"내가 나를 쏠까 봐 두려워서 권총은 치워버렸다."

아버지가 클레어에게 말했다. 얼마 안 되어, 클레어의 부모는 관리가 힘들어져서 농장을 팔고 더 작은 집으로 이사했다.

클레어의 부모는 클레어가 네 살 때 유럽에서 미국으로 이주했다. 그녀의 아버지는 유명한 회사에서 과학자로 일했고 엄청난 성공을 거두었다. 그는 일찍 은퇴해 가족을 위해 농장을 샀다. 클레어의 어머니는 항상 농장을 꿈꿔왔다. 그들은 이제 농부와 목장 주인들, 목축업자 협회 등에 둘러싸여 이전과는 완전히 다른 삶을 살기 시작했다. 클레어는 어느 날 부모님을 보러 농장을 방문하고는 뭔가가 잘못되었음을 알아차렸다. 바비큐를 하던 중 항상 바비큐 담당이었던 아버지가 클레어를 바라보며 "이거 어떻게 하는지 잘 모르겠구나"라고 말한 것이다. 클레어는 아버지가 농담을 한다고 생각했다. 아버지가 바비큐하는 법을 잊을 리가 있나? "에이, 아버지. 잘 아시잖아요." 그러자 아버지가 대답했다. "아니, 클레어. 아니야. 뭔가가 잘못된 것 같구나." 정확히 어떻게 표현해야 할지는 몰랐지만 아버지 역시 클레어와 마찬가지로 어딘가에 문제가 생겼다고 느꼈다.

아버지는 이전에도 종종 마음속에 있는 생각을 전달하려면 정확한 단어를 찾기 위해 애써야만 했다고(앨런이 '토네이도'라는 단어를 찾으려고 애썼듯이) 말했다. 클레어는 이것이 아버지에게 큰 문제라는 것을 알아차렸다. 클레어가 나에게 말했다. "아마 모든 사람이 자신의 아버지에 대해, 특히 알츠하이머병을 앓는 아버지에 대해 이렇게 말할 거예요. 하지만 우리 아버지는 정말로, 비범할 정도로 지적인 사람이었어요. 7개 국어를 능숙하게 구사했죠. 아버지에게 적절한 단어를 찾는 일은 쉬웠어요. 그래서 아버지는 그런 능력들이 사라지기 시작하자 몹시 걱정스러워하셨죠."

걱정은 점점 늘어났다. 클레어는 아버지의 증세가 악화되고 있다는 것을 명확히 알게 된 결정적 순간을 기억하고 있었다. 바로 아버지가 사랑하던 요트와 관련이 있었다. 클레어의 아버지는 밤에도 별자리를 보면서 길을 찾을 수 있었고, 종종 친구들을 초청해 큰 배를 빌려 오대호 일대뿐 아니라 카리브해까지도 항해한 뛰어난 항해사였다. 1980년대에 한번은(클레어의 회상에 따르면, 그날 배에는 아르헨티나 사람 두 명을 포함한 '흥미로운' 항해사 그룹이 함께했고 클레어가 유일한 여자였다) 세인트바트로 항해하고 있었는데, 엄청난 폭풍이 일대를 강타했다. 클레어는 "얼른 여기서 나가자"고 외쳤다. 하지만 선장인 아버지는 나가려 하지 않았다. 배에 붙어 있던 구명보트는 바람과 파도에 요동치다가 물 위로 떨어져 배에 질질 끌려다녔다. 모두가 구명보트를 풀라고 요청했지만, 클레어의 아버지는 거절했다. 항해 내내 그는 배의 상태를 예리하게 파악했다. 모두가 잠든 한밤중에도 여러 번 닻을 내리다가 잘 되지 않아 클레어를 깨워 함께 닻을 다시 내리곤 했다. 아버지는 마침내 폭풍 속에서 그들을 구출했다.

그로부터 10년이 지나, 클레어와 그녀의 사촌들은 클레어의 아버지를 항해 여행에 초대하기로 했다. 이때쯤 그들은 그에게 뭔가 문제가 생겼다는 것을 알고 있었다. 그래서 이번에는 클레어의 사촌이 선장을 맡고 클레어가 일등 항해사를 맡았다. 아버지는 그냥 동료 선원으로 탑승했다. "아버지는 배를 다루는 법을 알았어요. 배를 운전할 수도 있었죠. 하지만 항해 중 아버지는 역할이 없는 점에 무척 만족하셨어요. 화를 내거나 상처받지 않으셨죠." 클레어는 회상했다. 하지만 아버지는 때때로 이상 조짐을 보였다. 클레어와 그녀의 사촌이 힘들게 배를 모는 가운데 클레어의 아버지가 불쑥 나타나 돛 아래 활대를 흔드는 바람에 위험한 순간을 몇 번 맞았다. 클레어가 아버지에게 제발 좀 가만히 앉아 계시라고 외치기도 했다. 항로를 정하고 아버지를 타륜 뒤에 앉혔지만, 그는 나침반을 내려놓지 않고 어떻게든 항해를 조정하려 했다.

그러다가 난데없이 말했다.

"오늘이 무슨 요일이지? 무슨 요일이지? 무슨 요일이지?"

몇 년 뒤(그리고 알츠하이머병 진단을 받고 나서), 클레어가 아버지와 함께 작은 해안가 마을의 시내를 걸어 지나가는데 교회 앞에서 행사를 하고 있었다. 그곳에는 요트 모형이 진열되어 있었다. 아버지가 그것을 집어 들었다.

"아버지는 모형을 들여다보고 또 보았어요. 그 모형에 흥미를 느끼신 거죠. 하지만 나는 아버지가 왜 그 모형에 흥미를 느끼는지 스스로 확신하지 못한다는 것 또한 알겠더군요. 아버지가 어떤 말을 해서가 아니라 그저 몸놀림에서 느낀 거예요. 아버지는 뭔가 바라보는 듯한 표정이었지만, 내가 보기에 뭔가 이해하는 기색은 전혀 없었어요."

한때 유능했던 항해사는 더 이상 배를 기억하지 못했다.

그때 클레어는 알았다. 아버지의 알츠하이머병이 단기기억력만 쇠퇴시킨 것이 아니라 그 이상으로 진행되었다는 것을.

＊

기억과 뇌 구조에 관해 우리가 아는 것의 대부분은, 스물일곱 살에 좋든 싫든 '오직 순간만을 살았던' 한 비범한 남자에 관한 연구 결과에서 비롯한다. 심리학이나 신경과학을 공부하는 학생들은 그를 환자 H. M.이라고 알고 있다. 헨리 몰레이슨Henry Molaison

은 1926년에 태어났다. 헨리는 열 살 무렵부터 간질 발작을 시작했다. 아마도 몇 년 전 머리에 가벼운 부상을 입은 것이 원인으로 보였다(하지만 원인은 불분명했다. 헨리의 고종사촌들에게도 간질이 있었던 것으로 보아 유전적 소인이 있었을지도 모른다[18]). 발작은 점점 악화되었다. 항경련제도 효과가 없었다. 고등학교 졸업자였던 헨리는 타자기 조립공으로 간신히 일했다. 1953년, 그가 스물일곱 되던 해에 코네티컷 하트퍼드 병원의 신경과 의사 윌리엄 스코빌William Scoville은 헨리의 간질을 치료하기 위해 결국 위험도가 높은 실험적 수술을 하기로 결정했다.

스코빌은 헨리의 눈구멍 바로 위에 구멍 두 개를 뚫은 뒤, 납작한 브레인 스패츌러(이 스패츌러는 혀를 누르는 도구인 설압자의 신경외과 버전이라 할 수 있다)를 삽입해 두뇌 반구의 전두엽과 측두엽temporal lobe 사이를 벌렸다. 이렇게 해서 스코빌은 편도체amygdala와 해마hippocampus를 비롯한 내측두엽medial temporal lobe으로 접근할 수 있었다. 그러고 나서 그는 편도체와 해마의 상당 부분을 포함한 정상 뇌 조직 한 덩어리를 빨아들여 제거했다. 수술의 결과로 헨리는 학술문헌에 익명의 H. M.이라는 이름을 올렸고, 신경과학 분야의 전설이 되었다.

H. M.은 계속해서 항경련제를 복용했고, 심한 발작 증상은 강도와 빈도(주 1회에서 연 1회로) 모두 급격하게 줄어들었다. 하지만 그의 기억에 아주 이상한 일이 벌어졌다. 그는 "더는 병원 직원들을 알아보지 못했고, 화장실 가는 길도 찾지 못했으며, 병원 생

활을 하면서 하루하루 겪은 일들도 전혀 기억해내지 못했다".[19]
1957년에 발표된 논문에서 스코빌은 몬트리올 뇌신경학연구소의
심리학자 브렌다 밀너Breanda Milner와 함께 H. M.의 심리 검사에 관
해 썼다. "1955년 4월 26일에 검사가 이루어졌다. 곧바로 기억장
애가 명백해졌다. 환자는 오늘이 1953년 3월의 어느 날이라고 얘
기했고, 나이는 스물일곱이라고 했다. 검사실로 들어오기 전 그는
의사 칼 프리브램Karl Pribram과 얘기했지만, 이에 대한 기억이 전혀
없었고 어느 누구와도 얘기하지 않았다며 부인했다. 대화하면서
그는 계속 소년 시절로 되돌아갔고, 수술을 받았다는 사실을 전혀
인식하지 못하는 것 같았다."[20]

　　H. M.은 새로운 기억을 하지 못하는 채로(순행성 기억상실증
anterograde amnesia이라 부르는 질환) 계속 살았으며, 과거를 기억해
내는 데에도 한계가 있었다. 밀너는 H. M.에 관한 연구를 계속하
다가 제자인 수잰 코킨Suzanne Corkin에게 배턴을 넘겨주었다. 1984
년에 코킨은 이렇게 썼다.

H. M.의 두드러진 특징은 수술 후 31년 동안 증상이 안정적이었다는
것이다. 그는 여전히 극심한 순행성 기억상실증을 갖고 있어서 자신
이 어디에 사는지, 누가 자신을 돌보는지, 가장 최근에 먹은 음식이
무엇인지 알지 못했다. 그가 올해라고 생각하는 연도는 실제 연도와
43년까지 차이가 나며, 의식적으로 계산을 해보지 않으면 자신의 나
이를 열 살에서 많아 봐야 스물여섯 살로 추정한다. 1982년에 그는

1966년 마흔 번째 생일에 찍은 자신의 사진을 알아보지 못했다. 그럼에도 그는 우주비행사가 우주 밖으로 여행하는 사람이라는 사실을 알고 있었고, 케네디라는 공인이 암살당했다거나 로큰롤이 "우리가 만난 새로운 종류의 음악"이라고 하는 등 기억의 섬들을 갖고 있었다.[21]

H. M.의 질병은 우리가 갖고 있는 기억에는 여러 종류가 있다는 것을 보여주었다. 그의 기억 중 어떤 것은 없어져버렸지만 어떤 것들은 손상되지 않았다. 우선 첫째로, 그의 단기기억은 멀쩡했다. 수십 초 동안 한 움큼의 숫자들을 머릿속에 간직할 수 있었다. 하지만 수술은 H. M.의 장기기억에 흉터를 남겼다.

그의 의미기억(사실과 개념 등을 기억하는 능력)은 대체적으로 온전했지만 수술 이전의 경험에 한해서만 그랬다. 반면 경험의 장소나 시간과 연결되는 일화기억은 수술 이전에 대한 것들까지 완전히 망가져 있었다. 의미기억과 일화기억은 장기기억의 유형 중하나인 '외현기억'에 속한다. 서술기억이라고도 불리는 외현기억은 정보에 대한 의식적 접근이 필요하다. H. M.의 순행성 기억상실증은 너무나 심해서 그는 수술 후에 일어난 그 어떤 것에 대한 외현기억도 갖고 있지 않았다(다만 수술 뒤에 이사해서 1958년부터 1974년까지 살았던 집의 평면도는 기억하고 있었다. 그의 몸이 거기 살면서 같은 장소를 수년간 돌아다녔다는 사실과 더불어 해를 거듭하면서 점차적으로 축적되는 지식은 집에 대한 기억을 형성하는 데에 어느 정도 도움이 되었다. 이는 곧 몸이 뇌와 협력해 자아를 형성하는 데 일정 역할을 맡는다는 것을 보여주는 흥미로운 증거다).

외현기억이 아닌 장기기억의 또 다른 범주로는 비서술기억이라고도 불리는 '암묵기억'이 있다. 절차기억이 대표적이다. 암묵기억은 의식적 접근이 필요하지 않다. 자전거 타는 법을 익히는 것에 대해 생각해보자. 그것은 우리가 무의식적으로 접근하는 기억이다. 1962년에 발표된 H. M.에 관한 밀너 박사의 고전적 연구는 이렇게 다양한 종류의 기억에 뚜렷하게 구별되는 뇌 구조가 관여한다는 사실을 보여주었다. 이 연구에서 H. M.은 별 모양 안에 또 별이 들어 있는 이중 별 모양 패턴을 받았다. 실험자는 그에게 밖에 있는 선과 안에 있는 선 사이에 같은 패턴을 복제해 그려보라고 요구했다.

일을 더 복잡하게 만들려는 실험자의 의도에 따라 H. M.은 종이를 직접 보지 못하고 거울에 비친 패턴과 자신의 손, 연필을 보면서 그려야만 했다. 놀랍게도 H. M.은 3일간 과제를 점점 더 잘 수행했다. 물론 과제를 했다는 기억은 전혀 남지 않았지만 말이다. 수술이 그의 절차기억을 망가뜨리지 않았다는 것만은 분명했다. 연구의 질문은 이것이었다. 수술로 제거된 뇌 구조가 정확히 무엇인가? 1953년 H. M.을 수술하고 나서 스코빌이 작성한 보고서들은 당시로서는 매우 도움이 되는 자료였지만, 결정적 대답이 되지는 못했다. 1990년대와 2000년대에 H. M.은 뇌 스캔을 여러 번 받앉지만, 모든 스캔이 그러하듯 비침습적인 noninvasive 방법이어서 제거된 뇌 영역을 정확히 드러내는 데에는 어느 정도 한계가 있었다. 그러다가 그의 사망을 계기로 더 많은 것이 밝혀졌다.

H. M.은 2008년 12월 2일 사망했다. 시신은 매사추세츠 찰스타운에 있는 종합병원으로 옮겨졌다. 거기서 신경과학자들은 9시간에 걸쳐 그의 뇌 영상을 찍었다. 그런 뒤 한 신경병리학자가 노련하게 그의 뇌를 두개골에서 빼냈다. 수없이 찍은 정교한 MRI 사진들을 기반으로 한 이 모든 작업을 통해 H. M.의 뇌를 고해상도의 3차원 모형으로 만들어냈다. 마침내 H. M.의 뇌를 컴퓨터상에서 해부하는 것이 가능해졌다. 새로 찍은 이미지들은 앞서 나왔던 MRI 자료들이 밝혔던 것들이 사실임을 확인해주었다. 스코빌이 완전히 제거했다고 생각했던 해마의 뒤쪽 절반이 좌우반구 모두 온전했다.[22] 하지만 스코빌은 그 밖의 다른 것을 완전히 제거해버렸는데, 바로 해마와 신피질 neocortex (유일하게 포유류에만 있는 피질의 한 부위) 사이의 접점인 내후각피질 entorhinal cortex이었다. 알츠하이머병은 내후각피질에서 시작되어 퍼진다. 문헌에 따르면 내후각피질은 "피질의 전 영역 중 알츠하이머병으로 인해 가장 심하게 망가지는 부분이다".[23]

"잊지 못할 기억상실증 환자"[24]였던 H. M.은 결국 사라졌지만, 영원히 지워지지 않을 흔적을 과학에 남겼다. 그의 심각한 기억장애는 수술 후에 그가 자기감을 갖고 있었는지 아닌지에 관해 학자들 사이에서 논쟁을 불러일으켰다. 비슷한 질문이 오늘날 알츠하이머병과 직면한 사람들을 괴롭히고 있다.

✳

우리는 대개 '나라는 느낌'을 생각할 때, 머릿속에 들어 있는 내가 누구인지에 대한 이야기를 떠올린다. 당신에 대한 이야기를 타인에게(또는 당신 자신에게) 해야 한다면 당신은 아마도 당신을 정의할 수 있는 일화기억의 앨범들을 뒤져야 할 것이다. 그것을 '서사적 자아'(피아 콘토스가 강조했듯, 단순히 인지적인 것만이 아니라 체화된 것까지 포함한다는 측면에서)라고 하자. 서사 narrative를 정의하자면, 한데 묶인 일련의 에피소드들이다. 어떤 의미에서는 그것이 바로 우리다. 매끈하게 연결되어 보이는 하나의 이야기. 인간으로서 우리는 이 이야기로 미래를 추정하는 능력을 갖고 있다. 그래서 우리의 '서사적 자아'는 단순히 과거에 대한 기억만이 아니라 미래에 대한 상상이기도 하다. 지난 10년 동안 많은 연구는 우리가 과거를 기억할 때 쓰는 뇌 신경망이 미래에 대한 시나리오를 세울 때에도 똑같이 쓰인다는 것을 보여주었다.[25] 예를 들어, 당신이 클레어의 아버지처럼 뛰어난 항해사라면 앞으로 바다를 항해하는 것을 상상할 때마다 작년의 항해 경험을 기억하는 데 쓰는 뇌 신경망을 사용할 것이다. 이러한 신경망을 형성하는 주요 뇌 영역에는 해마와 내후각피질을 포함한 내측두엽(정중선에 가까운 부분)의 구조들이 속한다. 이 영역들은 알츠하이머병에 걸렸을 때 가장 먼저 타격을 받는 곳이며, 알츠하이머병은 바로 이 지점을 기반으로 파괴의 행진을 이어나가 끝내 환자에게서 일관된 '서사적 자아'를 구성하는 능력을 지워버린다.

몇몇 알츠하이머병 환자에게는 이러한 '서사적 자아'의 붕괴가 처음에는 '질병실인증anosognosia'으로 나타나 자신이 알츠하이머병에 걸렸다는 사실을 인식하지 못하기도 한다. 1914년 조제프 바빈스키Joseph Babinski는 좌반신 전체가 마비된 환자들의 지극히 이상한 행동을 설명하기 위해 질병실인증이라는 용어를 고안해냈다(그리스어로 agnosia는 '무지'를, nosos는 '병'을 뜻한다). 영향력 있는 어느 논문에서 그는 이렇게 썼다. "내가 관찰한 어느 정신장애에 좀 주목해달라고 하고 싶다. 자신이 마비되었다는 것을 인정하지 않거나 알지 못하는 것 같은 환자들이 있었다."[26] 바빈스키의 환자들은 자신이 마비되었다는 사실을 단순히 부인하거나 자각하지 못하는 것이 아니라 자신의 무지를 합리화하기까지 했다. 바빈스키는 한 환자에 대해 이렇게 기록했다. "그녀에게 오른쪽 팔을 움직여보라고 얘기하면 그녀는 곧바로 지시한 대로 따랐다. 하지만 왼쪽 팔을 움직여보라고 하자 가만히 침묵하면서 마치 내가 자신이 아닌 다른 사람에게 그 지시를 내린 것처럼 행동했다."[27] 특히 심각한 수준의 질병실인증은 '안톤증후군Anton Syndrom'에서 발견된다. 안톤증후군은 1858년에 태어나 1933년에 사망한 신경과학자 가브리엘 안톤Gabriel Anton의 이름을 딴 병명으로, 좌우반구의 후두엽을 모두 다쳐 맹인이 되었는데도 여전히 볼 수 있다고 주장하는 환자들의 사례를 연구하면서 나온 것이다.

알츠하이머병에서 나타나는 질병실인증은 장애를 단순히 자각하지 못하는 수준에서 완강하게 부인하는 수준까지 다양하게 나타난다. 로런스버클리 국립연구소의 알츠하이머병 전문가인 신경과학자 윌리엄 재거스트William Jagust는 수년간의 임상 경험을 통해 다양한 반응을 보이는 모든 범주의 환자들을 만나보았다. "배우자가 환자를 의사에게 데려오면 환자는 말합니다. '내게는 아무런 문제가 없어. 당신이 미친 거지.' 그러면서 부부는 싸우고, 비슷한 일들이 반복됩니다. 하지만 대부분의 경우, 환자는 자신의 병을 부인하는 것이 아니라 정말로 모르고 있습니다." 그가 환자와 가족들에게 알츠하이머병이라고 심각하게 말한 지 얼마 안 되어 환자가 자신이 진단받은 사실을 정말로 잊어버리는 일이 아주 흔히 일어난다. 알츠하이머병의 속성에서 비롯된 일이다. "알츠하이머병이라는 진단을 받은 사람은 더 이상 운전을 하면 안 됩니다. 하지만 그들은 운전하려 들지요. 가족들이 '의사가 당신 알츠하이머병에 걸렸다고 했잖아요'라고 말하면 그들은 하나같이 '아니, 그렇게 말하지 않았어!'라고 대답합니다."

앨런 역시 운전을 그만두고 싶지 않았다. 공식적으로 진단받기 전, 그는 고속도로를 달리다가 공황발작을 일으켰다. 그래서 그는 동네에서만 운전하기로 했다. 하지만 아내 미켈은 여전히 걱정스러웠다. 그녀는 앨런의 차에서 움푹 파인 자국들을 발견했고, 심지어 다른 차가 받은 것이 명백한 자국(앨런은 상대 운전자 탓이라고 했지만 미켈은 앨런의 잘못일 것이라 의심했다)을 보았다. 한 번은 앨런이 스프레이 페인트로 자동차에 긁힌 자국을 덮으려고 했다. 그가 다니던 병원 사회복지사는 그렇게 교통사고를 내다가 고소를 당할 수 있다고 미켈에게 주의를 주었다(이때쯤 알츠하이머병 진단이 내려졌다). 앨런의 의사는 차량관리국에 이러한 사실을 알렸고 차량관리국은 앨런에게 운전시험을 다시 치르기 위해 방문해줄 것을 요구했다. 미켈은 말했다. "제장. 차라리 시험에 떨어졌어야 했는데……. 합격하다니, 정말 믿을 수가 없었어요."

하지만 다행히도 앨런의 차는 도난당했다. 앨런은 커다란 충격을 받았다.

"앨런은 몹시 슬퍼했어요. 지역신문에 도둑맞은 혼다 자동차를 애도하는 글을 실었죠. 그 차가 자신에게 얼마나 의미가 컸으며, 자율성을 잃는 비극적인 일이 벌어졌고, 자신은 이제 더 이상 온전한 사람이 아니라고 썼더군요. 그의 자기감이 무너져내리는 것 같았어요."

앞에서 설명한, 자신의 마비를 부인했던 환자들에 비해 앨런의 질병실인증은 경미하다고 할 수도 있다. 그럼에도 우리는 알츠하이머병을 통해 질병실인증에서 일어나는 신경 메커니즘과 자기감의 관계를 이해할 수 있다. 옥스퍼드대학교의 신경학자 조반나 잠보니Giovanna Zamboni가 연구한 것이 바로 이 메커니즘이다. 그녀는 질병실인증을 앓고 있는 알츠하이머병 환자들이 자기 자신에 대해서보다는 친한 친구나 간병인, 또는 친척들에 대해 훨씬 더 잘 판단한다는 것을 발견했다. fMRI로 검사한 결과, 알츠하이머병 환자들은 타인에 대해 평가할 때보다 자기 자신을 평가해야 할 때 내측 전전두엽피질medial prefrontal cortex[28]과 좌뇌의 전방 측두엽anterior temporal lobe이 덜 활발해지는 것으로 나타났다(정상적인 통제집단과 경미한 인지적 손상이 있는 사람들에게서는 이 차이가 나타나지 않았다).

이 검사는 알츠하이머병 환자의 질병실인증이 단순히 기억의 문제만이 아니라 자아에 관한 문제이기도 하다는 것을 보여준다. 잠보니는 나에게 말했다. "아주 선별적인 무능입니다. 타인에 관해서는 그렇지 않은데 자기 자신에 관한 정보만 업데이트하지 못하지요."

킹스칼리지런던 정신의학연구소의 신경심리학자 로빈 모리스Robin Morris도 이에 동의한다. 모리스는 알츠하이머병 환자들의 질병실인증이 알츠하이머병으로 진단받았다는 사실을 단순히 잊어버린 데에서 기인한 것이 아니라 그보다 더 큰 문제에서 비롯된다고 생각한다. 모리스는 자신에 관해 아는 것과 관련해 특별한 형태의 의미기억이 있다고 주장한다. 말하자면 '자아 표상self-representation 시스템'이다. 이 '개인적 데이터베이스'는 사물이나 세상, 그 밖의 외부적인 것들에 대한 의미지식과는 종류가 다르다. "자아 표상은 뭔가 특별하고도 고유한 것이 있어요." 런던에 있는 그의 사무실에서 만났을 때 모리스가 말했다. 그는 알츠하이머병 환자들이 "자아 표상의 영역으로 새로운 정보들을 통합시키지 못한다"고 가정한다.

모리스에 따르면 이러한 자아 표상은 본질적으로 일화기억이며, 특정 절차를 거쳐 자기 자신에 대한 의미기억으로 바뀐다. 다시 말해 의미화된다. 환자 H. M.의 사례는 자기 자신에 대한 일화기억이 다른 종류의 일화기억과 달리 그 본질적 내용이 '의미화되는 형태'로 붙잡아 저장된다는 가설을 지지한다. 수잰 코킨이 "어머니와 가장 좋았던 기억이 무엇인가요?"[29]라고 묻자 H. M.은 이렇게 대답했다. "글쎄요, 어머니는 그냥 어머니였어요." 코킨이 밝힌 바에 따르면, H. M.은 유년기 기억이 있는데도 어머니나 아버지에 관한 일화기억은 꺼내지 못했다. 특정 시간과 장소를 떠올리는 어떠한 사건조차 얘기하지 못했다. 수술 전 자기 자신에 대한 기억을 여전히 갖고 있는데도 말이다.

만약 자아 표상 시스템이 잘 작동한다면 일화기억은 계속해서 의미기억으로 전환되어 우리 자신이 누구인지 핵심을 잘 만들어낼 것이다. 알츠하이머병 환자는 이 프로세스가 망가진 것으로 보인다. 질병실인증으로 입증되었듯 자아 표상을 계속 업데이트하는 뇌의 능력이 제대로 발휘되지 못하고, 더 심하게는 '서사적 자아'가 변형되기에 이른다. 이야기 형성이 느려지고 심지어 멈추기도 한다. 그러면 환자는 과거에 서사가 잘 형성되어 있던 때의 기억으로 깊이 들어가 자신의 영원한 정체성을 만들어낸다. 우리가 과거와 미래의 시간을 오가며 정체성을 기억하거나 창조해내는 자기감의 속성[철학자들은 이를 '오토노에틱 의식autonoetic consciousness'(시간과 장소에 상관없이 자신의 경험을 자기 것으로 알게 하는 뇌의 능력)이라고 부른다]은 잔인한 운명의 장난과 같다. 이 인지능력은 어린 시절 가장 마지막으로 성숙하는 동시에 알츠하이머병의 공격으로 가장 먼저 무너지기 때문이다.

✳

앨런을 만나 얘기 나누던 날, 그는 놀랍도록 말짱했고 매력적이었다. 미켈은 그 사실에 기뻐했다. 그가 힘들어지거나 심하면 다가갈 수도 없는 상태로 빠져들어가기 전, 자각의 작은 창문이 열리는 이른 오후 시간이었다.

"알츠하이머병에 대해 더 걱정하는 것이 있나요?"

내가 앨런에게 물었다.

"아니요. 나는 이미 포기한 것 같아요. 나는 일흔, 일흔한 살이에요."

앨런은 대답했다(이때 그는 여든한 살이었고, 알츠하이머병 진단을 받았을 때가 일흔 살이었다).

"괜찮은 인생이었어요. 더 나빠질 수도 있었죠. 세상의 문제를 풀었고 아이 두 명에다, 이제는 손주도 둘이나 있네요. 아주 좋아요. 나는 공군에 있었을 때 세상을 봤어요."

미 공군의 일원으로 독일에 주둔하면서 2차 세계대전이 초래한 참상을 보았던 때를 말하는 것이다. 독일 다하우에 있는 강제수용소가 그의 뇌리에 박혔고, 집시나 발레 댄서들이 정부를 운영한다면 세상이 지금보다 훨씬 나아질 것이라고 생각하던 자신의 관점을 굳혔다. 미켈이 말한 대로 "가진 것이 적은 사람이나 예술을 사랑하는 사람"이 독재자나 정치인들보다 훨씬 낫다는 것이다.

미켈은 앨런이 계속 가장 강렬한 기억, 다시 말해 공군에서 보낸 시간들부터 철학교사가 되기까지의 시간들로 돌아가려고 한다는 것을 지적했고 나도 그러한 사실을 눈치챘다. 그가 그러는 데에는 이유가 있었다. 바로 앨런이 자신의 정체성을 굳힌 시기였기 때문이다.

모리스가 나에게 말했다.

"환자들은 아마도 그 기억들을 '나라는 느낌'에 더 강렬하게 포함시켜 더욱 풍부하고 지속적인 자아 표상들을 만들어내려고 하는 것 같습니다. 그 기본적인 구성요소들은 내가 누구인지를 규정하는 핵심 개념이며, 평생 동안 잘 바뀌지 않습니다. 바뀌더라도 아주 미세하게 바뀔 뿐입니다."

말기가 되면 알츠하이머병은 그 기억들마저 장악할 것이다. 하지만 당분간은 여력이 있으니 앨런은 학교에서 담배를 피워 세 번이나 퇴학당했던 열여덟 살 시절을 회상할 것이다. 학교 상담사는 공군에 들어가는 것이 어떻겠느냐 제안했고 앨런은 그렇게 했다. 독일 뮌헨 근처의 기지로 보내진 그는 거기서 항공 정비를 배웠다. 스물두 살이 되던 해에 샌프란시스코로 돌아와 커뮤니티칼리지에 다니면서 유나이티드항공에서 일했다. 그는 라디오 DJ가 되고 싶었지만 그를 가르치던 교사 중 한 사람이 그에게 방송을 진행할 목소리가 못 된다면서 철학수업을 들어보라고 권했다. 조언은 효과가 있었다. 앨런은 철학을 사랑했고 얼마 안 되어 철학을 가르치기 시작했다. 그는 학생들에게 인기 있는 철학교사가 되었다.

앨런은 나와 이야기하면서 상세한 내용을 말하지 못하거나 적절한 표현을 쓰지 못했다(미켈이 옆에서 부연 설명을 해준 덕분에 알아들을 수 있었다). 예를 들어, 철학을 공부하라고 조언했던 교사에 관해 앨런은 이렇게 말했다.

"그는 이렇게 말해준 사람이었어요. '퇴학당했으니까…… 담배……, 공군에 가보는 게 어떻겠니?'"

사실 그 교사를 만났을 때 앨런은 이미 공군에 있었고, 그때 제안받은 것이 철학수업이었는데 말이다.

만약 미켈이 앨런의 과거를 내게 미리 말해주지 않았다면, 나는 그가 회상하는 것들을 시간에 맞게 배열할 수 없었을 것이다. 그날의 만남이 끝나갈 즈음 미켈은 나에게 잠시 앨런과 둘이 얘기할 시간을 주었다. 나는 앨런에게 살아온 이야기를 해달라고 부탁했다. 그는 이미 몇 번 언급했던 공군 이야기를 다시 꺼냈다. 다음은 그 대화 내용의 일부를 글자 그대로 옮긴 것이다.

"우리는 여기 공군에 들어갔어요. 계속해서 상황을 정리해나갔죠……. 당신이 해요. 모든 사람이 비행이 되기를 원했어요. 하지만 누군가가 안 된다며 대수학을 들어야만 한다고 했죠. 어떤 사람들은 내가 대수학을 듣지 않았다고 했어요. 우리는 샌프란시스코에서 기차를 타고 보스턴으로 갔어요. 보트를 탔죠. 보트는 이 방보다 많이 크진 않아요. 열두 명에서 열다섯 명쯤 있었어요. 그리고 가장 좋았던 건…… 많은 사람이…… 멀미를 했어요. 나는 안한 사람 중 한 명이었죠. 우리는 밖으로 나가서 토해야 했어요. 그때의 사진을 한때 갖고 있었어요. 네. 그러고 나서 우리는 기차를 탔어. 이틀 반 정도 지나 뮌헨에 도착했지요. 뮌헨은 독일의 중심부예요. 거기에 있는 곳이죠. 만들어요……. 미국인과 독일인이 함께요. 우리는 거기에서…… 괜찮았어요……. 2년 동안……. 그러고 나서 우리는 돌아왔어요. 나는 몇 년간 유나이티드항공에 다녔어요. 그러자 모두가 말했어요. '대학에 가는 게 어때? 왜냐하면 넌 항상 책을 읽고 있잖아?' 탐정소설들이었죠."

대화 중 앨런은 생생한 사건 하나를 여러 번 언급했다. 들판을 가로질러 달리는 기차에 탄 군인들을 향해 농부들이 손을 흔드는 풍경이었다. 기차 창밖으로 농부들을 바라보는 앨런의 나이는 열여덟 살이었다. 하지만 그는 이 농부들을 본 곳이 텍사스였는지 아니면 독일이었는지 정확하게 기억해내지 못했다. 알츠하이머병은 앨런의 생생한 기억들을 파괴하지는 못했지만 그의 이야기를 뒤죽박죽으로 만들었다.

✳

모리스는 런던에 있는 그의 사무실에서 알츠하이머병 환자들에게 일어나는 두 가지 큰 변화에 관해 설명했다. 하나는 우리가 앞에서 살펴봤듯, 자기 자신에 대해 새로운 지식을 습득하지 못해 서사적 자아를 업데이트하지 못한다는 것이다. 다른 하나는 자아를 지지하는 역할을 맡은 뇌 구조가 아마도 알츠하이머병의 공격을 받고 있으리라는 것이다. 그래서 환자는 자신의 이야기 중 가장 끈질긴 부분으로 물러난다. 이런 부분들은 후기 청소년기나 초기 성인기에 형성된다. 앨런이 두서는 없었지만 여러 번 반복했던 회상도 이때 형성되었다.

사실 건강한 사람들도 삶의 사건들을 회상하라고 하면 10대 이전이나 30대 이후의 일들보다는 10대에서 30대 사이에 일어난 일들을 더 많이 기억한다. 심리학자들은 이것을 '회고절정reminiscence bump'[30]이라고 부른다.

회고절정은 자아에 중대한 영향을 끼친다. 런던시립대학교의 심리학자 마틴 콘웨이Martin Conway는 기억과 자아에 관해 폭넓게 연구해왔다. 콘웨이는 인간의 목표마다 위계가 있다고 보았다. 한 목표는 작은 하위 목표들로 나뉘고, 하위로 갈수록 더 작게 구체화된다. 예를 들어 운동선수가 되겠다는 목표를 갖고 있다고 하자. 그럼 하위 목표는 오늘 5킬로미터를 쉬지 않고 달리겠다는 것처럼 더 구체적이다. 이러한 목표들의 위계에 기초해 콘웨이는 '작동하는 자아working self'라는 개념을 규정했다. 작동하는 자아의 목적은 특정 목표(운동선수가 되겠다)와 현재 상태(예를 들어, 소파에 앉아 있다)를 조화시키고, 이 두 가지의 불일치를 반드시 최소화시키는 것이다. 말하자면 작동하는 자아는 행동을 조절한다.

콘웨이는 작동하는 자아 외에도 '개념적 자아'라는 개념을 규정했는데, 이것은 가족·친구·사회·문화와의 상호작용에 기초해 우리 자신이 누구인지에 대한 생각들을 포함하는 자아의 한 측면을 말한다.

콘웨이의 모형에서 작동하는 자아의 임무는 인간의 행동을 조절해 개념적 자아와 그 목표들에 일치하는 기억들을 형성하고 구축하는 일을 돕는 것이다. 이때의 일관성이 정확성을 의미하는 것은 아니다. 예를 들어, 단기적으로는 부엌에 있는 가스불을 껐는지 기억하는 것이 중요하다. 그러한 단기기억은 현실과 정확히 부합해야 한다. 그렇지 않을 경우에는 대가가 따른다. 하지만 뇌는 그런 기록을 무한정 유지하는 것이 불가능하다(대부분의 사람은 매 순간 모든 것을 사진 찍어대듯 기억하는 것이 불가능하다). 그래서 장기기억은 단기기억에 비해 정확도를 덜 강요받는다. 그보다는 '일관성'의 필요에 더 신경을 쓴다. 다시 말해 장기기억에 들어간 것이라면 무엇이든 장기기억을 유지하는 데 영향을 받는 개념적 자아와 목표들과 불일치해서는 안 된다. 콘웨이가 말했듯, 장기기억의 자전적 지식은 "내가 누구인지, 누구였는지, 누구일 수 있는지를 제한한다".[31] 한편 무엇이 자전적 장기기억으로 들어가고 무엇이 접근하기 용이한지는 '작동하는 자아'에 달려 있다. 이야기들은 우리가 누구인지, 무엇을 하는지, 무엇이 될 수 있는지에 영향을 끼친다. 특정한 시작은 특정한 결말을 낳는다. 이야기들이 우리의 현실이 될 수 있다.

콘웨이에 따르면, 작동하는 자아를 실행시키는 신경 프로세스들은 또한 자신의 목표와 자신에 관한 지식에 부합하는 장기기억을 그렇지 않은 기억들보다 더 잘 불러일으킨다. 결정적으로, 자신의 삶에서 목표들을 달성하는 아주 중요한 경험들에 관한 기억[32]은 자아 및 그 역사와 연관성이 아주 높다.

여기서 우리는 '회고절정'을 다시 떠올리게 된다. "후기 청년기와 초기 성인기에 내가 누구인지에 관한 자아 믿음self-belief과 자아 개념self-concept을 형성하는 결정적 시기가 있습니다." 모리스는 나에게 말했다. 이 시기에 우리는 서사적 자아의 핵심을 형성한다.

그래서 서사적 자아는 우리 삶에서 아주 중요한 사건들의 영향을 받고, 이러한 자아 또는 그 사건들과 연관된 기억들은 다음에 당신이 무엇을 할지에 영향을 끼치며, 당신의 이야기가 어떻게 뻗어나갈지 좌우한다. 자아에 다른 무엇보다 가장 중요하게 필요한 것은 일관성이다.

알츠하이머병 환자들은 이러한 서사적 자아를 형성하는 데 많은 면에서 방해를 받는다. 우선, 새로운 일화기억을 만드는 능력이 망가진다. 또한 이 기억들을 골자만 요약하거나 의미화된 기억의 형태로 자신의 이야기에 통합하는 작업을 못하게 된다. 모리스의 박사과정 학생인 리우데자네이루 출신의 대니얼 모그라비Daniel Mograbi는 이것을 '석화된 자아petrified self'라고 부른다. 알츠하이머병의 장악이 잠시 멈췄을 때 자기 자신에 대해 할 수 있는 이야기를 가리키는 말이다. 서사적 자아가 정상적으로 기능할 때에는 삶의 에피소드들이 잘 정렬되어 하나의 이야기가 된다. 초기 단계에 알츠하이머병은 이야기가 더 전개되는 것을 방해해 이야기를 발병 시점까지로 국한시킨다. 알츠하이머병은 계속 이야기를 잘라버리면서 서로 연결되지 않는 에피소드들로 만들어버린다. 그러고는 끝내 그것들조차 없애버린다.

'석화된 자아'라는 용어는 연구자들 사이에서 많이 퍼지지 못했다. 모리스는 말했다. "그 말이 알츠하이머병에 걸린 사람이 죽었거나 굳어버렸다는 느낌을 주기 때문인 것 같아요. 그런 뜻으로 쓴 용어가 아니기 때문에 그 점은 무척 유감스럽게 생각합니다. 사람들을 개념화할 때는 주의를 기울여야 합니다. 하지만 정치적 올바름이 과학을 제한해서도 안 됩니다. 불편하다고 해서 진실을 숨길 수는 없지요."

사실 서사적 자아는 먼저 석화되고, 그다음에 악화되기 시작한다. 알츠하이머병에 걸린 사람은 결정적인 서사적 자아로, 다시 말해 자아가 가장 강하게 드러났을 때 형성된 기억으로 되돌아간다. 그 정수는 몸과 뇌에 깊이 아로새겨져 있다. 하지만 알츠하이머병은 끝내 그 결정적인 서사적 자아까지도 침범한다. 앨런은 청년기와 초기 성인기를 잘 회상했지만, 그럼에도 미켈은 그가 그저 '사라지고 사라지는' 긴 시기를 목격했다. 미켈이 앨런의 눈을 들여다보았을 때 거기에는 아무것도 들어 있지 않았다. 텅 비어 있었다. 알츠하이머병 환자들을 보살피는 사람들은 누구나 이와 비슷한 경험을 한다. "그의 눈 속에는 아무것도, 어느 누구도 없었어요."

그런 경험은 돌보는 사람들의 느낌일 뿐일까, 아니면 알츠하이머병 환자들이 정말로 무엇도 인식하지 못하는 것일까? 모리스는 자아를 갖고 있지 않으므로 인식하지 못한다는 사실을 증명할 책임은 과학에 있다고 주장한다.

＊

콘토스는 알츠하이머병 환자들이 끝내는 자아를 잃어버린다는 주장에 동의하지 않는다. 알츠하이머병 환자들에게 심각한 인지력 감퇴의 증거가 나타나는 것은 사실이지만, 자아는 없어지지 않고 몸 안에 내장되어 있는 예지적precognitive이고 전前반성적prereflective 인 자아의 형태로 계속 존재한다고 주장한다. 콘토스는 프랑스의 철학자 모리스 메를로퐁티Maurice Merleau-Ponty와 프랑스의 사회학자 피에르 부르디외Pierre Bourdieu에게서 영감을 받았다며 이렇게 말했다.

"우리가 인지만으로 이 세계와 관계를 맺는 것은 아니지요. 몸을 통해 세계에 참여합니다. 부르디외와 메를로퐁티는 우리에게 바로 이러한 점에 대해 생각하도록 합니다."

콘토스는 알츠하이머병 환자들을 보살피는 진료시설에서 장기간 연구하면서 '체화된 자아embodied selfhood' 같은 사례들을 보아 왔다. 특히 그녀에게 깊은 인상을 남긴 사례가 하나 있었다. 인지

장애가 심각해서 단어 몇 개만, 그것도 대개 무의미한 말들을 조금 구사할 수 있었던 남성 노인 환자였다. 환자들은 유대교 율법서 《토라Torah》의 완독을 기념하는 명절인 심하트 토라에 장기 요양원에 있는 유대교 회당으로 갔다. 그 노인은 비마라고 불리는 설교단에서 기도문을 낭독하기 위해 자신의 이름이 불리기를 기다리며 줄지어 앉아 있었다.

콘토스는 말했다. "이분이 줄에서 일어서는 것을 봤어요. 그때 내 몸이 바짝 긴장됐어요. 곧 재앙이 벌어지겠구나 생각했거든요. 왜냐하면 그는 한 번에 두 단어 이상은 말하지 못했으니까요."

그다음에 그녀를 정말 어리둥절하게 한 일이 벌어졌다. 자신의 이름이 불리자 남자는 자신 있게 설교단으로 걸어나가 완전히 유창하게 기도문을 암송했던 것이다. 그에게 어떤 인지기능이 여전히 남아 있어서 그런 일이 가능했을 거라고 주장하는 사람도 있겠지만 콘토스는 다르게 생각했다.

"내가 분석한 바로는, 사건의 편성orchestration이 있었다고 할 수 있습니다. 거기에는 율법과 랍비가 있었고 회중이 있었죠. 그리고 브루디외가 말했던 '아비투스habitus'(계급적·사회적인 '관행'을 만들고 지속적으로 재생산하는 성향체계-옮긴이)가 그를 이끌었다고 봅니다. 나는 이것을 '체화된 자아'라고 불러요. 그것이 그 순간 그에게 기도문을 암송해낼 수 있게 해준 것이죠. 그에게 자기 방에 가서 다시 해보라고 하면 못할 겁니다."

체화된 자아란 "몸에 배인 습관, 몸짓, 동작들이 인간성과 개성을 지지하고 전달하는 개념"33이다. 메를로퐁티는 우리 모두가 세상에 참여할 수 있는 '고유한 몸primordial body'을 갖고 태어났다고 주장하면서 "인간의 모든 것은 형체를 갖는다"34라고 썼다. 그는 키보드를 보지 않고 타이핑하는 기술을 예로 들었다. 당신이 만약 유능한 타이피스트라면, 타이핑을 할 때 키보드에 있는 키들의 위치를 생각할 필요가 없다. 메를로퐁티는 말한다. "타이핑을 하는 지식은 손 안에 있고 오직 육체적 활동이 행해질 때만 드러난다. 그런 지식은 육체적 수고와 분리시켜 설명할 수 없다."35

부르디외는 몸의 역할을 고유한 범위 너머로 확장했다. 그는 몸에 우리의 사회·문화적 습관들이 포함된다고 말했다. 이것이 '아비투스'라는 개념을 낳았다. "아비투스는 인지의 한계점 아래에서 기능하고 전반성적 수준에서 일어나는 지식과 경험의 성향 disposition과 구조form로 구성된다"라고 콘토스는 썼다.36 브루디외가 말하는 '성향'이란 "존재하는 방식, 습관적인 상태, 경향, 성격, 의향"37 같은 것이다.

콘토스는 메를로퐁티의 '고유한 몸'을 브루디외의 아비투스 개념에 결합시켜 '체화된 자아'라는 자신의 개념을 만들었다. 그녀는 나에게 말했다. "우리는 모두 체화된 자아를 갖고 있어요. 당신도 갖고 있고 나도 갖고 있지요. 우리의 인지가 온전할 때에는 이것이 눈에 띄지 않아요. 배경으로 물러나 있죠. 하지만 인지가 손상되면 전경으로 나옵니다. 세상에 참여하는 전반성적 능력은 인지가 손상된 경우에 더 중요해집니다. 왜냐하면 이제 그 능력이 세상을 만나는 1차적 수단이기 때문이지요."

체화된 자아는 몸과 마음의 구분을 흐릿하게 한다. 그것은 우리가 누구인지 만들어가는 작업에 마음과 마찬가지로 몸도 똑같은 역할을 함을 보여준다. 데카르트의 영향으로 서구의 신경과학은 정신을 한층 승격시키면서 몸의 지위를 정신을 담는 용기 정도로 격하시켰다. 하지만 신경과학이 서서히 데카르트로부터 거리를 두면서 몸과 마음을 삭막하게 구분하던 모형도 이제는 폐기되었다. 그럼에도 수백 년 된 기존의 사상적 유산은 여전히 우리를 미혹시킨다. 알츠하이머병 환자들에게서 자아가 완전히 사라졌다고 보는 것처럼 말이다. 콘토스는 이렇게 말했다. "데카르트 사상 때문에, 그리고 몸을 거듭 평가절하해온 결과, 누군가가 인지능력을 잃었을 때 사람들이 너무나 빠르게 그 사람에게 자아가 없다고 결론을 내려버리는 일이 벌어집니다. 하지만 그렇다고 해서 존재가 사라진 것은 아니지요. 존재라는 근본적인 차원은 여전히 있습니다." 우리가 데카르트의 유산을 완전히 버릴 수 있다면, 그리고 몸과 마음을 구별 짓는 일을 그만둔다면, 자아에 대한 새로운 관점이 열리기 시작할 것이다.

그러니까 체화된 자아는 뇌와 몸 둘 다에 관련되지만, 반드시 인지가 개입되어야 하는 것은 아니다. 뇌는 크게 대뇌피질, 소뇌cerebellum, 뇌간brain stem이라는 세 영역으로 나뉜다. 소뇌는 절차기억과 우리 몸을 어떻게 움직일지 조절하는 일에서 중요한 역할을 맡는다. 그리고 알츠하이머병 말기까지도 대개 손상되지 않고 온전히 기능한다. 그래서 대뇌피질이 위축되고 인지능력이 감퇴한 경우에도 뇌–몸 복합체의 일부분은 지속적으로 자아의 측면들을 저장하고 만들어낸다.

알츠하이머병을 앓는 또 다른 환자의 사례에서 콘토스는 자신의 생각을 확신하게 되었다. 나이가 많은 그 환자는 인지장애가 심해 말을 할 수 없었고, 옷을 입지도 스스로 밥을 먹지도 못했으며, 항상 휠체어에 앉아 있었다. 게다가 요실금 증상도 있었다. 간호사가 휠체어를 거실로 옮겨 턱받이를 받치자(환자들의 옷이 더러워지지 않도록 하기 위한 기관의 정책이다) 그녀는 턱받이 아래를 더듬거리더니 걸고 있던 진주 목걸이를 잡아당겼다. 목걸이가 잘 보이도록 턱받이 위로 올리기 위해서였다. 콘토스는 나에게 말했다. "그녀는 그렇게 하기 전에는 절대로 음식을 먹지 않았어요. 치매라는 심연에서 그녀는 아주 강하게 존재를 드러냈죠. 만약 그게 자아를 표현한 것이 아니라면 뭐라고 해야 할까요?"

하지만 복합적인 서사적 자아를 만드는 것은 (인지적이든 체화된 것이든) 더 근본적인 뭔가와 관련이 있다. 그저 경험의 주체가되는 능력이다. 내가 앨런을 만났을 때 그는 앞뒤가 맞지 않는 말들을 했지만, 자신의 뒤섞인 이야기를 경험하고 있는 사람은 여전히 앨런 본인이었다. 알츠하이머병 말기에는 환자의 서사적 자아가 완전히 망가진다. 결국 남는 것은 이야기가 형성되기 전부터 존재하는 자아를 경험하는 '주체로서의 자아'다. 누군가는 가장 근본적인 자아란 '주체로서의 자아'지 '서사적 자아'가 아니라고 주장할 수도 있다. '주체로서의 자아'라는 것은 누구인가, 또는 무엇인가? 안타깝게도 알츠하이머병에 완전히 장악된 사람들은 이야기가 없이 존재한다는 것이 어떤 것인지 말해줄 수 없다. 묻는 것조차 너무 잔인한 일일 것이다.

우리는 이러한 주관성의 기초를 이해하는 데서 실마리를 찾아야 한다. 예를 들어, 타이핑을 하는 것이 체화된 능력이나 나의 확장된 서사적 자아의 일부가 되려면, 손가락 끝에서 키보드를 누르는 감각을 반드시 느껴야 할까? 그리고 다른 누군가가 아니라 '내가 그 키를 눌렀다'는 것을 반드시 알아야 할까? 아니면 손가락들이 '내 것'임을 느껴야 할 필요는 없을까? 별난 질문처럼 보일지도 모르겠다. 하지만 다음 장에서는 우리가 당연시하는 것들, 가령 내 몸의 일부가 내 것인지 등이 실험 때문이든 병 때문이든 혼란스러워지는 경우를 살펴본다. 후자의 경우에는 상상할 수 없을 만큼 엄청난 결과를 불러일으킨다.

✳

클레어의 아버지를 만나기 위해 어느 요양시설에 도착해 주차장에 차를 대고 있는데, 차 안 라디오에서 빌리 조엘Billy Joel의 〈로큰롤이 최고야It's Still Rock and Roll to Me〉가 울려퍼지고 있었다. "내가 입고 있는 옷에 무슨 문제가 있나요 / 당신의 넥타이가 너무 넓다는 걸 모르겠어요?"

캘리포니아의 오후 햇살은 뜨거웠다. 간신히 돌아가는 자동차 에어컨이 더위에 한몫했다. 클레어는 건물 밖에서 나를 기다리고 있었다. 들어갈 때 그녀는 비밀번호를 눌렀다. 그 자동잠금장치는 외부인의 출입을 제한하기 위해서라기보다는 주로 알츠하이머병 환자들인 시설 이용자들이 밖으로 나가 헤매는 것을 방지하기 위해서 필요했다. 우리는 복도를 거쳐 그녀의 아버지 방을 지났다 (문에는 지난달에 있었던 그의 아흔 번째 생일을 축하하는 메시지가 아직도 걸려 있었다). 할머니 두어 명이 우리를 보며 웃었고, 한 사람은 "좋은 아침!"이라며 말을 건네더니 잠시 뜸을 들이다가 덧붙였다. "아니면 좋은 오후! 어느 쪽인지는 나도 몰라." 그녀가 내면의 유머에 빠져 있는 것인지 아닌지는 알 수 없었다. 어느 쪽이든 그 공간에 부드러운 활력을 가득 채우고 있었다.

우리는 커다란 홀에서 클레어의 아버지를 만났다. 영화에서만 보던 장면이었다. 스무 명 정도 되는 노인들이 앉아 있었다. 어떤 이들은 완전히 고꾸라져 있었고, 몇몇은 비교적 정신이 맑아 보였다. 텔레비전에서는 영화가 나오고 있었다. 마이클 케인Michael Caine의 최근 영화였다(나중에 알고 보니 〈미스터 모건스 라스트 러브Mr. Morgan's Last Love〉였다). 클레어가 아버지를 가리켰다. 그는 클레어의 어머니가 갖다 놓은 의자에 앉아 있었다. 기본으로 비치된 의자들보다 편안해 보였다. 그는 잠이 들어 있었다. 클레어가 다가가서 부드럽게 깨웠다. "아버지, 아버지." 그는 놀라 불안해하며 깨어났다. 클레어가 손을 내밀자 그는 화를 내며 그녀의 손을 찰싹

때렸다. 그녀가 다시 손을 잡으려고 했고 아버지는 악수하듯 손을 뻗었으나 또 어긋나고 말았다. 그녀는 손을 거두었다. 그는 잠을 깨워서 기분이 상한 기색이 역력했다. 우리는 그를 잠시 내버려두고 그의 방으로 갔다.

클레어는 아버지 방의 열쇠를 갖고 있었다. 환자들이 마구 돌아다니다가 열린 문으로 들어갈 수 있기 때문에 방문은 늘 잠겨 있었다. 방은 깔끔하고 단순했다. 벽에 걸린 액자에는 아버지의 삶을 보여주는 사진들이 들어 있었다. 요트를 운전하는 멋진 사진도 한 장 있었다. 가족들 사진이 많았다. 탁자에는 아이가 만들었을 법한 알록달록한 종이 스크랩북이 있었다. 클레어의 동생이 아버지를 위해 아버지 인생에서 중요한 순간들을 넣어 만든 스토리북이었다. 열일곱 살 무렵의 아버지 사진, 클레어의 부모가 유럽에서 혼인신고를 하는 모습, 결혼식을 마치고 신랑 신부가 걸어 나오는 교회 정문 앞에서 같이 배를 타던 동료들이 노를 들어 아치 모양을 만든 모습, 부모가 결혼하고 미국으로 온 뒤 캘리포니아 모로베이 해안가에서 어린 클레어와 여동생들과 함께 찍은 가족사진, 클레어가 자라난 미네소타에 있던 집, 집에 바비큐 화덕을 만드는 사진 (드물게 클레어의 아버지가 직접 손으로 만들었다), 클레어의 아버지가 자기가 다니던 회사 사보 표지에 배를 타고 있는 선장 모습으로 나온 사진, 그가 일흔 살 무렵 결혼기념 여행 중에 찍은 사진, 그리고 마지막으로, 지금으로부터 10년 전에 찍은 클레어의 아버지 사진이 담겨 있었다. "그때 이후로 엄청나게 나빠졌죠." 클레어가 말했다.

클레어의 여동생은 아버지의 기억을 건드려 그의 서사, 곧 일관된 삶의 이야기를 되찾아주고 싶어했다. 하지만 클레어가 보기에 스크랩북은 별 효과가 없었다.

우리는 다시 클레어의 아버지를 만나러 갔다. 이번에는 아버지가 클레어에게 자신의 손을 잠깐 잡도록 허락했다. 그녀의 손가락을 꽉 쥐기까지 했다. 클레어가 아버지에게 손키스를 몇 번 보냈더니 그가 웃었다. 나는 클레어 쪽으로 몸을 돌려 방금 그 웃음이 아버지가 그녀를 알아본다는 의미인지 물었다. 그녀는 모르겠다고 말했다. 그는 한마디도 하지 않았다. 알아낼 방법이 없었다. 나도 그와 악수를 시도했다. 처음에는 반응이 없었지만 잠시 후 미소 지으며 내 손을 힘차게 흔들더니 내 손가락도 꽉 쥐었다. 이 행동의 의미도 알아낼 길은 없었다.

어쩌면 아마도 그것일지 모른다. 아버지가 손가락을 꽉 잡으면 클레어는 어린 시절로 돌아갔다. 아버지는 가끔 손을 꽉 쥐었고 어린 클레어는 그때마다 깜짝 놀라곤 했다. 그러면 아버지는 "하하하, 장난이야"라며 웃었다고 그녀는 회상했다. 그가 여전히 끈을 놓지 않고 있는 자아의 일부와 기억이, 딸과 여전히 놀아주는 건장한 젊은 아버지가 그의 몸 어딘가에 남아 있는 것은 아닐까?

✳

앨런을 만나고 한 달 반 정도 지났을 때, 미켈은 요양원을 알아보러 앨런과 함께 나섰다. 앨런은 며칠 동안 요실금 증상에다 심한 설사로 고생하고 있었다. 미켈은 앨런이 적셔대는 침대 시트를 계속 바꾸어주느라 며칠째 밤잠을 못 자고 있었다. 뭔가 도움이 필요하다고 느낀 미켈은 앨런을 데리고 차를 몰아 요양원을 방문했다. 요양원은 뒷마당에 나무가 가득하고 앞으로는 공원이 내려다보이는 아름다운 곳에 있었다. 앨런은 마음에 드는 눈치였다. 멀리까지 운전해오면서 미켈이 앨런에게 물었다. "거기서 지내는 거 괜찮을까요?" 놀랍게도 앨런은 이렇게 답했다. "좋을 것 같아. 좋을 거야." 대답을 너무 분명하게 해서 미켈은 곧바로 죄책감을 느꼈다. "오, 앨런, 나는 끔찍해요. 당신이 정말 그리울 거예요. 이런 결정 내리는 거 정말 힘들어요. 하지만 나 혼자 당신을 돌보는 것이 이제는 불가능해요." 미켈이 이렇게 말하자 앨런은 대답했다.

"괜찮아. 무슨 일이 일어나든 우리는 항상 함께일 거야."

"그 말에 나는 정말 놀랐어요. 나와 소통하는 능력이 너무나 또렷해서 경이로웠죠. 그는 곧 다시 조용해졌어요. 하지만 나는 그날 그가 아주 가깝게 느껴졌어요."

앨런은 요양원에서 2주를 보낸 뒤 세상을 떠났다.

앨런이 사망하고 몇 주 뒤 나는 미켈을 만났다. 우리는 내가 처음 앨런을 만났던 거실에 앉아 있었다. 앨런이 앉았던 갈색 가죽 소파 옆 탁자 위 하얀 꽃병에는 미켈이 정원에서 딴 싱싱한 꽃들이 가득 꽂혀 있었고, 앨런이 좋아했던 책들 위로 작은 점토 거북이가 놓여 있었다. 미켈과 앨런의 젊은 시절 사진이 담긴 액자와 나란히 라벤더 빛깔의 초가 켜져 있었고, 소파의 높은 등받이에는 미켈이 앨런의 갈색 코듀로이 재킷을 정성스럽게 걸쳐두었다.

3장
한쪽 다리를 자르고 싶은 남자
머릿속 '나'의 지도가 망가지면 벌어지는 일

데이비드가 스스로 다리를 자르는 수술을 받은 몇 달 뒤,
나는 그에게 이메일을 보냈다.
그는 후회하지 않는다고 했다.
그는 처음으로 온전했다.

다리가 갑자기 기괴하게 느껴졌다. 아니 더 정확히, 덜 암시적으로 말한다면, 다리의 느낌을 모두 잃었다. 다리는 내게 이질적이고 상상할 수도 없는 '사물'이 되었다. 아무리 살펴보고 만져봐도 내가 그 다리를 안다거나 그것이 나와 연관이 있다는 감각이 전혀 느껴지지 않았다. 그 다리를 바라보았을 때 나는 느꼈다. 나는 그것을 모른다. 그것은 내 몸의 일부가 아니다![1] _ 올리버 색스

이론적으로 당신은 몸의 모든 부분에 대해 환각을 경험할 수 있다. 물론 뇌만은 예외다. 당연히 뇌에 대한 환각은 경험할 수 없다. 뇌는 그 모든 것이 일어난다고 우리가 생각하는 곳이기 때문이다.[2]

_ 빌라야누르 라마찬드란

데이비드가 다리를 절단하려 한 것이 이번이 처음은 아니었다. 대학을 졸업하자마자 그는 낡은 양말로 만든 지혈대와 포장용 노끈을 사용해 다리 절단을 시도했다. 데이비드는 부모 집 침실에서 피가 흘러나오지 않도록 묶은 다리를 벽에 기댔다. 2시간이 지나 참을 수 없는 고통이 엄습하자 두려움으로 그의 의지가 차츰 무너졌다. 피가 흐르지 않는 다리의 지혈대를 풀어버리는 것은 치명적일 수 있었다. 막혀 있는 아래쪽 손상된 근육에서 독소가 밀려들어와 신장을 망가뜨릴 수 있기 때문이다. 그렇다 하더라도 어쩔 수 없었다. 데이비드는 지혈대를 풀었다. 그가 제대로 묶는 방법을 숙지하지 못해 다행이었다.

실패했다고 해서 다리를 자르겠다는 욕망이 약해지지는 않았다. 그 열망은 그를 사로잡아 의식을 지배하기 시작했다. 한쪽 다리는 그에게 늘 이물질이었고, 사기꾼이자 침입자였다. 데이비드는 걸을 때마다 그쪽 다리에서 자유로워지는 상상을 했다. 그는 나쁜 다리에는 무게를 조금도 싣지 않으려 노력하면서 '좋은' 다리로만 서 있으려 했다. 집에서는 항상 한쪽 다리로 팔짝팔짝 뛰어다녔다. 앉아 있을 때면 그 다리를 한쪽으로 밀어버리곤 했다. 그 다리는 그의 것이 아니었다. 그는 자신이 아직 싱글인 것이 그 다리 때문이라고 생각했다. 그러면서도 정작 사람들과 사귀고 관계를 만들려고 애쓰는 것이 두려워 교외에 있는 연립주택에 혼자 살았고 자신의 기괴한 집착을 다른 사람들이 모르길 바랐다.

데이비드는 실명이 아니다. 그는 익명으로 신분을 보호받는데도 자신의 상태에 대해 말하지 않으려 했다. 그가 만나서 얘기하기로 동의하고 나서도, 우리는 미국에서 가장 큰 도시 중 하나의 근교에 있는 아주 평범한 쇼핑몰의 평범한 음식점 대기실에서 만났다. 데이비드는 어느 멋있는 영화배우를 닮은 잘생긴 남자였다. 그리고 그가 누굴 닮았는지 내가 떠벌려서 직장 동료가 혹시라도 자신을 알아볼까 봐 두려워했다. 데이비드는 자신의 비밀을 아주 잘 숨겨왔다. 그에게 나는 지금까지 자기 다리에 대해 털어놓은 두 번째 사람이었다.

음식점 로비에서 흘러나오는 유쾌한 기타 연주가 데이비드의 기분과 대조를 이루었다. 그는 자신의 우울함에 관해 얘기하면서 감정에 압도되어 말을 잇지 못했다. 예전에 전화통화를 하면서도 그의 목소리가 갈라진다는 인상을 받기는 했다. 하지만 다 큰 성인이 감정을 어쩌지 못해 쩔쩔매는 모습을 지켜보기란 힘들었다. 음식점의 벨이 울렸다. 안쪽에 우리 테이블이 준비되었다는 신호였다. 하지만 데이비드는 안으로 들어가고 싶어하지 않았다. 목소리가 떨리면서도 그는 계속 얘기하기를 원했다.

"결국 나는 집에 오면 그저 울기만 하는 지경이 됐어요." 이 얘기는 전화로 이미 했었다. "다른 사람들은 모두 각자 좋은 삶을 누리고 있어요. 나만 여기에 끔찍하게 처박혀 있죠. 나는 이 이상한 강박에 붙들려 있어요. 이 문제를 당장 해결해야만 한다는 생각으로 머릿속이 꽉 차 있죠. 더 지체하기에는 삶의 기회가 많이 남아 있지 않으니까요."

데이비드가 마음을 터놓기까지는 시간이 좀 걸렸다. 우리가 서로를 가볍게 알아가던 초기에, 그는 수줍음이 많고 예의 발랐다. 자기 얘기를 하는 데 서툴다고 고백하기도 했다. 그는 직장 일에 조금이라도 지장이 생길까 봐 두려워 정신과 전문의의 도움을 받길 꺼렸다. 하지만 그는 자신이 어두운 곳으로 빠져들고 있다는 것을 알았다. 그는 외롭고 우울한 기분을 집과 연관시키기 시작했다. 집에는 잠자기 위해서만 들어가게 되었고, 낮에는 집에 있기만 하면 울음을 터뜨렸다.

내가 그를 만나기 1년 전쯤 어느 날 밤, 부정적인 기분을 더 이상 참을 수 없었던 데이비드는 가장 친한 친구를 불렀다. 데이비드는 늘 말하고 싶었다며 친구에게 사실을 털어놓았다. 친구는 공감해주었다. 정확히 데이비드에게 필요했던 것이었다. 데이비드가 얘기하는 도중에 그 친구는 온라인으로 자료를 뒤지고 있었다.

"친구는 어릴 적부터 줄곧 내 눈에 뭔가가 있었다고 말했습니다. 나에게 말하지 못할 고통이 있는 것처럼 보였다고 했어요."

마음을 털어놓고 나서 데이비드는 더는 혼자가 아니라는 사실을 깨달았다. 그는 자신과 마찬가지로 신체의 일부를 필사적으로 잘라내려고 하는 사람들의 온라인 커뮤니티를 찾아냈다. 대개의 경우 팔이나 다리였고, 때로는 둘 다였다. 이 사람들은 흔히 'BIID'라고 불리는 질환을 앓고 있다. 이러한 용어가 이 질환에 적절한 이름인지 전문가들 사이에서는 논쟁이 일고 있다. '팔과 다리가 낯설게 느껴지는 증후군'이라는 의미로 그리스어의 '낯선xeno'과 '수족melos'에서 따온 '제노멜리아xenomelia'가 더 적절하다는 제안도 있다.[3] 하지만 이 책에서 나는 BIID라는 용어를 쓰도록 하겠다.

이 온라인 커뮤니티는 BIID로 고통받는 사람들에게 축복과 같았고, 많은 이가 자신의 병에 공식 명칭이 있다는 사실을 이곳에서 알게 됐다. 회원이 몇천 명에 지나지 않는 작은 웹사이트이지만, 이 커뮤니티 안에는 하위분류도 있었다. '애호가devotee'들은 팔이나 다리가 절단된 사람에게 종종 성적으로 매혹되거나 매력을 느끼지만 자신의 신체를 절단하지는 않는다. '워너비wannabe'들은 자신의 신체를 절단하려는 강렬한 열망을 갖고 있다. 하나 더 설명하자면, 절단을 향한 욕구가 특히 강렬한 사람들을 가리켜 "니드투비need-to-be"(절단해야만 하는)라고 부른다.

과거에 BIID를 앓았던 사람이 아시아에서 수술받을 수 있도록 의사와 다른 워너비들을 연결해주었다는 얘기를 데이비드에게 해준 사람도 이 커뮤니티의 워너비였다. 그 의사는 돈을 받고 의료기록이 남지 않는 절단 수술을 한다고 했다. 데이비드는 페이스북으로 문지기(운영자)에게 연락했다. 한 달이 지나도 답변이 없었다. 수술을 받을 수 있다는 희망이 희미해지자 데이비드의 우울장애는 더 심해졌다. 문제가 되는 다리는 더 끈질기게 그의 생각을 파고들었다. 그는 한 번 더 스스로 잘라보자고 마음먹었다.

이번에는 지혈대에 의존하지 말고 드라이아이스를 쓰기로 했다. BIID 커뮤니티 내에서 자가절단법으로 가장 선호되는 방법 중 하나였다. 문제의 다리를 얼려서 의사가 절단해야만 한다고 판단을 내릴 수 있는 수준까지 손상을 입히는 방식이다. 데이비드는 인근 월마트로 차를 몰았다. 우선 다리의 감각을 없애기 위해 차가운 물을 가득 채운 양철통에 다리를 담가둘 것이다. 그러고 나서 드라이아이스가 꽉 차 있는 양철통에 치료가 불가능할 정도로 망가질 때까지 다리를 넣어둘 작정이었다.

그는 붕대 몇 개를 샀다. 8시간 동안 드라이아이스 속에 다리를 넣어두려면 진통제도 필요했다. 하지만 그는 드라이아이스와 진통제를 찾을 수 없었다. 데이비드는 낙담해서 커다란 깡통(양철 쓰레기통) 두 개와 붕대만 가지고 집으로 갔다. 다음 날 다른 재료들을 구하러 나가겠다고 마음의 준비를 단단히 했다. 진통제는 반드시 필요했다. 그것 없이는 절대 성공할 수 없다는 걸 그는 알았다. 그날 밤, 그는 잠자리에 들기 전에 컴퓨터를 확인했다.

메시지가 하나 도착해 있었다. 문지기가 데이비드와 얘기하고 싶어했다.

✳

BIID에 대한 이해는 최근에야 시작되었다. 일반적으로 의료계에서 그런 문제를 하나의 도착이라고 일축해버리는 것은 별로 도움이 되지 않았다. 게다가 이 문제가 수백 년간 존재해왔다는 증거가 있다. 스위스 취리히 대학병원의 신경심리학 과장 피터 브루거Peter Brugger는 최근 논문에서, 18세기 후반에 한 영국인이 프랑스로 건너가 외과 의사에게 자신의 다리를 절단해달라고 요청한 사례를 인용했다. 의사가 거절하자 그 영국인은 그에게 총을 겨누며 수술을 강요했다. 집으로 돌아간 남자는 의사에게 고맙다는 편지와 함께 250기니를 보냈다. 편지에는 그 다리가 자신의 행복을 막는 "불가항력적인 장애물"[4]이었다고 쓰여 있었다.

최초의 현대적 사례는 《성연구저널The Journal of Sex Research》에 '신체절단애호증apotemnophilia'에 관한 논문이 게재된 1977년으로 거슬러 올라간다.[5] 논문은 신체 절단을 향한 욕망을 이상 성욕을 광범위하게 일컫는 용어인 '성적 도착paraphilia'으로 분류한다. 신체 절단을 열망하는 사람들이 신체가 절단된 사람에게 성적 매력을 느끼는 것은 사실이지만, 성적 도착이라는 용어는 온갖 오해에 갖다 붙이기 좋은 편리한 꼬리표다. 어쨌든 한때는 동성애도 성적 도착으로 분류되었다.[6]

그 논문의 공저자 중 한 명은 뉴욕에서 개업한 심리학자 그레그 퍼스Gregg Furth였다. 퍼스 자신이 그 문제로 고통받아왔고, 시간이 흐르면서 BIID라는 지하세계에서 주요 인사가 되었다. 그는 자신과 같은 문제가 있는 사람들을 돕고 싶어했다. 하지만 의학적 치료에 관해서는 논란이 많았는데, 대개는 그럴 만한 이유가 충분했다. 1998년 퍼스는 멕시코 티후아나에 있는 병원에서 다리 절단 수술을 해주는 것에 동의한 무자격 외과 의사에게 친구를 소개해주었다. 그 친구는 괴저로 숨졌고 의사는 감옥에 갔다.[7] 비슷한 시점에 로버트 스미스Robert Smith라는 스코틀랜드 외과 의사가 BIID로 고통받는 사람들에게 자발적 절단 수술을 공개적으로 시도함으로써 법적 희망의 가능성을 잠시 보여줬으나, 2000년 언론이 지나친 관심을 보이자 영국의 관련 당국은 그러한 절차들을 일절 금지했다.[8]

퍼스는 이에 포기하지 않고 약 6천 달러를 받고 절단 수술을 해주겠다는 아시아의 외과 의사를 찾아냈다. 하지만 자신이 수술받는 대신 환자들과 의사를 소개해주는 중개자 역할을 하기 시작했다. 그는 또한 뉴욕 컬럼비아대학교의 임상 정신의학자 마이클 퍼스트Michael First에게 연락했다. 흥미를 느낀 퍼스트는 환자 52명을 대상으로 설문조사를 시작했다.[9] 그는 유익한 발견을 했다. 환자들은 저마다 자신의 몸이 실제 몸과 어떻게든 다르다는 생각에 사로잡혀 있는 듯했다. 자신의 몸에 관한 내면의 느낌과 실제 신체적 몸 사이에 부조화가 있는 것 같았다. 뒷날 BIID가 더 널리 알려지도록 로비를 하기도 했던 퍼스트는 이 병을 정체성과 자기감에 대한 장애라고 확신했다.

퍼스트가 나에게 말했다.

"애초에 '신체절단애호증'이라는 이름으로 제시된 것이 명백한 문제였어요. 우리는 '성정체성장애gender identity disorder'와 유사한 이름을 원합니다. 당신이 남성이나 여성이라고 느끼는 성정체성이라고 부르는 기능을 전제하고, 성정체성장애는 그것이 잘못되었다는 생각을 가리키는 이름입니다. 그러면 같은 방식의 개념은 무엇일까요? 사람은 자신의 몸이 한데 어울리는 것에 편안함을 느끼는 것이 정상인데 BIID는 여기에 문제가 생긴 것이라고 추정합니다."

2003년 6월, 퍼스트는 뉴욕에서 열린 회의에서 그가 발견한 것들을 발표했다.[10] 로버트 스미스와 퍼스, 그리고 BIID를 앓는 많은 사람이 참석했다. 데이비드에게 연락했던 문지기도 그중 하나였다. 그를 패트릭이라고 부르겠다.

퍼스는 별다른 예고도 없이 패트릭과 그의 아내에게 걸어가 깜짝 놀랄 만한 제안을 했다.

"우리는 거기 서서 샌드위치를 먹고 있었습니다. 퍼스가 나에게 말했죠. '외과 수술로 해결하는 데 관심이 있으신가요?'"

패트릭은 살아오면서 줄곧 BIID의 압박을 느껴왔기 때문에 조금의 의구심도 없이 대답했다.

"젠장, 네, 네, 네. 그럼요. 당연하죠."

지금까지도 패트릭은 퍼스가 왜 자신을 지목했는지 이유를 알지 못한다. 패트릭은 신앙심이 깊은 사람은 아니지만, 그때 신이 자신에게 소명을 내리는 느낌이 들었다.

다음 날 저녁 패트릭 부부는 검사를 받기 위해 퍼스의 아파트로 갔다. 퍼스는 패트릭이 진심인지 확실히 하기 위해 자세히 캐물었다. 신체 절단을 향한 그의 열망이 BIID 때문인지, 성적 페티시에서 기인하는 것인지 구분해야 했다. 또한 그 문제가 어떻게 그의 삶에 영향을 끼쳤는지도 알아내야 했다. 질문은 2시간 가까이 이어졌다. 패트릭은 '검사에서 떨어질까 봐' 조마조마해하며 질문에 답했다. 그는 검사에 통과했고 퍼스는 추천장을 써주기로 했다. 거기서 모든 것이 시작되었다. 열 달 뒤, 그는 간절히 원했던 수술을 받았다. 그리고 1년도 지나지 않아 그는 자발적으로 그 웹사이트의 문지기 역할을 맡았다.

✳

바닷가에서 별로 멀지 않은 미국의 어느 시골집에 앉아 패트릭은 아내가 자신의 집착에 대해 알아냈던 그날을 떠올렸다. 1990년대 중반이었다. BIID 증상을 갖고 있는 대부분의 사람들처럼 패트릭 역시 절단된 사람에게 매료되어 인터넷에서 그와 관련한 사진들을 다운받아 출력해 갖고 있었다. 어느 날 그가 윙백체어에 앉아 있는 동안 아내는 컴퓨터 앞에 앉아 있다가 출력된 사진 무더기를 발견했다. 모두 남자들이었고 "옷을 벗었거나 노출이 있는 장면이 아니라 다 옷을 입고 있는" 사진들이었다. 아주 기묘한 순간이었다. 패트릭이 회상했다. "아내는 내가 아마도 게이일지 모른다고 생각했어요. 얼굴이 새빨개졌죠." 패트릭은 그녀에게 사진들을 자세히 봐달라고 했다. 아내는 다시 들여다보더니 곧 사진 속의 남자들이 모두 신체 일부가 절단된 사람들이라는 것을 알아차렸다.

패트릭은 네 살 때부터 자신의 다리가 이상하다는 느낌을 받아 왔고, 결국에는 다리를 제거해버리고 싶다는 욕망에 온통 마음을 빼앗기게 되었다고 아내에게 말했다. 아내는 충격을 받았다. 결혼한 지 몇십 년이 지나는 동안 숨겨왔던 사실이 폭로되자 그녀는 받아들이기 힘들었다. 하지만 정작 패트릭은 고백을 하고 나서 안도감이 들었다. 40년이 넘도록 패트릭은 혼자 고통받아왔다. '정신건강 전문가를 찾아가는 것은 상상도 하지 못하던' 시대에 미국의 작은 시골 마을에서 보수적인 부모 슬하에서 자랐다. 패트릭은 자신이 느끼는 감정 때문에 혼란스러웠다. 1960년대 초반, 10대 소년이 되었을 때 절단한 사람들과 절단을 향한 집착이 그를 도서관으로 이끌었다. 거기서 그는 관련된 책들을 찾길 바랐다. 놀랍게도, 책에 있던 절단된 사람들의 사진들이 대부분 오려져 남아 있지 않았다. 그는 순간 자신이 그런 이상한 집착에 사로잡힌 유일한 사람이 아니라는 것을 깨달았다.

패트릭은 나에게 말했다. "분명 나 말고도 더 있다는 것이었죠. 하지만 누구인지 어떻게 찾을 수 있었겠어요?"

시간이 흐를수록 패트릭은 다리에 대한 생각 때문에 힘들었다. "어떻게 이 다리를 없애지? 내가 무엇을 할 수 있을까? 어떻게 할 수 있지? 다리를 없애다가 죽고 싶진 않아." 절단된 사람의 사진뿐 아니라 더 심하게는 길거리에서 절단된 사람을 봐도 감정이 슬슬 올라오기 시작했다. "그냥 미치겠더라고요. 한번 보면 며칠 동안 어떻게 하면 내 다리를 없앨 수 있을까 하는 생각밖에 들지 않았어요." 그는 불안을 못 이겨 신과 흥정했고 악마와 협정을 맺었다. "내 다리를 가져가서 누군가를 구해주세요." 그는 애원했다. 그렇게 45년 동안을 고통받았지만 어느 누구에게도 말하지 않았다. 외로움을 견디기 힘들었다.

아내가 그 사실을 알기 1년 전쯤, 그는 익명으로 올린 광고를 우연히 보게 되었다. 수족을 절단하고 싶은 욕망을 털어놓은 내용이었다. 그는 '워너비'였다. 패트릭은 광고에 적힌 사서함 번호로 편지를 보냈고, 그 남자와 교신이 시작되었다. 마침내 그들은 만났다. 그 워너비는 패트릭에게 절단을 갈구하는 다른 사람들 이야기를 해주었다. 패트릭은 구원받은 느낌이었다. "오 세상에, 나만 그런 게 아니었군. 나는 미친 게 아니었어."

하지만 자신과 똑같은 문제를 안고 있는 사람들을 만난다고 해서 그 욕구가 줄어드는 것은 아니었다. 패트릭의 절박감은 커지기만 했다. 그는 스스로 절단하는 것을 고려해보았다. 달리는 기차에 다리가 깔리도록 기찻길에 누웠던 사람들이 있다는 얘기를 들었다. 엽총으로 다리를 쏘아버렸다는 사람도 있었다. "기차의 문제점은 기차가 빠르게 달릴 경우 사람이 집어들려 내동댕이쳐지기 때문에 죽을 가능성이 높다는 것이었죠. 다리를 없애다가 죽는 것은 정말 원치 않았어요. 한쪽 다리로 살아갈 수 있는 방법을 찾아야 했죠."

자가 절단을 했던 또 다른 워너비가 패트릭에게 먼저 연습부터

해보라고 제안했다. 그래서 패트릭은 다리를 자르기 전에 손가락을 잘라보기로 결정했다. 펜과 고무밴드로 지혈대를 만들어 손가락 하나에 부착했다. 그러고는 얼음과 알코올이 가득 든 보냉컵에 손가락을 집어넣었다. 손가락 일부가 구부릴 수 없을 만큼 마비되었다. 그는 망치와 끌을 가지고 마비된 손가락을 조금 잘라냈다. 그러고는 잘라낸 손가락을 부숴버리기까지 했다. "그래야 다시 붙이지 못할 테니까요." 패트릭이 말했다. 부서진 손가락도 은폐 공작에 가담하게 되었다. 그는 병원 직원에게 무거운 물체가 손가락 위로 떨어졌다고 했다. 의사가 다친 손가락에 진통제 주사를 놓았을 때 패트릭은 아픈 척했다. 하지만 그의 손가락은 이미 마비되어 어떤 고통도 느끼지 못했다.

✳

마침내 그레그 퍼스가 소개한 외과 의사를 만나러 패트릭이 아시아로 간 것은 10년 전쯤의 일이었다. 그는 금요일 저녁 병원에 입원해 수술에 들어가는 토요일 저녁까지 기다려야 했다. "내 인생에서 가장 긴 하루였죠." 다음 날 그는 마취에서 깨어났다. "내려다보고는 정말 믿을 수가 없었습니다. 다리가 드디어 없어졌으니까요. 황홀했어요." 10년이 지난 지금까지도 그의 유일한 후회는 한 살이라도 더 젊었을 때 절단하지 않았다는 것이다. "세상의 모든 돈을 갖다준다고 해도 다리를 다시 돌려받지는 않을 겁니다.

다리가 없어져서 정말 행복해졌으니까요.”

문제가 해결되자 가족들도 달라졌다. 수술 직전에 패트릭은 자녀들에게 켄 인형(바비인형의 남자친구 인형-옮긴이)을 받았다. 이 인형은 그가 어린 시절부터 절단된 사람의 사진들을 모아둔 스크랩북으로 꽉 찬 플라스틱 상자에 간직하고 있던 것이었다. 빨간 바지를 입은 인형은 무릎 밑으로 잘린 한쪽 다리에 하얀 거즈 붕대가 감겨 있었다. 나는 패트릭의 집 샹들리에에 해골 장식이 걸려 있는 것을 보았는데, 처음에는 별 생각을 하지 못했다. 그가 부탁했다. “더 가까이 보세요.” 그제야 나는 알아챘다. 해골도 패트릭처럼 다리 하나와 손가락 하나의 일부가 없었다. 벽난로 위 선반에 있는 미켈란젤로의 다비드 상도 다리가 없었다. 패트릭의 고통을 알고 있던 가족들은 그가 BIID로부터 자유로워진 것을 축하했다. 패트릭은 이제 자신의 몸을 진정으로 편안해하는 듯했다.

이러한 안도감과 해방감은 과학자들이 연구한 모든 BIID 절단자에게서 공통적으로 나타나는 감정이었다. 이러한 증거로 볼 때, 일단 건강한 수족 하나를 잘라내고 나면 환자들이 다른 수족 하나를 더 잘라내려고 할 것이라는 도덕주의자들의 두려움은 털어버려야 마땅하다. 거의 모든 사례에서 그들은 그러지 않았다. 애초에 여러 개의 팔다리에 관련된 BIID가 아니라면 말이다.

퍼스는 끝내 자신의 신체는 절단하지 못한 채, 암 진단을 받고 2005년에 사망했다. 수술 전 퍼스가 패트릭을 검사할 때, 패트릭은 절단 수술을 마치고 나면 웹사이트에서 만난 사람들을 도울 작정이라고 말했다. 죽음이 가까워지자 퍼스는 패트릭에게 전화를 걸어 아시아에 있는 외과 의사의 문지기 역할을 해줄 수 있겠는지 물었다. 패트릭은 그러겠다고 했고, 그 뒤로 쭉 BIID로 고통받는 사람들과 의사 사이에서 중개인 역할을 해왔다. 직접 알아내든 다른 사람을 통해서든 그들은 마침내 패트릭을 찾아냈다. 데이비드가 다리를 드라이아이스 통에 넣기 직전에 그를 발견했던 것처럼.

✳

 패트릭이 수술하기 1년 전쯤, 어느 심리학자가 그에게 만약 BIID를 치료하는 약이 있다면 먹을 의향이 있는지 물어보았다. 생각하고 대답하는 데에 시간이 좀 걸렸다. 아마 그가 좀 더 어렸다면 응했을 것이다. 하지만 이제는 아니었다. "이것이 내가 누구이고 무엇인지의 핵심이 되었어요."

 "이것이 바로 나입니다." 내가 인터뷰하거나 간접적으로 들은 바에 따르면 BIID 환자 대부분은 자신의 문제를 이와 비슷한 말로 설명한다. 온전하고 완전한 자신의 모습을 떠올릴 때, 그 이미지에는 수족의 일부가 포함되지 않는다. "내 몸이 마치 오른쪽 허벅지 중간에서 멈춰버리는 것 같았어요. 그 밑으로는 내가 아니에요."[11] 2000년에 만들어진 BBC 다큐멘터리 〈완전한 집착Complete Obsession〉 제작진에게 퍼스가 말했다.

 이 다큐멘터리에서 스코틀랜드의 외과 의사 로버트 스미스는 기자에게 말한다. "몇 년 전부터 나는 확신해왔어요. 수족 네 개가 정상적으로 있기 때문에 오히려 자신의 몸이 불완전하다고 진정으로 느끼는 환자들이 일부 있습니다."[12]

대부분의 사람들은 이에 대해 언급하는 것을 불편해한다. '나'라고 하는 느낌은 대개 팔과 다리를 모두 포함한 몸 전체에 해당된다. 누군가가 내 허벅지에 메스를 댄다는 것은 상상만으로도 참을 수 없다. 그것은 내 허벅지다. 내 다리가 내 것이라는 느낌은 당연한 것이다. 하지만 BIID 증상이 있는 사람들은 그렇지 않다. 데이비드 역시 그렇지 않았다. 그에게 자신의 다리를 어떻게 느끼는지 설명해달라고 요청하자 이렇게 말했다. "내 영혼이 거기까지 이어지지는 않은 것 같아요."

지난 10년간의 신경과학 연구들은 몸을 소유한다는 느낌이 이상하리만치 잘 변한다는 사실을 보여주었다. 건강하고 정상적인 사람들조차 말이다. 1998년, 피츠버그에 있는 카네기멜런대학교의 인지과학자들은 기발한 실험을 했다.[13] 실험 참가자들을 탁자 앞에 앉히고 왼손을 탁자 위에 올려놓게 했다. 고무로 만든 손 하나가 진짜 손 옆에 나란히 놓여 있었다. 연구자들은 두 개의 손 사이에 칸막이를 두었고, 참가자들은 자기 손이 아닌 고무손만 볼 수 있었다. 그런 뒤 연구자들은 작은 붓 두 개로 진짜 손과 고무손을 각각 동시에 쓰다듬었다. 나중에 질문을 받았을 때, 참가자들은 진짜 손이 아니라 고무손에서만 붓을 느꼈다고 말했다. 진짜 손도 붓이 쓸고 있다는 것을 내내 인지하고 있으면서도 그렇게 대답한 것이다. 더 중요한 것은, 그들 중 많은 사람이 고무손이 진짜 자기 손처럼 느껴졌다고 말했다.

고무손 착각은 우리가 자신의 몸을 경험하는 방식이 다양한 감각을 끊임없이 통합하는 역동적인 과정임을 보여준다. 신체 부위의 상대적인 위치에 대한 내면의 감각을 주는 관절, 힘줄, 근육들로부터의 감각(신경과학자들이 '자기수용성감각proprioception'이라고 부르는 것)과 함께 시각적이고 촉각적인 정보가 결합되어 내 몸이 내 것이라는 느낌을 준다. 이런 느낌은 자기감을 이루는 중대한 요소다. 몸을 소유하는 느낌을 만드는 프로세스가 엇나갈 때, 예를 들어 고무손 착각에서 그랬듯이 상충되는 감각정보가 뇌에 들어올 때 우리는 무언가가 잘못되었음을 알아챈다.

소유한다는 감각을 만드는 뇌의 메커니즘은 여러 개인 것으로 보인다. 다음 장에서 살펴보겠지만, 뇌는 생각과 행동의 주체가 되는 감각을 만든다. 예를 들면 병을 집어올릴 때 내가 그 행위를 하고 있다는 느낌, 또는 무엇인가 생각할 때 그것이 다른 사람의 것이 아니라 내 생각이라는 느낌 말이다. 이른바 '주체감'이라 불리는 이것이 우리의 행위와 생각을 내 것이라 여기게 해준다(이것이 잘못되면 정신증적 망상이나 조현병 따위의 문제로 이어질 수 있다).

그렇다면 고무손 같은 무생물체를 내가 소유한 것처럼 느끼듯 존재하지 않는 무언가도 소유하고 있다고 느낄 수 있을까? 아마 가능할 것이다. 환자들은 때때로 잃어버린 수족이 여전히 있다고 느끼기도 한다. 수술 직후에 이런 일이 자주 일어나고, 심지어 절단된 지 몇 년 뒤에도 느끼는 경우가 있다. 1871년 미국의 의사 사일러스 미첼Silas Mitchell은 '환각지phantom limb'라는 용어를 만들어 세상을 놀라게 했다.[14] 어떤 환자들은 없어진 팔과 다리에 고통을 느끼기도 한다. 1990년대 초반에 이르러 샌디에이고 소재 캘리포니아대학교의 신경과학자 빌라야누르 라마찬드란Vilayanur Ramachandran 박사의 선구적 업적 덕분에 환각지는 뇌에서 몸에 대한 표상이 잘못되어 만들어진다고 규명되었다.

1930년대 와일더 펜필드Wilder Penfield는 처음으로 뇌가 몸에 대한 지도나 표상들을 만든다고 주장했다. 캐나다의 신경외과 의사였던 펜필드는 심각한 간질로 신경외과 수술을 받아야 했던 환자들의 두개골을 열어 뇌를 자세하게 탐색했다. 국소마취를 했기 때문에 환자들은 의식이 있는 상태였다. 그는 뇌의 피질에 우리 몸 각 부위의 외면과 하나하나 대응하는 지점이 있다는 것을 발견했다. 더 섬세한 신체 부위, 말하자면 손이나 손가락, 얼굴 등은 대응하는 뇌 영역이 더 넓다. 더 나아가 뇌 지도가 단지 몸의 외면만을 보여주는 것이 아니라는 사실이 드러났다. 신경과학자들에 따르면, 뇌는 우리의 몸(외면과 내부의 조직 모두)에서 바깥세상에 관한 것들에 이르기까지, 우리가 지각하는 모든 것에 대한 지도를 만들어낸다. 이러한 지도가 의식의 대상들을 구성한다.

이러한 지도의 존재로 환각지를 설명할 수 있다. 환자가 수족을 하나 잃었더라도 대뇌피질에 있는 지도는 때때로 온전히, 또는 조각나거나 수정된 채로 남아 있다. 그리고 그 지도들이 수족에 대한 감각을 불러일으켜 고통을 느끼게 할 수도 있다. 심지어 수족이 없이 태어난 사람조차 환각 팔이나 환각 다리를 경험하기도 한다. 2000년, 피터 브루거는 고등교육을 받은 마흔네 살 여성의 사례를 발표했다. 그녀는 팔과 다리가 없이 태어났는데도 환각지를 경험했다. 브루거 연구팀은 fMRI와 경두개자기자극법transcranial magnetic stimulation, TMS을 사용해 그녀의 주관적 환각지 경험을 입증함으로써 선천적으로 존재하지 않는 신체 일부도 감각피질sensory cortex 과 운동피질motor cortex상에서는 존재할 수 있다는 것을 보여주었다.[15] 브루거는 나에게 말했다. "선천적으로 존재하지 않는 수족의 환각은 육체 없는 활기입니다. 살이나 뼈가 있었던 적이 한 번도 없었으니까요." 그녀의 뇌에는 몸에서 빠진 부분에 대한 지도가 있었다. 실제 수족이 정상적으로 자라지 못했다 하더라도 뇌에는 그 자리가 들어 있었던 것이다.

BIID와 맞닥뜨렸을 때, 브루거는 환각지를 경험했던 마흔네 살 여성의 사례와 뭔가 유사한 점이 있다고 보았다. "그 반대도 반드시 있을 겁니다. 활기 없는 육체 말이지요. 이것이 BIID입니다." 몸은 온전히 다 자랐지만 어떤 이유에서인지 뇌에는 수족 또는 그 일부에 대한 지도가 불완전하게 자리 잡아 빠진 것이다.

최근 연구들이 이것이 사실임을 증명했다. 신경과학자들은 신체지도를 구축하는 데에 특히 중요한 역할을 한다고 생각되는 우뇌의 상두정소엽superior parietal lobule에 관심이 많다. 브루거 연구팀은 BIID 환자의 경우 이 영역이 다른 사람들에 비해 얇다는 사실을 발견했다.[16] 그 밖에 다른 학자들도 BIID 증상이 있는 사람들은 이 뇌 영역이 다르게 작용할지도 모른다는 것을 보여주었다. 2008년 폴 맥지오크Paul McGeoch와 라마찬드란 박사는 BIID 환자 네 명과 대조집단을 상대로 뇌의 활동을 각각 지도로 그렸다. 연구자들이 대조집단 사람들의 발을 가볍게 두드리자 상두정소엽이 정상적으로 활성화되었다. 하지만 BIID 환자들의 경우는 달랐다. 자신의 것이 아니라고 생각하는 다리를 두드리자 우뇌 상두정소엽의 활동이 둔해졌고,[17] 정상인 다리를 두드렸을 때에만 활성화되었다.

맥지오크는 말했다. "이 사람들은 선천적으로 또는 생애 초기 발달 단계에서 뇌의 이 부분이 잘못 발달되었습니다. 팔이나 다리가 뇌에 적절하게 표현되지 않습니다. 그들은 자신이 보는 것과 느끼는 것이 조화되지 않는 갈등상태를 경험합니다."

뇌의 다른 부분도 개입된 것이 거의 확실하다. 최근 과학자들은 고무손 착각을 포함해 '신체 소유'에 관한 많은 실험을 재검토한 결과, 몸의 감각과 몸이 놓인 인접 환경에 대한 감각, 그리고 신체 부위의 움직임과 관련된 감각들을 통합하는 뇌 영역의 연결망을 알아냈다. 이 연결망에는 운동 제어와 촉각을 맡는 피질 영역부터 뇌간에 이르기까지 일련의 영역들이 포함되어 있다. 그들은 이 연결망이 그들이 말하는 '신체 매트릭스body-matrix', 다시 말해 신체와 그것을 둘러싼 인접 환경에 대한 감각을 담당한다고 본다.[18] 이 연결망은 몸 내부의 생리적 균형을 유지하기 때문에 신체의 통합이나 안정에 위협이 되는 것에 반응한다. 아주 흥미롭게도 브루거가 파악한 BIID 환자들의 뇌는 이 연결망의 거의 모든 부분에서 일반인들과 다른 점을 보인다. 이러한 신체 매트릭스 연결망에 일어난 변화 때문에 BIID가 발생하는 것일까? 브루거 연구팀은 그렇다고 생각한다.

하지만 이러한 연구 결과들은 상관관계를 보여주는 것이지, 신경 이상이 BIID의 원인이라는 인과관계를 입증하는 것은 아니다. 두 가지가 서로 관련이 있다는 사실에 대해 어느 하나를 원인으로, 다른 하나를 결과로 해석하는 오류를 범해서는 안 된다. 이 책의 처음부터 끝까지 절대로 잊지 말아야 할 주의사항이 바로 이것이다. 신경과학계는 특히 질병을 연구하면서 뇌와 정신의 관계를 일방통행으로 보는 신경생물학적 환원주의로 향하는 경향이 있다. 뇌가 정신활동에 영향을 끼치는 것이지 그 반대는 아니라고 보는 것이다. fMRI나 PET 스캔은 대개 어떤 병을 앓고 있는 사람의 특정 뇌 영역의 활동에서 일어나는 변화를 건강한 사람들과 비교하여 보여준다. 하지만 명백히 신경 손상을 입은 경우를 제외하고는, 그런 스캔은 뇌 활동과 그 사람이 겪는 문제의 상관관계만 보여줄 뿐이다. 뇌 스캔 자료에서 관찰된 해부학적·기능적 일탈이 먼저 일어나 그 사람의 문제(BIID 같은)를 일으킨 것인지, 아니면 계속 반복되는 정신활동("이 다리는 내 것이 아니야" 따위의 강박적 생각 같은)이 뇌에 변화를 일으킨 것인지는 명확히 설명할 수 없다.

그러면 어떻게 몸 상태와 신체 매트릭스 연결망이 자기감으로 변환되는지, 그리고 왜곡된 신체지도가 BIID 환자들에게 어떻게 절단을 향한 욕망을 일으키는지 하는 질문이 남는다.

철학자 토마스 메칭거는 BIID 증상이 있는 사람들이 왜 신체 일부를 거부하게 되는지에 대한 통찰을 제시한다. 이것은 자아에 대한 그의 생각과 관련되어 있다. 메칭거는 저서 《에고 터널The Ego Tunnel》에서 이렇게 썼다. "내 몸과 감각들, 그리고 다양한 부위를 갖는다는 것은 누군가가 된다는 느낌의 핵심입니다." 그의 이론에 따르면, 뇌는 몸이 놓여 있는 환경에 대한 표상으로서 모형을 하나 만든다. 이 세상 모형world-model은 자아 모형self-model을 포함한다. 자아 모형은 "환경과의 상호작용을 조절하고"[19] 유기체의 기능을 최적화된 상태로 유지하는 데 사용되는 유기체 그 자체에 대한 표상이다.

뇌가 이런 모형들을 만든다는 생각은 "모든 조절자는 조절하는 것의 모형을 만든다"는 것을 아주 정확히 보여주었던 1970년대의 고전적 연구에서 비롯되었다.[20] 따라서 뇌가 몸을 조절하려면 몸의 모형을 만들어야 하는데, 이것이 바로 '자아 모형'이다.

중요한 것은 '의식적 자각conscious awareness'이 자아 모형의 일부에만 해당한다는 사실이다. 메칭거는 이것을 '현상적 자아 모형phenomenal self model'이라 부르는데, 신체적 감각·정서·생각 등 우리가 의식하는 것을 포함한다. 다르게 말해, 우리의 자아와 주관적으로 경험하는 정체성이 현상적 자아 모형의 내용이다. 경우에 따라서는 자아나 정체성을 의식하지 못하거나 주관적으로 자각하지 못하는, 현상적 자아 모형이 아닌 자아 모형에 해당하는 몸의 상태도 있을 것이다. 그리고 세상에 관한 것이든 자아에 관한 것이든, 또는 현상적 자아에 관한 것이든 모형의 내용은 끊임없이 변한다. 또한 우리는 세상 모형의 대상들은 내 것이라고 생각하지 않는다. 반면 현상적 자아 모형의 대상들은 무엇이든 내게 속한다고 느낀다. 이렇게 현상적 자아 모형의 내용과 세상 모형의 내용을 구분하는 것이 '내 것mineness'의 속성이다.[21]

메칭거의 생각이 맞다면, 고무손 착각이 시작되기 전 우리가 보고 있는 생명 없는 손은 세상 모형에 속하지 현상적 자아 모형에 속하지 않는다. 그래서 내 것이라는 느낌을 주지 않는다. 하지만 실험이 우리의 현상적 자아 모형을 수정하기 때문에 환각의 통제를 받게 된다. 우리 뇌는 진짜 손에 대한 표상을 고무손의 표상으로 대체하고, 이것이 우리의 현상적 자아 모형에 박힌다. 현상적 자아 모형에 있는 것은 무엇이든 내 것으로 느끼는 주관적 속성 때문에 고무손은 내게 속한 것처럼 느껴진다. BIID에서는 수족이나 어떤 다른 신체 부위가 현상적 자아 모형에 잘못 표상되거나 과소 표상된다. 내 것이라는 속성이 결핍된 것들은 버려진다(코타르증후군 역시 현상적 자아 모형에 문제가 생긴 것일 수 있다는 관점도 아주 흥미롭다).

메칭거는 왜 BIID 환자가 자신의 것이 아닌 것처럼 느껴지는 수족을 절단하고 싶어하는지 이해하는 데 실마리를 제시해준다. 현상적 자아 모형의 내용으로 규정되는 '나'는 단지 나의 주관적인 정체성만을 의미하는 것이 아니다. 그것은 무엇이 내 것이고 무엇이 그렇지 않은지, 나와 내가 아닌 것 사이에 있는 경계의 기초가 되기도 한다. 메칭거는 나와 전화통화를 하면서 말했다. "그것은 도구이자 무기입니다. 유기체 전반의 통합성을 보존하고 유지하고 지킬 수 있도록 발전하는 것이죠. 그리고 매우 다양한 기능적 수준에서 나와 내가 아닌 것 사이에 선을 그어주기도 합니다. 당신의 수족인지 아닌지 분별하는 뇌에 잘못된 표상이 생기면, 그것은 영구적인 문제로 이어질 수 있습니다."

맥지오크와 라마찬드란, 그리고 그의 동료들은 이것을 간단하고 멋진 실험으로 보여주었다.[22] 그들은 자발적으로 절단을 원하는 사람 두 명을 연구했다. 한 사람은 스물아홉 살 남성인데 오른쪽 무릎 밑을 절단하기를 원했고, 다른 한 사람은 예순세 살 남성 노인으로 왼쪽 무릎 아래와 오른쪽 넓적다리 아래를 자르고 싶어했다. BIID와 관련하여 신기한 점 하나는 증상을 갖고 있는 사람들 대부분이 자신의 것이 아니라고 느끼는 신체 부위를 아주 정확히 설명한다는 것이다. 그리고 이러한 구분은 시간이 지나도 전혀 변하지 않는다(라마찬드란 연구팀은 이러한 사실이 BIID가 심리보다는 신경에 관한 문제임을 보여준다고 이야기한다). 연구자들은 피부전도반응을 기록하기 위해 실험 참가자의 손에 전극을 부착했다. 그러고 나서 실험 참가자들이 '절단을 원하는 지점' 위 또는 아래를 핀으로 따끔하게 찔렀다.[23]

피부전도반응은 자의로 통제할 수 없다. 타인이 만지거나 소음을 듣거나 정서적으로 두드러지는 자극을 감지하면 대부분의 사람들은 피부전도반응이 증가한다. 라마찬드란의 연구에서는 실험에 참가한 BIID 환자들이 자신의 것이 아니라고 느끼는 수족의 일부가 핀에 찔렸을 때, 정상 부위에 찔렸을 때보다 피부전도반응이 두세 배 더 증가했다. BIID 환자들은 절단을 원하는 부위를 핀으로 찔리는 것을 더 위협적으로 느낀다고 해석할 수 있다.

브루거 연구팀 역시 이와 비슷한 것을 발견했다. 연구자들이 BIID 환자들의 양쪽 다리를 동시에 두드렸을 때, 환자들은 모두 원하지 않는 다리의 느낌을 먼저 보고했다. 그들의 뇌는 이러한 촉각 자극에 우선순위를 매겼던 것이다.[24]

두 연구는 공통적으로 BIID 환자들이 원하지 않는 수족에 과민하다는 것을 보여준다. 말하자면 그들의 뇌는 자신이 낯설다고 느끼는 신체 부위에 과도하게 신경을 쓰고 있는 것이다. 브루거는 말했다. "그들의 몸에서 주목을 끄는, 매우 이질적인 부위라고 할 수 있죠. 그래서 측두엽에서 우선적으로 처리됩니다. 생각해보면 일리가 있습니다."

하지만 낯설게 느끼는 신체 부위가 몸의 나머지 부위보다 더 주목을 끈다니, 참으로 아이러니하다. BIID는 자신의 팔, 다리, 때로는 전신의 소유권을 부정하는 '신체망상장애somatoparaphrenia'와는 다르다. 신체망상장애는 종종 신체 한쪽이 마비되어 고생해왔거나 때때로 마비되었다는 사실을 자각하지 못하기 때문에 나타난다. 하지만 BIID의 경우 신체 부위에 그런 기능적인 문제는 없다.

팔이나 다리가 뇌에 의해 구성된 신체적 자아의 일부분이 아니라고 믿어야만 뇌가 그것에 대해 주의를 증가시킨다는 것이 이치에 맞는다. BIID는 또한 우리가 신체 부위에 대한 소유감을 잃더라도 어떤 팔이나 다리가 내 것이 아니라고 경험하는 '나', 곧 주체로서의 자아는 여전히 존재한다는 것을 말해준다. 자기 몸에 그대로 있기에는 너무나 이질적인 신체 부위가 결국에는 절단해내야만 하는 집착의 대상이 되어버린다니 안타까운 일이다.

$$*$$

자발적으로 자기 몸을 자른다는 이야기에 사람들이 본능적으로 부정적인 반응을 보이는 것은 당연하다. 2000년 무렵 BIID에 대한 대중매체의 관심이 절정에 이르렀을 때, 펜실베이니아대학교의 생명윤리학자 아서 캐플런Arthur Caplan은 이런 현상에 대해 다음과 같이 말했다. "사람을 불구로 만들어달라는 요청에 동조하다니, 완전히 미친 짓이다."[25]

그로부터 10년도 더 지났지만 자발적 신체 절단에 대한 윤리 문제는 여전히 학술저널의 지면을 뜨겁게 달구는 논쟁거리다. BIID 환자들이 주장하듯, 가슴 축소 수술처럼 몸을 수정하는 성형수술과 비슷한 것인가? 일부 생명윤리학자들은 신체 절단이 영구 장애를 수반하기 때문에 안 된다고 말한다. 반면 어떤 이들은 가슴 축소 수술 때문에 모유 수유가 불가능해지는 경우도 있듯, 성형수술 또한 장애를 일으킨다는 점을 지적한다. 또 다른 사람들은 완전히 맞아떨어지는 것은 아니지만 가장 적절한 비유로 거식증을 든다. 왜냐하면 둘 다 신체 이미지의 불일치와 관련이 있기 때문이다. 이러한 논법에 따르면, 거식증 환자에게 때때로 억지로 음식을 먹이는 일이 있듯, BIID 환자의 절단은 인정하지 말아야 한다. 이에 대한 항변도 있다. 거식증 환자의 경우 객관적 측정으로 그들의 체중이 위험할 정도로 낮다는 것을 보여줄 수 있기 때문에 그들의 신체에 대한 생각이 망상이라는 것은 명백하지만, BIID 환자의 경우 신체적 부조화에 대한 내면의 감정을 객관적으로 측정하기가 불가능하다는 것이다.

BIID가 의학적으로 인정된 장애가 아니라는 것도 논쟁이 계속되는 이유 중 하나다. 자발적 절단이 그들의 삶에 어떤 영향을 끼쳤는지 보여주는 자료도 매우 부족하다. 하지만 정형외과 전문의였던 데이비드의 외과 의사는 마음의 결정을 내렸다.

닥터 리(물론 실명은 아니다)는 40대 중반의 다정하고 잘 웃는 사람이었다. 그는 비밀리에 하는 수술에 불편해하지 않는 듯했다. 6년 전 BIID 환자가 그에게 처음으로 연락해왔을 때, 그는 의심했다. 그래서 그는 할 수 있는 한 완전하게 BIID를 연구하고 7개월 동안 환자와 얘기를 나누고 나서야 절단 수술을 하기로 결심했다. 그는 의사면허가 취소될 수도 있다는 사실을 알고 있었다. 신앙심이 깊었던 그와 그의 아내는 기도까지 했고, 일부 책임을 신에게 지우기도 했다. "하느님, 내가 하는 이 일이 옳지 않다면 뭔가 방해할 만한 일을 일으키십시오. 그게 뭔지는 모르겠어요. 어쨌든 방해하세요." 아직까지 일은 순조롭게 진행되었고, 그는 신이 허락한 것이라고 생각하고 있다.

닥터 리는 자신이 하는 일이 윤리적이라고 확신한다. 그는 BIID 환자들이 심한 고통을 받는다는 사실을 의심하지 않는다. 그들의 고통을 덜어주기 위해 절단하는 것인가라는 질문에 그는 세계보건기구WHO의 건강에 대한 정의를 인용했다. 건강하다는 것은 완전한 신체적·정신적·사회적 안녕의 상태를 말하며, 단순히 질병이나 질환이 없는 상태를 말하는 것이 아니다. 그가 보기에 BIID 증상을 갖고 있는 사람들은 건강하지 않다. 비수술적 치료방법도 없고 심리치료가 도움이 된다는 증거도 없다. 마이클 퍼스트는 BIID 환자 52명을 상대로 한 2005년도 설문조사에서 65퍼센트의 환자들이 심리치료를 받아본 경험이 있다고 보고했다. 하지만 심리치료는 신체 절단을 향한 그들의 욕망에 아무런 영향을 끼치지 못했다(그들 중 절반이 치료자에게 그런 욕망에 관해 말하지 않았다는 것 또한 사실이지만).

물론 BIID로 고통받는 사람들이 단순히 망상적인 것인지 아니면 정신증적인 것인지는 의문의 여지가 있다. 그리고 이러한 사람들을 연구해온 과학자들은 둘 다 해당되지 않는다고 말한다. 닥터 리는 그의 환자들이 정신증이 아니었다고 단언했다(그리고 우리는 다음 장에서 조현병 같은 정신증이 한 사람이 경험하는 현실을 어떻게 바꾸어놓는지를 보게 될 것이다. 내가 만난 BIID와 관련된 사람들 중 어느 누구도 이러한 경우는 없었다).

정반대로 닥터 리는 그의 환자들이 모두 정신적으로 건강했으며 파일럿, 건축가, 의사 등 사회적으로 성공한 사람들도 많았다고 했다. 그리고 수술 후에는 비자발적 절단(가령 자동차 사고로 인한 수술)을 한 사람들과 너무나 대조적으로 즉각적 변화를 보였다며, 이것이 곧 BIID가 실제 상태라는 증거라고 생각한다. 아주 강인한 사람들조차 원치 않게 신체를 절단하면 정신적 외상을 입을 정도로 충격을 받으며, 대부분의 사람은 심하게 우울해진다. "그런데 BIID 사람들은 놀랍게도 수술한 바로 다음 날부터 목발을 짚고 걷습니다."

BIID 환자를 연구해왔던 폴 맥지오크 역시 의견이 같다. "그들은 모두 행복해합니다. 문제가 된 팔이나 다리를 절단한 뒤 기뻐하지 않는 사람은 본 적이 없어요." 하지만 닥터 리가 확신했던 것처럼 그도 거듭 강조했다. "혹시라도 수술한 것을 후회하는 환자가 생긴다면 이 일을 멈출 겁니다. 아직까진 단 한 명도 없었습니다."

만약 BIID가 혹시라도 인정되어 자발적 절단이 법적으로 허용된다면, 닥터 리의 이 비밀스러운 수술도 끝을 맞이할 것이다. "그런 일이 일어난다면 정말 기쁠 거예요. 이러한 긴장 상태를 더 견디지 않아도 되니까요. 지금은 그런 수술을 한다는 긴장과 그들을 돕는다는 긴장 사이에서 고통받고 있어요." 그는 잠시 멈추었다가, 수술이 그리울 것이라고 조심스럽게 고백했다. "아마도 그건 내 안에 있는 괴짜 때문이겠죠."

그가 그리워할 것은 수술당 미화 2만 달러 정도 받았던 돈일까? 답은 명백히 '아니'다. 그는 의료관광 온 외국인들을 합법적으로 수술해도 비슷한 액수의 돈을 벌 수 있다고 말했다. 그를 찾는 현지인 환자도 충분히 많았다. 그는 그 2만 달러에 병원비와 동료 외과 의사 급여, 하다못해 식사와 관광 비용까지 다 포함되어 있다고 설명했다. "그들은 수술비만을 내는 것이 아닙니다. 관련된 모든 위험에 대한 비용을 내는 것이죠. 그들에게 모두의 행복이 달렸습니다. 돈 몇 푼 얘기가 아닙니다. 일이 잘못되면 우리 모두가 의사 면허를 잃을 수 있습니다." 그는 환자가 행복해하는 한 그 일은 자신이 기꺼이 감수할 수 있는 위험이라고 했다.

※

데이비드의 수술이 잡혀 있던 날 아침, 나는 그와 패트릭을 만나러 그들의 호텔 방으로 갔다. 우리는 아시아의 이 복잡한 도시로 수천 킬로미터를 날아왔다. 호텔 밖은 후텁지근했고 교통체증이 심했다. 달리는 버스와 오토바이 사이로 고급스런 승용차와 고물 자동차가 경쟁하듯 끼어들었다. 배기가스 때문에 콧구멍이 따끔거렸다. 최고급 호텔과 사무실 건물 사이로 악취를 풍기는 개울물이 흐르고 있었다. 나무 패널로 장식된 호텔 스위트룸은 에어컨이 켜져 있었고 조용했다.

나는 데이비드의 수술에 대해 생각하며 밤을 지샜다. 내가 느꼈던 것은 오직 불안이었다. 나는 데이비드도 두려움을 느끼고 있을 것이라고 상상했다. 수술에 대한 두려움, 가족과 친구들과 맞닥뜨려야 한다는 두려움, 장애에 대한 두려움. 하지만 그날 아침에 만난 데이비드에게서 그런 감정은 전혀 찾아볼 수 없었다. 그는 이런 걱정들은 이미 넘어섰다고 말했다. 대신 그는 서류 작성 때문에 초조해했다. 비상연락처에 누구를 적어야 하나? 주소와 전화번호도 사실대로 써야 하나? 패트릭은 숫자를 한두 개만 바꾸어 틀린 전화번호를 써넣으라고 조언했다. "거짓말하는 데 익숙해져야 할 거예요."

질문은 계속 생겨났다. 나는 데이비드에게 정신과 의사에게 진단을 받아본 적이 있느냐고 물었다. 패트릭은 대개 정신과 의사에게서 BIID로 고통받고 있다는 진단을 받은 뒤에만 수술을 하도록 권하고 있었다. 데이비드는 '아니'라고 답했다. 데이비드를 직접 만난 패트릭은 그에게서 자신과 똑같은 극심한 고뇌, 극도의 정신적 고통을 보았고, 자신만의 판단에 따라 그를 외과 의사에게 추천했다. 게다가 데이비드는 정신과 진단을 받을 만한 경제적 여유가 없었다. 그는 수술비와 항공료, 10일간의 호텔 숙박비를 합친 2만 5천 달러를 장만하기 위해 한 푼이라도 더 돈을 모아야 했고, 결국 큰 빚까지 질 수밖에 없었다.

닥터 리는 패트릭의 추천을 근거로 수술에 동의했다. 둘은 6년 전 BIID 네크워크를 통해 만난 뒤 줄곧 함께 일해오고 있었다. 데이비드는 닥터 리의 도움에 고마움을 느꼈다. 호텔 방에서 그가 나에게 말했다. "당신도 아시다시피 나는 자가 절단을 해보려고 했어요. 스스로를 다치게 하려고 했었어요." 갑자기 데이비드가 흐느껴 울기 시작했다. 패트릭이 그를 위로했고 데이비드는 사과했다. "죄송해요. 다리를 자르려고 했던 얘기를 할 때마다 눈물이 나네요." 그는 수술이 잘되지 않으면 직접 다리를 잘라낼 거라고 분명히 말했다. "더는 안 되겠어요."

오후 일찍, 닥터 리가 우리를 데리러 왔다. 데이비드의 수술을 위해서는 병원 직원들과 간호사들을 무사히 통과할 만한 속임수가 필요했다. 닥터 리는 놀라울 정도로 침착해 보였다. 나중에 나는 어떻게 그렇게 침착할 수 있는지 물었다. "그래야만 합니다. 환자에게 긴장하는 모습을 보여서는 안 되니까요." 그는 우리를 자신의 집으로 데려가 거실로 안내하더니 데이비드에게 앉으라고 했다.

닥터 리가 계획을 설명했다. 그는 혈관 장애로 수술이 필요하다고 말하면서 데이비드를 병원에 입원시킬 것이다. 상황을 알지 못하는 병원 직원은 일반적인 수술에 필요한 사항들을 환자에게 설명할 것이다. 그리고 수술등 아래에서 닥터 리가 그 다리를 제거해야 하니 절단하겠다고 말할 것이다. 안에서는 마취과 의사와 다른 외과 의사들이 계획대로 대기하고 있을 것이며, 간호사들은 이러한 내용을 모른다.

닥터 리는 낡은 천을 거실 바닥에 깔고 데이비드에게 그 위에 발을 올려놓으라고 했다. 그는 발과 발목, 종아리에 재빠르게 붕대를 감았다.[26] 그래야 병원 직원들이 '다리는 멀쩡하지 않았나?' 하는 호기심을 갖지 않는다. 그는 처방전 양식에 입원 지시라고 썼고, 데이비드가 서류상 지난 며칠 동안 견뎌온 것으로 되어 있는 고통과 그에 뒤따르는 경련, 그리고 결국 마비에 이르게 된 일련의 증상들에 대해 알려주었다. 이것은 병원의 사무직원들을 위한 것이었다. 이러한 증상들이 암시하는 진단이라면 닥터 리가 수술 중에 절단을 하더라도 수술실에 없던 사람들이 의심하지 않을 만한 근거가 되어준다.

우리는 차를 타고 시 외곽에 있는 작은 병원으로 갔다. 창밖으로 보이던 높게 솟은 호텔들은 비포장 진흙길을 따라 양철지붕을 얹은 가건물 가정집들과 낮은 건물들이 늘어서 있는 풍경으로 바뀌었다. 병원[27]은 대로변에 있었다. 병원 옆으로는 정육점, 전당포, 가전제품 수리점, 그리고 안전하고 효과적인 스트레이트 펌을 보증하는 미용실 등 잡다한 가게들이 늘어서 있었다.

닥터 리는 이 병원의 직원이 아니었다. 다른 많은 의사처럼 여러 병원을 돌며 외과 수술만 전문으로 하고 있었다. 그는 우리를 병원 밖에 내려주었다. 데이비드는 이제 목발을 짚고 병원 직원들을 통과해야 한다. 그들이 그의 말을 믿어줄까? 우리는 응급실로 걸어 들어갔다. 간단한 일이었다. 철제 침대 열 개가 깨끗한 시트에 싸인 매트리스와 함께 두꺼운 커튼으로 분리되어 놓여 있었다. 최첨단 응급실은 아니지만 깨끗하고 실용적이었다.

간호사가 데이비드에게 앉으라고 한 뒤에 무엇이 문제인지 물었다. 그는 간호사에게 닥터 리의 입원 지시서를 내밀었다. 목에 청진기를 걸치고 파란색 스트라이프 셔츠를 입은 안경 쓴 의사가 지시서를 받아 미간을 찌푸리며 읽더니 데이비드의 다리를 보려고 데스크 너머로 몸을 숙였다. 그는 다리가 붕대에 감겨 있는 것을 보고 데이비드에게 사고를 당했는지 물었다. 데이비드는 아니라고 답하면서 아까 배운 증상들을 조용히 읊었다. 그 남자는 일어나서 어디론가 갔다.

데이비드는 기분이 가라앉아 보였다. 의족을 한 패트릭은 기분이 괜찮은 것 같았다. 그는 이러한 시나리오를 여러 번 거쳐왔다. 데이비드는 겉으로는 태연했지만 속으로는 긴장이 됐다. 관찰자인 나조차 긴장이 됐다. 내 생각은 일이 잘못될 수 있는 모든 가능성으로 뻗어가고 있었다. 아까 그 의사가 질문을 더 하면 어떡하지? 셋 중 둘씩이나 목발을 짚은 채로, 우린 대체 여기서 무엇을 하고 있는 걸까? 그들이 경찰을 부르면 어떡하지? 그때 데이비드가 서류 작성을 마쳤고 간호사는 그에게 휠체어를 가져다주었다. 그녀는 데이비드의 왼손에 카테터를 삽입해 휠체어 링거 폴대에 걸려 있는 수액과 연결시키고 떠났다. 나는 패트릭을 보았다. "꿈인지 생시인지 모르겠어요." 그는 안도의 한숨을 쉬었다. 남자 간호사가 들어와 우리는 일어났다. 그는 데이비드가 탄 휠체어를 밀었고, 우리는 그를 따라 입원실로 갔다. 그들은 데이비드의 이야기를 믿었다.

우리는 입원실에서 데이비드가 수속을 마쳤다는 문자메시지를 외과 의사에게 보냈다. 닥터 리는 대개 이런 메시지를 받는 순간부터 긴장되기 시작한다고 말했다. 이제 모든 준비는 끝났다.

입원실에서 대기하는 중에 패트릭은 데이비드에게 한쪽 다리를 절단한 사람으로 사는 법에 관해 조언해주었다. 서 있을 때 기댈 것이 없으면 절대로 눈을 감지 말아야 한다고 했다. 균형을 잃어 넘어질 테니 말이다. 항상 강력한 진통제를 갖고 다녀야 한다. 발을 헛디뎌 다리의 잘린 부분이 땅에 부딪히면 몹시 고통스럽기 때문이다.

간호사가 들어와 1~2시간 안에 수술을 시작할 거라고 말하고는 나갔다. 다시 우리만 남았다. 식염수 방울이 데이비드의 혈관으로 들어가고 있었다. 나는 데이비드에게 집에 가서 뭐라고 말할 것인지 물었다. 그는 병원에 얘기했던 대로 말할 것이라고 했다. 닥터 리는 그가 챙겨 갈 의료기록 전체를 준비해줄 것이다. 패트릭은 자신의 시나리오를 회상했다. 그는 휴가 중에 맥각중독증, 이른바 성 안토니우스의 불St. Anthony's Fire이라 불리는 질병에 감염되는 내용을 택했다. 감염이 걷잡을 수 없이 진행됐고, 결국 다리에 괴저를 일으켜 절단하기에 이르렀다는 것이었다. 이 시나리오는 효과 만점이었다. 이야기를 마친 패트릭은 데이비드에게 마지막으로 수술이 끝나면 절대로 할 수 없는 것 한 가지를 해보라고 했다. 바로 다리를 꼬는 것이었다. 데이비드는 그렇게 했다. 마치 함께 침묵하며, 곧 일어날 상실을 애도하는 의식과 같았다.

남자 간호사 둘이 환자 이송용 들것을 끌고 왔다. 데이비드는 그 위에 누워 수술실로 들어갔다. 패트릭은 그를 향해 엄지손가락을 치켜세웠다. 나는 무슨 말을 해야 할지 몰라 그냥 숨죽여 중얼거렸다. "행운을 빌어요."

✳

병원은 조용했다. 희미하게 불이 켜진 복도에 늘어선 벤치들은 비어 있었다. 오직 수술실에만 움직임이 있었다. 데이비드는 마취되어 고통을 느끼지 못한 채 수술대에 누워 있었다. 머리 위의 수술등이 그의 넓적다리 윗부분을 비췄다. 닥터 리는 메스를 들어 탄탄한 근육질의 건강한 다리에서 데이비드가 요청했던 지점을 정확하게 찾아 길고 깊게 절개했다. 그러고는 근육들 사이에서 힘든 작업을 신속하게 해냈다. 그는 큰 정맥과 대동맥, 신경 등을 건드리지 않도록 주의하면서 작은 혈관들을 지졌다. 신경들을 잡아당겨 인접한 근육과 잘라낸 지점에서 떨어지게 끄집어냈다. 신경들은 마치 고무줄처럼 넓적다리 위의 부드러운 조직들로 쑥 들어갔다. 그는 큰 혈관들을 고정해 싹둑 자르고는 전단부와 후단부를 묶었다. 전단부는 안전을 위해 세 번 묶었다. 수술은 예상보다 오래 걸렸다. 다리 근육이 너무 탄탄하고 출혈이 많았기 때문이다. 마침내 대퇴골 아래로 실톱이 들어갔다. 옆에서 조수가 다리를 누르고 있었다. 닥터 리는 톱질을 시작했다. 곧이어 톱이 몸에서 가장 단단한 뼈를 통과했다. 닥터 리는 다리가 완전히 절단되기 전에 뼈

아래에 있는 혈관, 신경, 근육, 피부들을 재빨리 처리했다. 봉합할 시간이었다. 먼저 그는 근육을 꿰맨 뒤 근육을 둘러싼 가장 튼튼한 섬유조직인 근막을 꿰맸다. 근막을 정확하게 봉합하는 것이 중요하다. 만에 하나 실수라도 한다면 심각한 합병증으로 근육 이탈을 일으킬 수 있기 때문이다. 의사는 마침내 피부와 피하조직을 꿰맸다. 다리가 있던 자리에는 이제 잘린 자국만 남았다.

✳

그날 밤에 나는 수술실에 있지 않았다. 수술실이 흐릿하게 들여다보이는 반투명 유리문 너머로 조심스럽게 수술 장면을 들여다보려고 애쓰면서 텅 빈 복도를 걸었다. 나는 (닥터 리가 상세하게 설명해준) 수술에 대해 여러 번 생각해왔다. 그때마다 매번 두려움과 슬픔을 느꼈다. 여기 완벽하게 건강한 다리를 가진 완벽하게 건강한 남자가 낯선 나라에서 자발적으로 절단 수술을 받고 있다. 그는 속임수를 써서 수술팀을 만났고 그들을 믿었다. 한 사람이 이렇게 되기까지 얼마나 많은 고통을 받아야 했던 것일까? 고향 미국에서 수천 킬로미터 떨어진 낯선 나라로 날아와 모르는 사람들의 간병을 받으며, 어느 구석진 작은 병원의 수술대에 누워 있기까지 이 사람은 얼마나 힘든 시간을 보내야 했을까?

✳

패트릭은 잠들어 있었다. 누군가 문을 두드렸다. 데이비드가 수술실에 간 지는 3~4시간이 지났다. 수술복 차림에 고무장갑을 낀 남자 간호사가 들어왔다. 그는 잠에서 깨어난 패트릭을 바라보며 말했다. "다리는 최대한 빨리 묻어야 합니다." 그는 매장 비용을 원했고, 패트릭은 현금을 얼마간 건넸다. 간호사가 물었다. "다리를 보고 싶으십니까? 저 상자에 있습니다." 패트릭은 아니라고 했다. 간호사는 떠났다. 패트릭이 말했다. "자, 이제 데이비드도 절단자네요. 기뻐요. 그가 원했던 것이죠. 그에게 필요했던 거예요."

얼마 안 되어 닥터 리가 도착했다. 평소보다 오래 걸렸지만 수술은 성공적이었다고 말했다. 데이비드는 건강하고 회복 중이며 잠들었다고 했다. 닥터 리가 호텔까지 태워주겠다고 했다. 차를 타고 가면서 그는 데이비드의 길었던 수술에 대해 말해주었다. "근육이 튼튼했습니다. 근육이 수축되어 출혈이 더 심했죠. 조심해야 했어요." 그는 이번에도 자신이 한 일에 만족하고 있었다. "가장 멋진 일은, 환자가 완전히 대변신한 모습을 보는 거예요." 수술 후 BIID 환자들의 태도가 급변하는 것을 가리키는 말이다. "내일 목격하실 겁니다."

다음 날, 한시라도 빨리 병원에 가보고 싶었다. 나는 데이비드에게 줄 다크초콜릿을 산 뒤 택시를 불렀다. 병원에 도착해 정문으로 들어갔다. 응급실을 지나 수술실의 반투명 유리문 앞에서 잠시 멈췄다. 그런 뒤 데이비드가 있는 방으로 가 노크를 했다. 대부분의 환자들은 그런 큰 수술 후 회복할 때는 보통 등을 기대어 누워 있다. 하지만 데이비드는 침대에 앉아 있었다. 다리의 잘린 부분은 붕대가 잔뜩 감긴 채 하얀 거즈로 씌워져 있었다. 그는 여전히 수액을 맞고 있었다. 마약 성분의 진통제 트라마돌이 그의 혈관으로 뚝뚝 떨어지고 있었다. 소변주머니도 달려 있었다. 그는 피곤해 보였다. 하긴 수술이 끝난 지 12시간밖에 지나지 않았으니 당연했다. 나는 악수를 하고 초콜릿을 건넸다. 데이비드는 포장을 열어 초콜릿을 조각내 먹었다. 전날 밤 아무 일도 없었던 사람처럼. 대화를 하니 피곤한지 그는 이내 잠들었다.

이튿날 다시 병원에 가보니 수액 링거와 소변주머니는 달려 있지 않았다. 목발이 데이비드의 침대 옆에 놓여 있었다. 그는 이미 의사의 조언대로 목발을 짚고 화장실도 다녔다. 그는 나와 얘기를 나누면서 자주 웃었다. 그를 볼 때마다 얼굴에 드리워 있었던 긴장은 이제 사라지고 없었다. 나는 안도했고 행복했다.

몇 달이 지나 데이비드와 나는 이메일을 주고받았다. 그는 후회하지 않는다고 했다. 그는 난생처음으로 온전했다.

4장
내가 여기에 있다고 말해줘[1]

조현병이 드러내는 자아의 빈자리

그녀는 갑자기 기분이 이상해졌다.
마치 바깥의 힘이 그녀를 조종하는 느낌이었다.
그녀는 아트나이프를 집어 자신의 왼손을 깊게 벴다.

나에게 '나'에 대해 말할 권리를 주는 것은 무엇인가? 그리고 나에게 원인으로서 '나'에 대해, 그리고 최종적으로 생각의 원인으로서 '나'에 대해 말할 권리를 주는 것은 무엇인가? (…) '그것it'이 원할 때 생각이 시작된다, '내'가 원할 때가 아니라.[2] _ 프리드리히 니체

진짜로 망상의 지배를 받는 상황에서는 그 근원에 지능 부족이 있을 거라는 편견을 떨쳐내는 것이 가장 중요하다.[3] _ 카를 야스퍼스

2013년 3월 10일, 영국 브리스톨은 몹시 추웠다. 런던보다 더 추웠다. 나는 방금 런던에서 기차를 타고 서쪽으로 2시간을 달려 여기에 도착했다. 브리스톨 기차역에서 로리와 그녀의 남편 피터를 만났다.⁴ 우리는 2008년 이와 비슷하게 추웠던 어느 날, 로리가 몸을 던져 삶을 끝내려 했던 주차빌딩으로 가는 길이다.

피터가 차를 몰았다. 8층짜리 건물의 테라스를 향해 나선형으로 가파르게 굽은 경사로를 올라갔다. 피터가 로리에게 말했다. "가장자리로는 절대 가면 안 돼. 괜히 목숨 걸지 마." 로리는 별로 신경 쓰지 않는 듯했다. 피터가 경사로를 제법 빠르게 올라가자 그녀는 마치 롤러코스터를 탄 아이처럼 소리쳤다. "야아아아!"

우리는 7층에 주차하고 테라스로 올라갔다. 바람이 세찼다. 몇 분 동안 로리는 자신이 뛰어내리려 했던 지점을 찾기 위해 애썼다. 모든 것이 낯설어 보였다. 난간도 아주 높았다. 그녀가 말했다. "내가 여기에 올라가는 건 불가능해요. 올라가기 힘들게 하려고 난간을 바꾼 것 같아요." 하지만 콘크리트 난간은 다른 부분들과 마찬가지로 낡아 보였다. 어떤 것도 덧붙인 것 같지는 않았다. 우리는 계속 탐색했다.

마침내 그 장소를 찾아냈다. 우리가 올라왔던 나선형 경사로의 꼭대기 근처였다. 경사로에는 안쪽 난간벽과 바깥쪽 난간벽이 있었다. 11월의 어느 운명적인 날, 로리는 처음엔 경사로 안쪽을 들여다보았다. 그 아래 바닥에는 진흙이 가득했다(지금은 자갈로 채워져 있다). 그녀는 바닥이 너무 부드러워서 떨어져도 죽지 못할 것이라고 생각하고는 가슴 높이에 너비가 넓은 바깥쪽 난간으로 걸어가 필사적으로 기어 올라갔다. 만약 뛰어내렸다면 콘크리트 바닥으로 추락했을 것이다.

그 벽에 서니 앞쪽으로 15미터 높이의 현대적인 조각상이 보인다. 석판 기둥 위로 태양전지판이 우산처럼 드리워 있고, 그 위로 풍력발전기의 날개가 양쪽으로 붙어 있다. 로리가 나에게 말했다. "저걸 쳐다봤던 기억이 나요. 2008년에 지어졌어요."

조각상은 긴 교통섬 한가운데 놓여 있다. 길 끝에는 고층 벽돌 건물들이 있고 그 너머로는 브리스톨에서 웨딩케이크 교회라고 부르는 세인트 폴 교회의 층탑이 보인다. 자살을 마음먹고서도 로리는 그 경관에 감탄하며 서 있었다. 그녀는 잠시 뛰어내릴 생각에서 벗어났다. 뛰어내리면 죽을까, 아니면 단지 식물인간이 될까? 어떤 결과가 나올지 생각하고 있는데, 한 남자가 밑에서 "괜찮으세요?" 하고 소리쳤다. 로리는 대답하지 않았다.

"그 남자가 경찰을 부르는 것 같았어요."

곧 경찰이 달려왔고 로리를 구해냈다. 그들은 로리를 인근 경찰서로 데려갔다. 거기서 로리는 영국 정신보건법에 따라 입원치료

명령을 받고 24시간 동안 유치장에 머물러야 했다.

오늘날까지 로리는 자살을 시도했던 것이 자신의 결정이 아니었다고 생각한다.

"나는 어떤 힘의 영향을 받고 있었어요. 그 결정은 내가 한 게 아니었어요. 누군가가 나를 끝에서 밀려고 했어요."

그 사건이 있고 나서 로리는 조현병 진단을 받았다. 하지만 진단명을 알았다고 해서 그녀가 뛰어내리려 했던 그때의 느낌이 달라지는 것은 아니었다. 주차빌딩 옆 쇼핑센터 안에 있는 스타벅스에 앉아 로리는 계속해서 의심을 드러냈다.

"지금도 나는 그 결정을 내린 게 내 밖에 있는 어떤 것이었다고 생각해요."

＊

한 달쯤 지나, 나는 스탠퍼드대학교에서 목소리 환청에 관한 콘퍼런스에 참석했다. 첫 번째 연사가 음악 환청에 관한 얘기를 마치고 질문을 받고 있었다. 소피라는 이름을 가진 사람이 트위터에 올린(이 대담은 인터넷으로도 생중계되고 있었다) 질문을 청중 한 명이 소리 내어 읽었다. 갑자기 앞쪽에 앉아 있던 한 여자가 손을 들었다. 연사는 어리둥절해하면서 그녀를 바라보았다. 여자가 말했다. "미안하지만 내가 소피예요."[5] 청중석에서 웃음이 터졌다.

나는 청중들보다 조금 더 복잡한 반응을 거쳤다. 나는 (시카고에서 온) 소피를 만나러 콘퍼런스에 온 것이었다. 그래서 그녀가 트위터에 포스팅했다는 사실에 처음에는 크게 실망했다. 멀리서 이 대담을 보고 있는 것일까? 스탠퍼드에는 오지 않았나? 다행히 강연장에 소피가 나타나자 크게 안도했다.

소피를 처음 알게 된 것은 뉴저지에 있는 러트거스대학교의 임상심리학 교수이자 조현병 전문가인 루이스 새스Louis Sass를 통해서였다.

"소피는 내가 만나본 조현병 환자 중 의사 표현이 가장 명료한 사람이에요."

새스는 나에게 말했다. 몇 년 전 조현병에 걸리기 전, 소피는 새스의 연구가 흥미롭다며 그에게 연락해왔다. 새스는 조현병을 자아와 자의식에 복합적인 문제가 생긴 것으로 바라봐야 한다고 수십 년간 주장해왔다. 그리고 조현병을 앓는 어머니를 보아온 소피는 이러한 관점에 깊이 동의했다. 그러던 어느 날, 새스는 소피에게 이메일을 받았다. "세상에, 어이없는 일이 벌어졌죠." 소피에게서도 신경쇠약이 발병한 것이다.

소피는 정신증(현실감각에 심각한 문제가 생기는 상태)을 앓았던 어머니와 함께 자랐다. 뒷날 소피가 성인이 되고 심리학과 철학을 공부하면서 뒤늦게 알게 된 사실이지만, 어머니의 망상장애paranoia와 연애망상erotomania(어머니는 모든 남자들이 자신을 사랑한다고 확신했다)은 조현병이 심각하게 진행되면서 나타나는 증상이었다. 하지만 네 살짜리 소피가 그런 것을 알 리 없었다. 어머니는 소피와 오빠를 차에 태우고 슈퍼마켓에 갔지만 정작 본인은 들어가지 않았다. 대신 아이들을 들여보냈고, 심지어 계산까지 하도록 시켰다. 소피는 나에게 말했다. "네댓 살짜리 아이가 카트 가득 장을 보고 부모님이 미리 서명해둔 수표로 계산하는 것은 매우 이상한 일이었죠. 하지만 동시에 나는 생각했어요. 아, 이것이 엄마의 방식이구나."

어머니의 망상장애는 다른 데에서도 나타났다. 예를 들어 낯선 사람, 심지어 우체부가 집에 올 때에도 가족들은 유리창을 다 닫고 숨었다. "그게 아주 정상이라고 생각했죠." 소피가 말했다.

소피는 중학교에 들어가서야 어머니와 가족들의 삶이 정상이 아니라는 것을 깨달았다. 어머니의 망상장애는 악화되었다. 어머니는 자신의 자궁뿐 아니라 강아지의 몸에도 녹음기가 들어 있다고 생각했고, 집 전체에 도청장치가 있다고 믿었다. 아이들과 함께 외출할 때에도 집 밖으로 한 블록 넘게 걸어나간 뒤에야 아이들에게 말을 걸었다.

소피의 조현병 가족력은 거기서 그치지 않았다. 소피의 아버지는 철학을 공부하다가 조현병에 걸려 캘리포니아에 있는 주립병원의 보호시설로 보내졌다. 소피는 회상했다. "우리는 아빠를 두려워하며 자랐어요. 엄마는 아빠가 병원에서 빠져나와 우리를 찾아내서는 자신을 죽일지도 모른다고 생각했어요. 그게 어떤 식으로든 현실에 근거한 생각이었는지 아닌지는 모르겠어요. 우리는 아빠를 두려워하면서 자랐지만, 동시에 엄마는 아빠의 똑똑함과 천재성을 심하다 싶을 정도로 이상화했어요. 우리 집에는 아빠가 봤던 철학책들이 가득했었죠."

칸트, 헤겔, 하이데거, 야스퍼스가 책장을 채우고 있었다. 소피는 아버지의 일기를 읽게 되었다. 일기에는 광기 속으로 추락하는 과정이 생생하게 기록되어 있었다.

이 모든 것에도 불구하고 소피는 어린 시절 동안 지적이고 학구적인 면을 발전시킬 수 있어서 괜찮았다고 넘겼다. 소피는 코넬대학교의 장학금을 받지 못해 NGO를 따라 네팔로 일하러 갔다. 그러고 나서 1년 반을 일본에서 보냈다. 미국으로 돌아와서는 유럽 철학을 공부하기 위해 유진에 있는 오리건대학교에 들어갔다. 소피에게 조언을 해주었던 사람 중 하나는 조현병과 정신증, 그리고 자아에 관해 광범위하게 글을 써온 존 라이재커John Lysaker였다. 고학년이 되었지만 소피에게는 다행히 정신증의 어떤 증상도 일어나지 않았고, 그녀는 루이스 새스에게 편지를 보냈다. 소피는 조현병과 그로 인한 '광기', 그리고 모더니즘에 유사성이 있다고 바라보는 새스의 생각에 흥미를 느꼈다.

＊

새스는 나에게 말했다. "조현병의 다양한 경험과 증상에 대한 좋은 비유를 찾고 있다면, 21세기의 아방가르드 모더니즘과 포스트모더니즘 예술을 들여다보세요. 모더니즘이 정신분열적이라는 말이나 조현병이 근대적 산물이라는 말만큼 어리석은 소리는 없을 거예요. 하지만 모더니즘에는 조현병에서 정말로 무엇이 일어나는지에 대해 아주 다른 방식으로 상세하게 이해시켜주는 구조적 유사성이 있죠."

새스는 조현병에 관한 이러한 평범하지 않은 관점을 자신의 인생 경험들과 결합해 1992년, 《광기와 모더니즘Madness and Modernism》이라는 책을 출간했다. 그는 한때 모더니즘 문학도 공부했다. 1960년대 후반에 하버드대학교에서 영어를 전공하면서 모더니즘에 이끌렸고, ("모더니즘 소설가라 할 수 있는") 블라디미르 나보코프Vladimir Nabokov에 관한 논문을 쓰기도 했다. 그리고 토머스 엘리엇Thomas Eliot과 월리스 스티븐스Wallace Stevens에 관해 열정적으로 공부했다. 당시 조현병은 큰 이슈였다. 스코틀랜드의 정신의학자 로널드 랭Ronald Laing이 이러한 주제를 다룬 도발적인 저서 《분열된 자기The Divided Self》를 출간했고, 새스는 하버드대학교에서 이 책을 읽는 수업을 들었다. 그리고 이때쯤 새스의 친한 친구가 조현병 진단을 받았다.

40년쯤 지나 브루클린에 있는 브라운스톤 아파트 주방에 앉아 새스는 친구가 조현병으로 고생하던 때를 떠올렸다. 친구가 어딘가 유별나다는 징후는 고등학교 시절에도 있었다. 조현병이 발병하는 사람들은 대개 전형적인 발병 전premorbid(정신증이 임박했다는 어떠한 징후도 나타나기 전) 상태에서 전구 증상prodromal symptom(정신증을 일으키기 직전의 증상), 그리고 완전한 병으로 진행되기까지 비교적 명확한 변화 단계를 거친다. "전문용어로 말해서, 그의 '발병 전' 성격은 조현병이 있는 사람에게서 전형적으로 보이는 유형이었어요. 물론 내 친구였으니까 당시엔 그런 식으로 생각하지는 않았죠."

새스의 친구는 관습에 얽매이지 않았고, 지나칠 정도로 자율적이었다(정신질환이 흔히 자율성이 부족한 사람들에게 일어난다고 보는 일반적 견해에 새스가 의문을 제기하는 지점이다). 새스는 말했다. "그의 관점에서 우리 보통 사람들은 믿을 수 없을 정도로 보수적이었죠. 어떤 의미로 보면 굉장한 겁쟁이로 보였을 거예요. 예를 들어 당신은 여기 내 집에서 물구나무서기를 하려고 하지는 않을 겁니다. 하지만 그는 그렇게 하고 싶다고 느끼면 그대로 했어요. 충격적인 짓들을 했어요. 그 무엇도 두려워하지 않았죠.

한번은 학교 구내식당에서 친구가 접시에 놓여 있던 생선을 집어 공중으로 던져버린 일이 있었어요. 생선은 우리 테이블 정반대편에 있던 선생님들 테이블로 날아갔죠. 이런 것들은 일종의 반항과 저항이었고, 자율성에 대한 요구이자 정상성에 대한 경멸에서 나오는 행동이었어요. 아마 청소년기 남자아이들에게는 드물지 않게 일어나는 일일 겁니다. 하지만 내 친구의 표현방식은 뭔가 달랐어요. 너무 극단적이랄까요. '광기' 같은 게 있었어요."

친구는 결국 정신증을 일으켰다. "나는 그 친구를 잘 알고 있었어요. 정신증이 일어나기 전과 후의 느낌이 일반적인 조현병의 이미지와는 딱 맞아떨어지지 않았어요."

조현병은 본래 1890년대에 독일의 정신의학자 에밀 크레펠린에 의해 '조발성치매dementia praecox'라고 불렸다. '조현병'이라는 이름은 1908년 들어 스위스의 정신의학자 오이겐 블로일러Eugen Bleuler가 다시 붙인 것이다. 조발성치매 또는 조기치매는 하나의 지적 장애로 생각되었다. 한편 정신분석적 관점에서는 성인다움을 빼앗겨 유아 상태로 퇴행하는 것으로 바라보았는데, 이러한 시각은 이제 별로 주목받지 못한다. 또 한 가지 오해가 있다. 반反정신의학 운동과 아방가르드 문학이 퍼뜨린 것으로, 조현병을 마치 인간의 깊은 욕망과 본능에 충실한 자연인으로 돌아가는 것처럼 미화해 바라보는 것이다.

새스와 친구는 각각 다른 대학교로 진학했다. 새스는 하버드대학교로 갔다. 그러고 나서 버클리대학교에서 심리학 박사학위를 받은 뒤 코넬대학교 의료센터인 뉴욕병원에서 임상심리학 인턴 과정을 밟았다. 반면, 친구의 조현병은 심해졌다. 대학을 중퇴했고, 결국 자살하고 말았다. 이 경험은 새스의 마음속에 큰 자국을 남겼다.

새스의 아파트에서 우리가 나눈 이야기로 돌아가자면, 새스는 친구가 정신증에 걸린 뒤 그를 보러 간 일을 떠올렸다. 언젠가 새스는 친구가 몇 주 동안이나 한쪽 발로 춤추는 연습에 집착하더니 마침내 자기 어머니 집 차고에서 자신의 재능을 선보이는 것을 보았다. 하지만 거기에는 더 노력할 만한 어떤 목표도, 어느 누구에게 깊은 인상을 남기고 싶은 욕망도 없어 보였으며, 개인적으로 무엇인가를 얻거나 통상적인 종류의 자기애적 만족감을 채우기 위한 것으로 보이지도 않았다.

"그는 극단적이었어요. 정상적인 관점에서 보면 지나치게 자율성을 추구했죠. 물론 그런 자율성이 더 나은 삶의 방식이라고 옹호하려는 게 아니에요. 하지만 이러한 것들이 그들에게 무엇을 의미하는지 고려하지 않은 채 그저 미쳤다, 정상인의 범주에서 벗어난다고만 한다면 지적으로는 물론이고 윤리적·심미적 수준에서도 상당히 문제가 있습니다. 과학적으로 말하자면, 때때로 역설적 복잡성을 갖는 현상의 참 본질을 이해하는 데 실패한 것이죠."

새스가 말하려는 것은(물론 그가 이런 말을 하는 유일한 사람은 아니다) 정신의학이 조현병을 이것도 부족하고 저것도 부족한, 뭔가 모자란다는 식으로만 설명하는 방식에서 벗어나 긍정적으로 생각해보자는 것이다. 여기서 '긍정적으로'라는 말은 '좋게' 생각해보자는 말이 아니다. 단지 문화적 표준에 따르지 못한다고만 할 것이 아니라, 조현병 환자들이 어떻게 느끼는지 알아내고 현상학적으로 이해하자는 것이다.

새스는 조현병을 이해하는 하나의 방법으로 모더니즘 예술(파블로 피카소Pablo Picasso의 큐비즘, 마르셀 뒤샹Marcel Duchamp의 다다이즘, 그리고 조르조 데 키리코Giorgio De Chirico와 이브 탕기Yves Tanguy의 초현실주의 등)과 모더니즘 문학(프란츠 카프카Franz Kafka와 로베르트 무질Robert Musil, 엘리엇과 제임스 조이스James Joyce 등)을 살펴보라고 제안했다. 그런 예술을 통해 우리는 조현병이 어떤 경험을 수반하는지에 대한 감을 얻을 수 있다. 포스트모더니즘에서와 마찬가지로 모더니즘의 다양한 특성에서, 새스는 자신이 말하는 '과다자기반영hyperreflexivity'(일종의 지나친 자의식. 보통 우리 경험의 암묵적 도구가 되는 자의식이 과도하게 집중과 주목을 받는 명시적 대상으로 바뀌는 것)과 소외를 본다. "외부세계와 타인, 그리고 자신의 느낌을 별다른 의심 없이 받아들이는 '자연스러운 관여'가 일어나지 못하므로, 모더니즘과 포스트모더니즘에는 온통 망설임과 고립이 스며들어 있다. 여기서 자아는 자연과 사회에 정상적인 형태로 관여하지 못하고, 자아 그 자체 또는 자신의 경험을 마치 자아의 대상으로 간주하는 분열 또는 이중성을 보인다"라고 그는 썼다.

✳

　로리는 조현병과 처음 맞닥뜨렸던 때의 느낌을 기억했다. 2005년 가을 본 파이어 나이트(11월 5일 밤, 1605년 런던 국회의사당 폭파 계획을 무산시킨 사건을 기념하여 모닥불을 피우고 불꽃놀이를 하는 행사-옮긴이) 때였다. 당시 열일곱 살이었던 로리는 잉글랜드 캔터베리에 있는 기숙학교에 다니고 있었다. 그녀는 밤하늘의 불꽃놀이를 감상하다가 자기 방으로 돌아와 의자에 앉았다. 그런데 갑자기 기분이 이상했다. 마치 바깥에 있는 어떤 힘이 자신을 조종하고 소유하는 느낌이었다. 그녀는 그런 낯선 느낌에 사로잡혀 1~2시간 동안 꼼짝도 하지 않고 앉아 있었다. 그러다 아트나이프를 집어 자신의 왼손을 벴다. 그러고는 자러 갔다. 이튿날 아침 그녀는 일어나 또 한 번 자신의 몸을 칼로 벴다. 이번에는 더 깊이. 피가 그치지 않았다. 그녀는 나에게 말했다. "어떻게 해서인지 탁 하고 현실로 돌아왔고 알게 됐죠. 세상에, 내가 나를 베다니." 그녀는 친구와 함께 병원을 찾았다.

그 일은 그녀에게 뭔가가 잘못되었다는 것을 처음으로 일깨워 준 심각한 사건이었다. 본 파이어 나이트 사건을 계기로 그녀는 몇 달 전부터 느껴왔던 것에 초점을 맞출 수 있었다. 그녀는 실제로는 걱정할 필요가 전혀 없는데도 영국에서 추방되어 고향으로 돌아가야 할지도 모른다는 피해망상을 갖고 있었고, 그때까지는 두려움을 애써 무시했다. 하지만 그러한 생각들은 더 잦아졌고, 마치 '외부에서 실제로' 귓가에 대고 얘기하는 것처럼 머릿속이 그 생각으로 가득 찼다. 망상들은 국외 추방으로까지 이어졌다. 머릿속에서 반복적으로 들리는 말들은 언제나 비슷했다. 그녀는 나에게 말했다. "'네가 가버려도 어느 누구도 널 그리워하지 않을 거야. 너는 쓸모없어. 너는 실패자야.' 그런 종류의 말들이었어요."

2008년 3월까지 로리가 자신을 칼로 벤 일은 열 번이 넘었다. 로리는 당시 남자친구였던 피터와 함께 그녀의 부모님을 만나러 고향 집을 방문했다. 어느 날 밤, 모두가 위층에서 잠자리에 들었을 때 로리는 피터에게 자신의 손에 난 상처들을 보여주었다.

"'오, 세상에.' 정확히 이게 내가 그때 한 말이었어요." 브리스톨에 있는 펍에서 우리 셋이 앉아 저녁식사를 하고 있을 때 피터가 나에게 말했다.

"너는 '오, 하느님'이라고 말했어"라고 로리가 정정해주자 피터가 답했다. "거기서 거기지."

피터에게 털어놓고 나서 로리는 곧 목소리들을 듣기 시작했다. 그녀는 2008년 5월을 기억했다. 목소리들이 그녀의 머릿속에서 메아리쳤기 때문에 한 사람의 목소리였는지, 아니면 세 사람의 것이었는지는 분명치 않다. 어쨌든 영국 억양의 중년 여성 목소리였다. 그 여자인지 여자들인지는 로리에게 네가 자살을 하려면 더 깊게 베야 한다고 노골적으로 말했다. 이인칭으로 말하는 이 목소리들은 공교롭게도 로리의 조현병 진단을 지연시켰다. 로리는 20세기 초반에서 중반까지 활동했던 독일의 정신의학자 쿠르트 슈나이더Kurt Schneider를 탓했다. 슈나이더는 조현병을 진단하기 위한 일급 증상이라는 일련의 목록을 만들었다. 이 목록에는 삼인칭으로 들리는 환청, 그러니까 누군가가 다른 사람에게 환자에 대해 말하는 목소리가 들어 있었다. 로리는 몇 가지 일급 증상(어떤 생각이 자신에게 억지로 넣어졌다는 '사고주입망상thought insertion'이나 머릿속에 낯선 생각이 들어 있는 느낌, 그리고 전조 없이 뜻밖에 나타나는 1차 망상. 로리의 경우에는 자신을 둘러싼 환경이 말할 수 없이 이상하다는 느낌이 있었다)을 보였지만, 그녀를 담당한 정신과 의사는 특이하게도 슈나이더의 낡은 아이디어를 잘못 고수하고 있어서, 이인칭으로 들리는 환청을 조현병의 특징이 아니라 정신증적 우울의 징후로 보았다(조현병을 앓고 있는 많은 사람이 누군가가 그들에게 직접 말하는 이인칭의 목소리를 듣는다는 것을 이제는 우리도 알고 있다).

조현병에서 나타나는 믿기 어려울 정도로 다양한 증상이 진단을 더 복잡하게 만든다. 그 증상들은 대개 양성증상(망상, 환각)과 음성증상(무감동, 단조로운 정동), 그리고 파과破瓜증상(앞뒤가 맞지 않는 말을 하는 등의 분열증상)으로 구분된다. 조현병 진단은 종종 다른 기타 장애들을 제외해나가다가 마지막에 내려진다. 로리의 경우에는 처음에 우울장애로 진단이 내려졌고, 그다음에는 '경계선 성격장애borderline personality disorder'로 진단이 바뀌었다. 그러는 동안 자살 시도는 더욱 심각해졌다. 한번은 진통제인 아세트아미노펜을 80알이나 복용해 2주 동안 구토로 고생했다. 얼마 안 지나서는 8층짜리 주차빌딩에서 뛰어내리려고 했다. 의사는 그제야 로리에게 조현병이라는 진단을 내렸다.

2009년 초반 들어 상태는 더 나빠졌다. 로리는 또 자살을 시도했는데, 이번에는 항정신병 치료제를 과다 복용했다. 심지어 한 명의 인간이라는 감각조차 위태로워졌다. "증상이 심했던 그 기간 동안에는 온몸이 산산조각나고 녹아버리는 것 같았어요." 예를 들어 손을 앞으로 내밀자 손이 점점 더 멀리 가버리는 것처럼 느껴졌다고 했다. "나에 대한 느낌, 내 신체에 대한 느낌, 또는 이 두 가지 조합이 바깥으로 퍼져버리는 것 같았지요. 심지어 그냥 앉아 있을 때조차 내가 투명해졌다는 느낌이 들었어요. 물론 내 몸이 진짜 그랬다는 게 아니라, 비유하자면요.”

✳

덴마크 코펜하겐대학교의 정신의학자이자 새스의 동료이기도 한 요제프 파르나스Josef Parnas는 수수께끼 같은 조현병에 대한 답이 ‘자아’에 있다고 생각한다. 과학자들은 조현병에 대한 일관된 가설을 제시하기 위해 오랫동안 노력해왔다. 양성증상, 음성증상, 파과증상 등 다양한 증상의 기저에 깔린 공통된 메커니즘은 어떤 것일까? 우리 존재의 기반에 문제가 생긴 것일까? 자기감에 관한 장애일까?

조현병을 설명하기 위해 독일의 정신의학자 카를 야스퍼스Karl Jaspers는 ‘에고장애ego disturbances’라는 용어를 고안해냈다. 야스퍼스는 모든 조현병의 핵심 증상이 자아와 타인, 그리고 자아와 바깥세상 간의 경계에서 나타나는 문제와 어떻게 관련이 있는지 보여주었다.

새스와 파르나스는 조현병이 자아의 더욱 기초적인 장애에서 비롯된 결과라고 생각한다. 이 생각은 유럽 현상학자들의 오랜 전통에 상당 부분 빚지고 있다. 현상학은 ‘살아온 경험에 대한 연구’다.[6] 저명한 현상학자로는 에드문트 후설Edmund Husserl, 마르틴 하이데거Martin Heidegger, 모리스 메를로퐁티, 그리고 장폴 사르트르Jean-Paul Sartre 등이 있다. 환자가 살아온 경험에 대한 분석을 통해 새스와 파르나스는 다음과 같은 논지에 도달했다. 조현병은 자아성의 기초 형태에 생긴 문제와 관련이 있다. 그들의 관점을 이해하려면 우리는 자아를 몇 개의 층으로 이루어진 '실체'로 봐야 한다. 우선 이제는 친숙해진 '서사적 자아', 다시 말해 우리가 자신에 대해 스스로에게(그리고 타인들에게) 말하는 이야기들, 과거부터 미래까지 이어지는 정체성이 있다. 하지만 우리 내면에 시간에 따른 이야기꾼이 출현하기에 앞서 자아의 측면을 성찰할 수 있는 주체로서의 자아가 있고, 이러한 측면들이 대상으로서의 자아를 구성한다(주체로서의 자아에게 우리의 이야기는 하나의 측면이자 대상이 될 것이다). 새스와 파르나스는 주체로서의 자아에 초점을 맞춘다. 이것은 "지금 이 순간 존재한다고 느끼고 주체가 된다는 감각을 가지며, 일이 일어나게 하고 행동을 불러일으키는 존재로 느낀다는 사실"이라고 새스는 말한다. 그들은 이것을 '자기 자신이라는 것'의 의미로 '입시어티ipseity'라고 부른다(ipse는 라틴어로 '자아' 또는 '그 자체itself'라는 뜻이다).

우리가 만나는 동안 새스는 이 개념을 더 설명하기 위해 즉석에서 문학적 수사법을 구사했다. "입시어티는 의지의 명령이 비롯되는 곳이고 인식이 다가가는 곳이죠. 당신이 여기에 있다는 느낌의 암묵적 감각이에요. 하지만 물론 당신은 그것을 직접적으로 생각하지 않죠. 그건 느낌이고, 자각의 대상이 아니라 본질에 관한 것이에요. 어쩌면 이렇게 얘기할 수도 있겠군요. 의지가 시작되는 곳은 어디에도 없고, 인식이 도달하는 곳은 어디에도 없다고요. 대략 윌리엄 제임스가 설명했던 방식이에요."

"자각의 대상이 아니라······." 조현병이 발병하면 어떤 일이 일어나는지를 알아내는 데 새스와 파르나스가 실마리를 제공해준 대목이 바로 이 부분이다. 그들은 조현병이 일종의 '과다자기반영'과 관련이 있다고 주장한다. 자기 자신의 측면으로만 과도하게 주의가 집중되고, 다른 것들은 주의를 받지 못한 채 그냥 존재한다. 새스는 말했다. "주의를 기울이는 대상으로서 팔을 움직이는 것과 그냥 팔을 움직이는 것에는 미묘하지만 결정적인 현상학적 차이가 있어요. 둘은 아주 다르지요."

새스와 파르나스는 조현병에는 겉보기에 모순되어 보이는 입시어티 장애가 존재한다고 가정한다. 그들은 이것을 '약해진 자아 애착diminished self-affection'이라고 부른다. 자신이 일을 일으키는 실체라는 느낌, 자각의 주체인 독립체로서의 느낌이 줄어드는 것이다. 새스는 이렇게 썼다. "의식적이고 체화된 주체로서 자신의 존재를 경험하는 일은 매우 근본적이어서, 이에 대한 어떠한 설명도 공허하게 들리거나 동어반복으로 들릴 위험이 있다. 하지만 그 경험의 빈자리는 뼈저리게 느껴질 수 있다."[7]

로리는 이것을 증명할 수 있다. 주차빌딩에서 자살을 시도할 때 그녀는 공허함을 강렬하게 느꼈다. 그녀는 나에게 말했다. "그때 나는 내 주위에, 내 안에 아무것도 없고, 내가 할 수 있는 일이라곤 하나도 없다고 느꼈어요. '아무것도 할 수 없다면 무슨 가치가 있지? 죽는 게 낫겠다.' 이렇게 생각했지요."

새스와 파르나스는 입시어티에 문제가 생기면, 우리 존재의 기초가 무너져서 정신증이 일어나기 좋은 토양이 만들어지고 모든 종류의 이상 경험을 할 가능성이 생겨난다고 본다.

※

소피는 정신증이 일어난 초기에 미묘한 변화를 감지했던 것을 기억했다. 소피는 프랑스 친구에게 자신에게 세상이 아주 작은 입자들로 분해된 것 같다고, 살짝 불기만 해도 건물이 공기 중으로 흩어져버릴 것 같다고 이야기했다.

"지금까지도 제 말이 어디부터 잘못 옮겨졌는지 모르겠어요. 친구가 제 말을 잘못 이해했던 건지, 아니면 교수님께 그녀가 프랑스어를 영어로 옮기면서 잘못 설명한 것인지는 모르겠어요. 하여간 어째서인지 과에서는 내가 건물을 폭파시킬 계획을 꾸미고 있다고 판단했어요." 결국 소피는 다니던 철학과에서 쫓겨났고, 캠퍼스에 나타날 경우 체포될 것이라고 경고를 받았다. 그래서 상담을 하러 캠퍼스로 갔지만 상담원은 면담을 거절하면서 소피의 면전에서 문을 쾅 닫았다. 처음에는 정학 처분을 받았으나 1년 반 뒤에는 영구 퇴학당했다.

하지만 그 일이 일어나기 전부터 소피는 학생으로 지내기가 매우 힘들었다. 머릿속으로는 생각과 문장들을 정확하게 만들 수 있었지만 때로는 10시간이 넘게 말을 못 한 적도 있었다. 말이 밖으로 나오지 않았다. 수업 조교로 일하고 박사과정 수업에 들어가야만 하는 학생으로서 너무나 불편했다. 좋은 정신과 진료를 받을 만한 경제적 형편이 못 되었던 소피는 저소득층·빈곤층 환자들을 돌보는 시카고의 정신병원을 찾아갔다. 이 일로 소피는 마음에 상처를 받았다. 소피와 함께 갔던 친구에게 간호사가 이렇게 말했기 때문이다. "내가 의사는 아니지만, 당신이 나에게 말한 걸 들어보면 당신 친구는 확실히 조현병이네요." 그 말이 따갑게 박혔다. 소피가 나에게 말했다. "내가 바로 그 옆에 있었다고요." 몇 년이 지난 일인데도 그녀의 목소리는 분노로 가득했다.

병원은 소피를 살벌한 방에 가두었다. 그곳에는 약물 남용을 포함해 온갖 정신건강 문제를 앓고 있는 사람들로 가득했다. 소리 지르며 걸어다니는 환자들 가운데 앉아 있으려니 소피는 불안해졌다. "정신적 문제가 있던 엄마를 보며 자랐고, 엄마를 대하는 것이 익숙한데도 그곳에서는 불안했어요." 소피가 치료받는 방식을 전해 듣고 충격을 받은 남자친구는 소피가 그곳에서 빠져나올 수 있도록 도왔다.

소피는 우연히 정신증 초기에 초점을 맞춘 믿을 만한 치료 프로그램을 발견했다. 프로그램 담당자에게 전화했고 곧바로 답이 왔다. 소피는 회상했다. "그분이 '아침 7시에 봤으면 좋겠네요'라고 말했어요. 그녀는 놀라울 정도로 나를 안심시켰고 늘 친절했어요." 소피는 집중치료 프로그램에 등록했다. 하지만 한 주에 여러 번 치료사와 얘기를 나누고 항정신병 치료제를 복용하면서도 소피는 자신의 정신증을 확신할 수 없었다. 왜냐하면 그녀는 아이러니하게도 지금까지 들어온 철학수업 탓에 자신의 바뀐 세계관이 합리적이라고 생각했기 때문이다. 소피 어머니의 경우, 광기가 "심각하게 비이성적이었고, 음모와 책략 등등이 뒤섞여 있던"것에 반해 소피의 세계에 대한 지각은 견고한 경계가 무정형의 총체로 녹아 없어지는 것처럼 실체가 없는 느낌이지 비현실적이지는 않았다. 견고한 대상들이 허상이었다. 사람들이 개별적 개체로 존재한다는 현실감도 쉽게 무너졌다. 소피는 말했다. "그런 느낌들은 수백 년 동안 철학자들이 제기했던 질문들과 비슷해요."

그러는 동안 조현병은 소피의 존재에 엄청난 영향을 끼치고 있었다. 내부와 외부 세계 간의 경계가 무너졌다. "갑자기 내 내면의 삶 전체가 모두에게 드러난 것 같았어요." 정신과 의사에게 치료받는 동안 소피는 라디오나 다른 것에서 메시지를 받는지, 아니면 환청을 듣는지 끊임없이 질문받았다. 메시지를 받지도 환청이 들리지도 않았지만 소피는 자신이 정신증 환자인지 아닌지 알아내려 한다고 느꼈다. 그녀는 사물들이 자신과 소통하고 있는지 보기 위해 대상을 응시하면서 자신의 생각에 초점을 맞추기 시작했다. "이것이 루이스 새스가 말했던 과다자기반영이에요. 내 생각에 집중하면 할수록 생각들은 더 대상화되고, 사물에서 환청을 듣게 되죠."

조현병은 또한 소피와 그녀의 몸 사이의 관계를 바꾸어놓았다. "내 손이 내 것으로 보이지 않았어요. 내 손의 움직임과 그런 행위를 하는 나, 또는 동작을 시작한 나 사이에 틀림없이 아주 짧은 시간적 공백이 있어요."

소피가 과거에 경험했고 지금도 경험하고 있는 것은 이른바 '주체감'이라고 불리는 것의 장애다. 우리가 자기 행위의 주인이라고 느끼는 것은 자기감의 일부 덕분이다. 만약 내가 물이 든 잔을 들어올리면, 나는 내가 들어올리고 있다는 것을 안다. 우리가 그토록 당연하게 여기는 것이 잘못될 수 있을까? 그리고 그러면 왜곡된 현실, 실재하지 않는 현실을 지각하는 정신증이 일어나는 것일까? 이러한 질문들에 대한 답변은 물고기와 파리, 그리고 안구를 가지고 19세기 초반부터 시작했던 실험들에서 찾을 수 있다.

✳

당신의 눈을 왼쪽에서 오른쪽으로 왔다 갔다 움직여보라. 당신이 보고 있는 장면에 어떤 일이 일어나는가? 당신의 시각체계가 모두 건강하다면 시선이 향하는 대로 왼쪽에서 오른쪽으로 보겠지만, 지금 바라보고 있는 대상은 움직이지 않고 그대로 있을 것이다. 안구가 움직인다고 하더라도 말이다. 여기서 잠깐만 생각해보자. 뇌에 관한 한, 망막에 맺힌 신호는 안구가 움직이거나 당신의 시야 안에서 무언가 움직여서 생긴다. 뇌는 둘 중 어느 쪽인지 어떻게 알 수 있을까?

1820년대에 찰스 벨Charles Bell과 요하네스 푸르키네Johannes

Purkinje는 이러한 질문에 대한 대답이 우리에게 뭔가 매우 중요한 것을 말해준다는 사실을 각각 밝혀냈다.[8] 우리가 눈을 정상적으로 움직일 때, 뇌는 이미지의 예상된 운동을 상쇄시킨다. 뇌는 뇌가 안구운동을 일으켰다는 것을 알기 때문에 보이는 이미지를 고정시킨다. 하지만 시야 안에서 뭔가가 움직일 때에는 그러한 상쇄작용이 없어서 우리는 움직임을 포착할 수 있다.

1950년대에는 에리히 폰 홀스트Erich von Holst와 호르스트 미틀스태트Horst Mittelstaedt가 이것을 좀 특이한 방식으로 보여주는 실험을 수행했다.[9] 그들은 꽃등에의 목을 구부려 머리를 아래로 돌려놓았다. "꽃등에의 목은 날씬하고 유연해서 세로축으로 180도 회전할 수 있다. 이렇게 하면 머리가 흉부에 붙어 두 눈의 위치가 뒤바뀐다"라고 그들은 썼다.[10] 꽃등에는 정말로 이상한 행동을 보였다. 어둠 속에서는 이상 없이 정상적으로 움직이는 것 같았지만, 밝은 곳에서는 시계방향이나 시계 반대방향으로 계속해서 돌기만 했다. 빛이 들어오면 어느 쪽이든 하나로 방향을 정해 계속 한쪽으로만 돌았다. 같은 해에 또 다른 독자적인 연구로, 신경생물학자 로저 스페리Roger Sperry도 이와 비슷한 실험을 했다. 그는 복어의 왼쪽 눈을 외과적으로 180도 회전시켰고 오른쪽 눈을 실명시켰다("크기가 작은 데다 부드럽고 표피에 비늘이 없으며 생명력이 강해서 이 물고기가 수술 실험을 하기에 적당하다"고 스페리는 기록했다[11]). 수술에서 회복된 물고기 역시 왼쪽이나 오른쪽으로 빙글빙글 돈다는 것이 관찰되었다.

이런 현상을 설명하기 위해 폰 홀스트와 미틀스태트는 '원심성 사본efference copy'이라는 용어를 고안했고, 스페리는 '동반방출corollary discharge'이라는 용어를 썼다. 둘 다 본질은 같다. 동물의 뇌는 움직이라는 명령을 만들어내고, 이 신호의 사본이 시각중추로 보내진다. 신경계는 이 사본을 사용해 예상되는 움직임을 실제 움직임의 신호와 비교하고, 이렇게 비교한 것을 동물의 운동을 안정시키는 데에 쓴다. 이것은 의도하는 방향으로 정확하게 움직이도록 보장하는 피드백 메커니즘의 일종이다. 하지만 머리나 눈의 위치가 바뀌면, 이 피드백은 오류를 교정하기보다는 오히려 강화해 그 동물이 원을 따라 움직이게 만든다.

이것이 조현병, 정신증, 그리고 자아와 무슨 관계가 있을까?

1978년 샌프란시스코 재향군인병원의 어윈 파인버그Irwin Feinberg는 이 질문에 정면으로 맞섰다. 그때까지의 실험들은, 적어도 단순한 동물 실험에서는 운동동작이 동반방출 신호나 사본을 만들어낸다는 것을 보여주었다. 그런 신호가 자기와 자기가 아닌 것을 구분하는 데 쓰일 수 있을까? 당신이 팔을 움직인다고 하자. 뇌가 동반방출 신호를 사용해 당신이 팔을 움직이려고 했기 때문에 팔을 움직였는지, 아니면 외부의 요인 때문에 팔을 움직였는지 구분할 수 있을까?

보기보다 이상한 질문은 아니다. 파인버그가 논문을 발표하기 전, 캐나다의 신경외과 의사인 와일더 펜필드는 간질 치료를 위해 예비 수술을 받던 환자의 운동피질을 자극하는 실험에 관해 썼다.

자극을 가하니 팔이 움직였다. 하지만 환자는 펜필드가 팔을 움직이게 했지, 자신이 팔을 움직인 것이 아니라고 주장했다. 환자는 그 동작을 의도하지 않았기 때문에 어떠한 운동명령도 자발적으로 일으키지 않았고 동반방출 신호도 없었다. 그래서 이러한 가정이 성립된다. 이 경우, 뇌는 자기 자신이 아니라 외부 주체가 운동을 하게 한 것으로 여긴다. 파인버그는 설득력 있게 주장했다. "이러한 방출(또는 신호)에 대한 주관적 경험은 다름 아닌 바로 의지의 경험 또는 의도의 경험과 일치한다."[12]

파인버그는 여기에서 더 나아갔다. 동반방출 신호가 운동동작에만 해당하는 것이 아니라 생각에도 적용이 된다면 어떻게 될까? 이것이 특정 생각을 다른 사람의 것이 아니라 자기 자신의 것으로 여기게 만드는 메커니즘이 아닐까? 파인버그는 그럴 수 있다고 보았다. 그는 심지어 환청을 이러한 '동반방출' 메커니즘의 오작동에서 비롯된 것으로 보았다. 사실상 그는 자기와 자기가 아닌 것 사이의 경계가 희미해지는 것이라든지, 로리와 소피 그리고 무수한 조현병 환자들이 경험하는 여러 가지 유형의 이상한 증상들 뒤에는 이러한 오작동이 있을 것이라고 가정했다. "따라서 환경적 움직임과 자기발생적인 것들을 구분할 수 있게 해주는 동반방출이 자기와 타인을 구분하는 데 기여한다면, 이것에 일어나는 장애는 조현병 환자들이 보고하는 것과 같이 신체의 경계에 엄청난 왜곡을 초래할 수 있다"고 파인버그는 썼다.[13]

정신증이 심해지면서 로리는 일주일에 몇 번씩 목소리를 들었다. 그녀에게 형편없는 실패자라고 말하는 어떤 여자의 목소리였다. 남편 피터는 로리가 목소리를 들을 때를 분간할 수 있었다. "아내의 눈이 텅 비어 있고 시선은 허공을 향해 있죠. 이따금 아내는 그 목소리에 답하기도 해요. 아주 느닷없이 뭔가를 말하곤 하죠. 아내가 목소리에 응답하고 있다는 것을 당신도 즉각 알아차릴 겁니다."

피터는 로리를 통해 그 목소리와 맞붙어봤다. 그 목소리들이 로리에게 실패자라고 말한다고 하자 피터가 물었다. "왜 그렇게 생각하는데?" 목소리들은 답했다. "학점을 따는 데 실패했으니까." 피터는 로리가 학점을 따는 데 실패한 것이 아니라 (병을 치료하기 위해) 단지 1년을 덜 다녔을 뿐이라고 반박하면서 목소리들과 논쟁을 주고받았다. 이런 일들은 30분 정도 지속되었고, 때로는 1시간이 걸렸다. 마침내 목소리들이 사라졌다.

로리는 아주 분석적이고 자기성찰적이었다. 그렇다 보니 자신의 문제를 더 파고들었다. 그녀는 답을 원했다. 내가 미친 것일까? 조현병과 싸우던 학생 로리는 내면으로의 여정을 담은 보고서 두 편을 썼다. 그중 하나에는 정신과 의사들에게 호소하는 내용이 들어 있다. 환자의 말에 주의를 기울여달라는 것이다. 주차빌딩 8층에서 뛰어내리려고 했던 사건 이후 정신과 의사를 만나고 나서 이

보고서를 쓰기로 결심했다. 로리는 의사에게 자살을 시도했을 때 자신은 자기에게서 떨어져 제3자의 시선으로 자신을 바라보고 있었다고 설명했다. 그녀는 자기 자신이 아니었던 것이다. 하지만 정신과 의사는 로리에게 "당신은 자기가 겪은 고통을 참 알기 쉽게 설명하는군요"라고 말했을 뿐, 정작 그녀가 겪은 일은 무시해버렸다. 로리는 조현병이 떠안기는 반갑지 않은 현실에 대해 의사들은 알아야 하며, 그래야만 환자들이 느끼는 고립감을 줄여줄 수 있다고 호소했다.

✳

주류 정신의학에서는 조현병 환자들이 이렇게 고통스러운 현실을 겪는 이유를 '자가점검되는 동반방출'의 개념에 기대어 설명하고 있다. 이러한 메커니즘을 통해 동물이 자기 자신과 자기가 아닌 것을 구분할 것이라는 가정은 여러 가지 실험을 통해 입증되어 왔다. 그중에는 단일 뉴런 차원에서 행해진 실험 결과도 있다. 쌍별귀뚜라미는 100데시벨 정도나 되는 큰 소리로 운다. 날개를 움직임과 동시에 울음소리를 내는데, 날개가 서로 밀착되면서 소리의 진동이 만들어진다. 귀는 항상 똑같이 예민한 상태인데, 귀뚜라미는 어떻게 이렇게 시끄러운 소리가 나는 가운데 자신의 울음소리와 외부 소리를 구분할까? 이러한 작업을 담당하는 중간뉴런 interneuron이 하나 있다는 것이 밝혀졌다. 이 동반방출 중간뉴런은 날개운동을 통제하는 운동뉴런과 동시에 발화한다. 날개가 밀착되면서 동반방출 중간뉴런이 발화하고, 이는 곧 소리의 처리를 담당하는 청각뉴런을 억제한다. 그래서 귀뚜라미는 자기 날개가 부르르 떨면서 내는 소리를 듣지 못한다. 반면 동반방출 중간뉴런이 발화하지 않거나 동반방출이 없을 때 들어오는 소리는 외부의 것, 그러니까 자기 것이 아닌 것으로 여겨지고, 귀뚜라미는 그 소리를 듣는다.[14]

물론 이런 작용이 귀뚜라미에게만 일어나는 것은 아니다. 이와 비슷하게 동반방출 메커니즘을 보이는 단일 뉴런이 선충이나 명금류, 마모셋원숭이 등에게서도 발견된다.

1978년 어윈 파인버그가 다양한 조현병 증상의 기저에는 뇌의 동반방출 메커니즘이 있을 것이라고 제안한 지 10년이 채 안 되어, 영국 해로에 있는 노스윅파크 병원의 임상심리학자 크리스 프리스Chris Frith는 '비교자 모형comparator model'을 발전시켰다. 이것은 우리 행위의 주체가 우리 자신이라고 느끼게 하는 감각, 곧 주체감이 어떻게 일어나는지를 설명하기 위한 모형이다. 당시 프리스는 환청이나 사고주입망상, 그리고 누군가가 자신의 행위를 통제한다고 여기는 조종망상 등 조현병의 일급 증상은 이러한 자기감의 아주 기초적인 측면에 분열이 일어났기 때문에 나타난다고 주장했다.

이러한 모형이 몇 년에 걸쳐 조금씩 변화하기는 했지만 그 본질은 그대로 남아 있다. 당신이 팔을 움직이기를 원한다고 해보자.

운동피질은 팔 근육에 명령을 보낼 것이다. 그 운동피질은 다른 뇌 영역으로 명령을 복제해 그 사본을 팔 운동의 감각 결과를 예측하는 데 사용한다. 그러는 사이 팔은 움직이고, 그것이 어떤 감각(촉각이나 고유감각 또는 시각)을 낳는다. 이때 '비교자'는 실제 느낌을 예상했던 느낌과 맞춰본다. 만약 둘이 일치한다면, 우리는 그 행위를 하고 있다고 느낀다. 그 행동은 내 것이라는 주체감을 갖게 된다. 반면 불일치한다면 우리는 그 행동이 다른 사람이나 외부에서 행한 것이라고 느낀다.

비교자 모형은 아주 매력적이다. 이 모형에 따르면 뇌는 자기발생적 감각에 대한 반응을 약화시킬 수 있다(예를 들어 귀뚜라미가 자신의 울음소리를 듣지 못하는 것처럼). 이 모형으로 최소한 운동 동작에 대해서는 뇌가 어떻게 자기와 자기가 아닌 것을 구분하는지 메커니즘적 설명이 가능하다. 그리고 조현병 환자들의 경우 이 능력이 저해된다는 증거도 있다.

간지럼에 대해 생각해보자. 스스로 간지럼 태우기란 거의 불가능하다.[15] 프리스는 신경과학자 세라제인 블레이크모어Sarah-Jayne Blakemore, 대니얼 월퍼트Daniel Wolpert와 함께 그 이유를 밝혔다. 그들은 건강한 사람들을 대상으로 한 연구에서, 실험자가 그들의 왼손을 만졌을 때보다 스스로 자기 왼손을 만졌을 때 뇌 영역이 훨씬 적게 활성화된다는 것을 발견했다. 뇌는 자기발생적 촉각에 대한 반응을 억제한다(이것이 우리가 왜 스스로를 간지럼 태울 수 없는지 설명한다). 또한 이러한 억제를 맡고 있는 뇌 영역은 자기발생적 움직임의 결과를 내다볼 수 있는 소뇌로 추측된다.

블레이크모어와 프리스, 그리고 동료들은 더 나아가 환청과 조종망상을 경험하는 사람들이 자기 스스로 왼손을 만지든 실험자가 만지든 별다른 차이 없이 똑같이 강렬하고 간지러우며 즐거운 느낌을 받았다는 것을 보여주었다.[16] 조현병을 앓는 사람들은 대개 자기 스스로 간지럼을 태울 수 있다는 말이다. 이러한 사실은 자기발생적 행위와 자신의 행동이 아닌 것을 구분하는 능력이 없다는 것을 의미한다.

증거는 더 있다. 샌프란시스코 재향군인병원과 캘리포니아대학교에서 주디스 포드Judith Ford와 대니얼 매살론Daniel Mathalon은 건강한 사람들이 귀뚜라미와 마찬가지로 자기발생적 소리에 대한 반응을 약화시킨다는 사실을 밝혔다. 건강한 사람들의 뇌전도electroencephalogram, EEG를 살펴보면 그들이 소리를 입 밖으로 내기 직전에 성대를 움직이라는 명령의 사본으로 보이는 것이 청각피질auditory cortex로 보내진다. 그리고 나서 청각피질의 활동을 보여주는 N1이라는 뇌전도 신호는 건강한 사람이 소리를 내고 난 뒤 100밀리초 동안 약해진다. 이것은 예측된 소리를 실제 소리와 비교해 외부 소리에 자기발생적인 것이라는 꼬리표를 붙인 다음 무시하도록 한다는 증거다. 하지만 소리가 외부에서 온 것일 경우, N1은 억제되지 않는다. 이는 그 소리를 들을 수 있다는 의미이다.

조현병 환자들은 이 메커니즘에 장애가 생긴 것으로 보인다. 복제 메커니즘이 저해되었을 가능성도 있다.[17] 그들의 N1 신호는 자기발생적 소리에 대해 억제되지 않는다. 이는 환자들이 자신의 목소리를 외부 소리를 들을 때와 마찬가지 방식으로 듣는다는 것을 의미한다(새스는 이것을 대개 암묵적으로만 경험되는 외부 대상을 자아성의 도구로 취하는 경향인 과다자기반영의 일종이라고 본다). 비교자의 이러한 혼란이 조현병 환자에게 자기와 자기가 아닌 것의 경계를 희미하게 만든다는 생각은 비약이 아니다.

✳

이 시점에서 조현병 환자에게서 정말 무엇이 잘못된 것인지 더 정교하게 짚어볼 필요가 있겠다. 내가 내 손을 움직일 때 두 가지 느낌을 받는다. 하나는 내 손을 갖고 있다는 느낌이고, 또 다른 하나는 손을 움직이고 있는 것이 나라고 하는 주체로서의 느낌이다. 우리는 앞 장에서 신체 부위를 소유한다는 느낌을 상실하면서 어떻게 BIID가 일어나는지 살펴보았다. 조현병이 신체 소유에 대해 혼란한 느낌을 일으킨다는 증거들이 있는 한편, 주체감에 관한 장애임을 보여주는 더 확실한 증거들도 있다.

2008년, 독일 튀빙겐대학교의 인지신경학자 마티스 시노프치크Matthis Synofzik와 독일 뒤셀도르프 소재 하인리히하이네대학교의 철학자 고트프리트 포스게라우Gottfried Vosgerau, 그리고 그들의 동료들은 더 까다롭게 접근했다. 그들은 주체감을 주체에 대한 비관념적(생각이 아닌 본능적) 느낌과 주체에 대한 좀 더 인지적인 판단으로 나누어야 한다고 주장했다.[18] 시노프치크 연구팀은 주체에 대한 느낌은 운동신호의 사본들과 비교자(실제 감각 피드백과 예측들을 맞춰보는)에 의존하는 반면, 주체에 대한 판단은 환경과 그것에 대한 우리의 믿음을 인지적으로 분석한 것, 곧 사후추정이라 불리는 것에 의지하고 있다고 말한다.[19] "방에 당신 혼자 있는데 바로 옆에 있던 테이블에서 뭔가가 넘어졌다고 합시다. 그러면 세상에 대한 당신의 지식은 당신에게 그것들이 스스로 넘어진 게 아니라고 말해줄 것이고, 그래서 당신은 자신이 뭔가를 했다는 움직임에 대한 감각이 없었더라도 자신이 뭔가를 해서 넘어진 게 틀림이 없다고 결론내릴 것입니다." 포스게라우는 전화통화로 나에게 이렇게 말했다.

물론 이 모든 일은 눈 깜짝할 사이에 일어난다. 그렇지만 이 메커니즘을 분리해서 생각해볼 수 있다. 연구자들은 조현병 환자들이 주체에 대해 혼란스러운 느낌을 갖고 있다는 것을 입증해왔다. 그리고 그 혼란을 벌충하기 위해 그들은 주체의 판단에 더 의지하는 경향을 보인다. 시각적 피드백과 같은 외부 요소에 더 의지한다는 것이다. 이것은 그들이 마치 자신 바깥에서 자신을 경험하는 듯한 느낌을 받을 수 있으며, 일종의 과다자기반영과 더 기초적으로는 '존재한다'는 느낌의 결핍을 드러내 보인다는 것을 뜻한다. 이것은 또한 소피가 자신의 손을 움직이는 것과 자신이 그 행위를 일으켰다는 느낌 사이에서 경험했던 순간적인 멈칫거림에 대해, 다시 말해 소피에게 자신의 손이 자기 것인지 의문을 안겨주었던 찰

나에 대해 설명해줄 수 있다.

이 모든 것이 '비교자 모형'을 부정하지는 않는다. 사실상 시노프치크와 동료들은 그 결과가 "조현병을 비교자 메커니즘의 기능장애로 보는 관점을 지지할" 것이라고 보았다.[20] 실제로 이런 기능장애 때문에, 조현병을 앓는 사람들은 자신의 주체감을 늘리기 위해 외부 환경에 대한 자신의 판단에 더 크게 의지해야만 한다.

조현병 환자는 리모컨을 들어 텔레비전을 켜고서도 자신이 그 행위를 했다고 느끼지 않을지도 모른다. 그럼에도 텔레비전 프로그램이 시작되면, 환자는 누군가 다른 사람이 자신을 그렇게 하게끔 만들었다고 생각할 것이다. 로리의 경우, 본 파이어 나이트의 불꽃놀이를 보던 저녁 이후 자기가 스스로 칼로 벴다고 느끼지 않았다. 그녀는 나에게 말했다. "내가 선택한 것처럼 보이겠지만, 그런 행위를 한 건 내 선택이 아니었어요. 내 자유의지도 아니었죠. 거기에는 주체가 없었어요."

자신을 칼로 베기로 결정한 사람이 자기가 아니라는 것을 로리가 알았다는 사실을 고려한다면, 답은 명백하다. 다른 누군가에게 책임이 있는 것이다. 로리가 말했다. "내 생각에는 의미 부여를 위한 당연한 탐색인 것 같아요. 이 일이 내게 일어났고 나는 설명을 원하죠. 모든 사람이 그렇듯 말이에요. 그래서 결국 적이나 음모, 이런 게 등장하는 거예요." 종종 피해망상에 사로잡히기도 하고 말이다.

어떤 면에서 비교자 모형과 그것의 변형은 왜 조현병 환자가 자신의 행동이 외부의 힘에 통제당한다고 느끼는지, 그리고 그것이 어떻게 피해망상으로 이어지는지를 이해하는 데 도움을 준다. 또는 자신이 낸 소리를 왜 다른 누군가가 말한 것처럼 느끼는지 설명해준다. 하지만 어느 누구도 말하는 사람이 없고 당신도 아무 말을 하지 않았는데, 여전히 어디선가 목소리가 들려온다면?

✳

주디스 포드는 지난 15년간 '언어성 환청auditory verbal hallucination'에 관해 연구해왔다. 목소리 환청을 듣는 것을 과학 용어로 언어성 환청이라고 한다. 포드는 고령자와 알츠하이머병 환자들을 연구해오다가 1990년대 후반 들어 언어성 환청 연구로 방향을 바꿨다. 처음에는 다른 연구자들이 모은 자료들을 분석해 논문을 썼다. "그땐 우리 애들이 어릴 때라 그런 방식이 나한테 잘 맞았죠." 하지만 곧 자기가 환자들과 직접 대화해야 하며, 환자 한 명 한 명의 경험에 주의를 기울여야 한다는 것을 깨달았다. 바로 이 과정에서 그녀가 연구하려던 섬세한 차이들이 가장 흥미롭게 드러났다. 예를 들어, 한 환자는 자이프렉사라는 조현병 치료제를 복용하기 전에는 악마가 자신에게 말을 걸어왔지만, 자이프렉사를 먹고부터는 신이 말을 하기 시작했다고 얘기했다. 그는 여전히 목소리를 듣는다. 하지만 그 목소리는 부정적인 것에서 긍정적인 것으로 바뀌었다.

이러한 통찰이 포드의 작업에 영향을 끼쳤다. 건강한 사람들도 목소리를 듣는다. 하지만 그들은 대개 긍정적인 것들을 듣고 목소리를 통제하는 모습을 보인다. 목소리를 듣는 사람들의 75퍼센트 정도를 차지하는 조현병 환자들은 그렇지 못하다. 목소리가 진짜처럼 들리고 '자기 것이 아닌 특정한 목소리로' 들리는 경우가 많다. 그 내용들은 대개 부정적이어서 (로리의 사례처럼) 자기 자신에게 폭력을 가하거나 타인에게 폭력을 휘두르게 한다. 때로는 자살, 심지어 살인으로 이어지기도 한다.

오스트레일리아의 작가이자 다큐멘터리 영화감독인 앤 드비슨Anne Deveson은 타인에게 폭력을 조장하는 목소리에 대한 현상을 생생하게 포착했다. 그녀는 저서 《내가 여기에 있다고 말해줘Tell Me I'm Here》에서 10대였던 아들 조너선의 치명적인 조현병과 그로 인해 조너선과 자신, 그리고 가족들이 치러야 했던 대가를 연대기적 기록으로 남겼다. 혹독하게 병을 앓던 조너선은 오랫동안 집을 떠났다가 갑자기 다시 나타났다. 그는 폭력적으로 변했다. 드비슨은 저서 중 어느 단락에서 조너선의 보호관찰관이었던 브렌다(곧바로 호출된)와 자신이 조너선과 맞닥뜨리는 오싹한 장면을 묘사했다.[21]

브렌다가 도착했을 때 조너선은 바다 쪽으로 놓인 커다란 의자에 누워 있었다. 그는 어떤 목소리를 듣는 것처럼 고개를 끄덕이고 있었다. 하지만 큰 소리로 말하지는 않았다. 우리는 그에게 목소리를 듣고 있는 것인지 물었다. 조너선은 우리를 의심적은 눈으로 바라보며 대답했다. "아니요, 목소리는 없어요." 그는 뭐라고 말했지만 이내 말소리가 잦아들었다. 브렌다가 앞으로 몸을 구부려 조너선에게 말이 들리지 않는다고 말했다.

"앤의 목소리만 들린다고 말했어요!" 조너선이 소리쳤다.

"앤의 목소리가 어디에 있지?"

"나에 대한 음모를 꾸미고 있군요. 내 머릿속에서요."

"조너선, 나는 너에 대한 음모를 꾸미고 있지 않단다. 그리고 나는 너의 머릿속에 있지 않아. 나는 여기에 있어."

조너선이 나를 바라보았다. 그의 눈동자는 여기저기 마구 돌아가고 있었다. 그리고 여전히 그 질주하는 기운은 방 전체를 가득 채웠고, 벽과 천장에서 울려나와 내게 부딪치는 것처럼 느껴졌다. 나는 마치 전기충격을 받는 것 같았다.

"입을 다물지 않는다면 내가 앤, 당신과 브렌다를 죽여야만 한다고 신께서 말씀하셨어요."

그는 팔을 흔들며 방 밖으로 걸어나갔다. 잠시 후 그는 돌아와 우리 둘을 보고는 뭐라고 중얼거린 뒤 다시 떠났다. 이번에는 돌아오지 않았다.

조너선의 복잡한 환청에 대한 메커니즘적 설명을 찾으려 한다면 아직은 매우 막막하다. 하지만 어딘가에서는 과학적 설명을 시작해야 하지 않겠는가. 우선, 어떤 이론은 그러한 언어성 환청을 내면의 말을 잘못 지각한 것으로 보거나, 아니면 어떤 이유에서인지 내면의 말에 자기 것이라는 꼬리표가 붙지 않은 것으로 본다. 우리는 모두 내면의 말에 대해 잘 안다. 그것은 밖에서는 들리지 않는 마음의 독백이다. 청각적인 요소가 전혀 없다 하더라도 우리 자신에게는 충분히 명확하고, 어떤 경우에는 더 암묵적 방식으로 경험되기도 한다(이 문장을 읽고 있는 동안 당신은 십중팔구 내면의 말을 경험하고 있다). 하지만 포드는 언어성 환청이 자발적으로 일으키는 내면의 말과는 다른 종류의 것이며, 무의식중에 저절로 나오는 생각(백일몽이나 멍하니 딴생각을 하는 것)에 가깝다고 주장한다. 그렇다면 이런 질문을 해볼 수 있다. 딴생각이 어떻게 언어성 환청이 되는가?

예일대학교의 랠프 호프먼Ralph Hoffman과 그의 연구팀은 조현병 환자들에게 소리의 의식적 지각에 관여하는 뇌심부의 조가비핵putamen과 뇌의 언어영역 사이에 과다연결hyperconnectivity이 일어나는 것을 발견했다.[22] 호프먼은 이 과다연결이 언어영역에서의 활동을 목소리로 인식하게 해준다고 주장한다.

이 문제를 더 깊이 파기 위해 포드의 연구팀은 목소리를 듣는 조현병 환자 186명을 fMRI 스캐너 안에서 6분 동안 쉬게 하면서 뇌 신경망을 들여다보았다. 그러고는 이 데이터를 건강한 사람 176명의 데이터와 비교했다. 건강한 사람의 경우에는 쉬면서 멍하니 있을 때 모두 여섯 군데의 뇌 영역이 활성화되었다. 첫째는 내측 전전두엽피질로, 뇌가 휴식을 취할 때 가장 활발해지는 영역이

자 디폴트모드네트워크의 일부이며 또한 자기참조적 정신활동과 강한 상관관계를 갖는 곳이다(말하자면, 외부 과제에 집중하던 것에서 벗어나 자기 자신에 대해서 생각할 때 이 영역이 환해진다). 둘째, 브로카영역Broca's area이다. 좌반구 전두엽의 일부 영역으로 말을 만들어내는 것에 관여한다. 셋째, 조가비핵이다. 조금 전에 살펴봤듯 이 영역은 말을 의식적으로 인식하는 작업과 관련이 있다. 넷째는 편도체다. 편도체는 측두엽 안쪽 깊은 곳에 있으며, 공포와 위협에 대한 반응을 맡는다. 다섯째, 해마방회parahippocampal gyrus다. 이 영역은 우리가 무언가를 의심할 때 더 활발해진다고 알려져 있다. 마지막으로 청각피질이다. 이름이 말해주듯, 이 영역은 듣는 것과 관련이 있다.

하지만 목소리를 듣는 환자들의 경우에는 이 여섯 영역 모두가 '과다연결'되어 있었다. 내측 전전두엽피질은 브로카영역·조가비핵·청각피질에 과다연결되어 있었고, 조가비핵은 청각피질에 과다연결되어 있었다. 포드와 동료들이 생각하기에는 이 모든 과다연결 때문에, 건강한 사람들이 멍하니 있을 때 일어나는 쓸데없는 생각들이 조현병 환자들에게는 병리적으로 '들리는 소리'가 되는 것이다. 그런데 이 목소리들은 왜 부정적일까? 과다연결된 편도체와 해마방회(둘 다 평상시 공포 반응과 관련이 있다)가 공포, 불확실성, 의심의 수준을 높여서 이러한 목소리로 이어졌을 가능성이 크다.

이 퍼즐에 마지막 한 조각이 남아 있다. 왜 이러한 목소리들이 다른 사람이 하는 말처럼 느껴질까? 우리가 앞에서 살펴봤듯, 뇌전도 신호로 살펴본 포드의 실험은 조현병 환자들에게서 원심성 사본/동반방출 메커니즘이 저해된다는 것을 보여주었다. 그리고 이러한 fMRI 연구에서 연구자들은 목소리를 듣는 환자들이 브로카영역과 청각피질이 잘 연결되어 있지 않다는 사실을 발견했다.[23] 아마도 원심성 사본이 청각피질로 도달하는 경로가 훼손된 것이 아닐까 추정한다. 그래서 건강한 사람들이 자신의 것이라고 생각하는 목소리들을 조현병 환자는 낯설게 느낀다.

"내가 갖고 있는 언어성 환청에 대한 자료들을 보면 자발적으로 일으키는 내면의 말이 아니라 무의식중에 나오는 생각들이었습니다." 포드는 말했다. 그리고 그는 병을 앓았던 자신의 어머니에 관해 언급하며 개인적인 이야기를 이메일로 보내왔다. "사실은 멍하니 있다가 무의식적 생각들이 의식화될 때 나는 '너무 많은 일을 하려고 애쓰는구나, 사랑하는 딸아'라고 말하는 어머니의 목소리를 듣습니다. 물론 어머니가 무덤에서 나에게 얘기하는 거라고는 생각하지 않아요. 하지만 만약 내가 정신증을 갖고 있다면, 그렇게 생각했겠지요."

정신증의 경우 과다연결된 네트워크가 무의식적 생각들을 암울한 어조의 '들리는 소리'로 바꿀 수 있다. 게다가 주체감이 저해되어 이 목소리들을 타인의 것이라 여긴다.

이렇게 고장 난 시스템의 중심에는 최근 많이 언급되는 '예측하는 뇌predictive brain'가 있다. 주체감 생성은 뇌의 예측 메커니즘이 자기감을 만드는 데 어떻게 작동하는지를 보여주는 사례 중 하나다. 이러한 발상은 점점 더 설득력을 얻고 있다. 뇌는 단지 주체감만을 일으키는 것이 아니라, 우리가 '한 사람'이라는 구체화된 느낌을 주는 정서적 감정 상태까지 만들어내는 예측기계일까? 다음 장에서 보겠지만, 신경과학자들은 이러한 생각들을 이인증은 물론이고 자폐증처럼 복합적인 장애를 설명하는 데까지 적용하고 있다.

✳

주체감이 저해되는 것을 실험적으로 연구하는 것과 조현병에서 일어난다고 생각되는 전체 증상들을 설명하는 것은 별개의 일이다. 난해하고 종종 곤혹스럽기까지 한 조현병의 다양성은 심리학자이자 심리치료사인 로런 슬레이터Lauren Slater의 저서《우리 나라에 오신 것을 환영합니다Welcome to My Country》에 잘 나타나 있다. 슬레이터는 조현병 환자 여섯 명을 처음 만났던 순간을 이렇게 설명했다.

'목시'라는 별명을 가진 트란이라는 사람이 있다.[24] 키가 작고 피부가 짙은 갈색인 베트남 사람으로, 전쟁 후에 이 나라로 왔다. 그는 복도에 서서 보이지 않는 부처에게 하루 종일 절을 한다. 그리고 턱수염이 지저분한 조지프는 카키색과 녹색이 섞인 전투헬멧을 쓰고 있는데, 잘 때는 옆에 있는 베개에 올려둔다. 찰스는 마흔두 살이고 에이즈로 죽어가고 있다. 레니는 한번은 실오라기 하나 걸치지 않은 채 하버드대학교 캠퍼스에 서서 시를 낭송한 적이 있다. 로버트는 우리에게 보이지 않는 과일들이 그의 주변에서 폭발하고 있다고 믿는다. 몸무게가 166킬로그램이나 나가는 오스카는 영국 여왕이나 옆집 암컷 강아지 크리시 등 다양한 이성에게서 구강성교를 수없이 받았다고 주장한다.

크리스 프리스는 비교자 모형을 처음 세상에 내놓으면서 주체감에 일어난 장애가 조현병의 증상을 일으킨다고 가정했다. 하지만 위와 같은 환자들을 막상 만나면 고작 주체감 혼란이 이렇게 심각한 문제들을 일으킨다는 사실을 받아들이기 힘들어하는 사람이 많다. 프리스의 제안이 있고 나서 얼마 지나지 않아 다른 사람들의 생각이 내 머릿속에 있다고 느끼는 현상이 그의 모형으로는 설명하기 어렵다는 사실이 명확해졌다. 오늘날에는 프리스조차 비교자 모형이 사고주입망상을 설명하지 못한다는 것을 인정한다. 시노프치크와 포스게라우, 그리고 그들의 동료들은 주체감을 느낌과 판단으로 분리한 자신들의 모형이 사고주입망상을 더 잘 설명할 수 있다고 생각한다. 그들의 관점으로는 주체의 판단에 이상이 생겨 자신의 머릿속 생각을 낯설게 여긴다.

어느 쪽도 확신할 수 없다고 보는 학자들도 있다. 예를 들어 루이스 새스는 주체감 혼란에 관한 신경생물학이 조현병을 자아에 기본적인 장애가 생긴 것으로 보는 발상과 일치한다는 점에 동의하면서도, 망가진 두뇌 메커니즘이 조현병의 원인은 아닌지 의문을 제기한다. 그는 자신의 생각을 '유물론자적' 가정이라고 부른다. 만약 건강한 사람들이 강도 높은 성찰이나 명상을 통해 자신의 경험을 이해하는 방식을 바꾸었을 때, 그들의 뇌 역시 조현병 환자들이 보였던 것과 같은 종류의 신경생물학적 변화를 겪는다는 것이 입증된다면 어떻게 될까? 아마 그러한 변화들이 인과관계는 아니더라도 상관관계를 갖는다는 사실은 보여줄 수 있을 것이다.

랠프 호프먼도 조현병에 관해 비슷한 얘기를 한다. (호프먼을 포함한) 과학자들은 많은 조현병 환자의 뇌에서 신경계의 오작동이나 육안으로 식별 가능한 변화들을 관찰해왔다. 그렇다면 이러한 변화들은 조현병의 원인일까, 아니면 조현병 발병 이전에 이미 '직장이나 학교 등 사회적 상호작용이 일어나는 관계에서 극심한 소외를 여러 번 겪으면서' 생긴 결과로 보아야 할까? 호프먼은 말한다. "어떤 사람이 후기 청소년기와 초기 성인기를 거치면서 정상적인 상호작용에서 여러 번 밀려난다고 해봅시다. 그것이 몇 년간 계속된다면, 인지 풍부화와 과제 참여가 일어나지 않는 두뇌 시스템에는 어떤 일이 일어날까요? 나는 이런 관계적 소외가 계속되다 보면 결국 '신경퇴행성 과정'에 이르지 않을까 추측합니다."

호프먼은 정신증 증상들이 자아와 타인의 상호작용 형태라는 사실에 놀란다. 그는 의미 있는 사회적 상호작용을 하지 못하는 개인에게 그 빈자리를 메우기 위해 정신증적 경험들이 넘쳐난다는 가설을 제기한다. "현실세계의 의미와 세부 역할, 그리고 실제로 참여하는 공간 등 일련의 구체적인 현실과 연결되지 못할 경우, 그 사람은 정신증 경험에 점점 더 사로잡힐 것이고, 그로 인해 현실에서 더 위축될 것입니다. 내부적으로 일어나는 경험이 점점 더 두드러지고 상대적으로 더 빨리 일어날 수 있습니다. 이러한 가설은 마음과 몸, 그리고 두뇌의 고장을 바라보던 기존 관점에 이의를 제기하지요."

이 관점은 또한 확장된 서사적 자아와 더 기초적인 주체로서의 자아 간에 한쪽 방향으로만 상호작용이 일어난다는 개념(새스와 파르나스의 입시어티, 또는 자하비의 최소한의 자아minimal self)에도 이의를 제기한다. 주체로서의 자아에 일어난 동요만이 서사적 자아에 문제를 일으키는 것은 아니다. 그 영향은 반대로도 흘러갈 수 있다. 또한 조현병은, 잘 작동할 때라면 우리에게 아무 의심 없이 받아들여지는 주체감이 '대상으로서의 자아'를 구성하는 자아의 한 측면이라는 사실을 말해준다. 대단히 심각한 조현병 환자에게도 정신증을 경험하는 주체로서의 자아는 있다. 그때의 '나'는 누구 또는 무엇인가?

조현병을 앓는 사람들에게 이런 모든 철학적 이야기는 위안이 못 된다. 그리고 로리와 소피처럼 통찰력 있고 인지능력이 좋은 사람들에게는 자신의 문제를 안다는 것이 짐이 될 수도 있다. 예를 들어, 당신이 때로는 자신의 정신증을 간파할 수 있지만 어떤 때에는 그러지 못한다면, 언제 정신증 상태인지 어떻게 구별하겠는가?

소피는 말했다. "과거에 있었던 모든 일과 의미에 대한 기억, 지각과 신체적 기억, 또는 바깥세계에 대한 느낌을 다 잃어버리는 게 아니에요. 지금 일어나고 있는 일과 정신증이 일어나기 전의 전체적인 삶이 어떠했는지가 연결이 안 되는 것이죠."

이런 곤란한 상황에 대한 공식 용어가 있다. 바로 '이중장부 double bookkeeping'다. 이는 21세기 초 정신의학에서 가져온 개념으로, 새스가 소피를 비롯한 조현병 경험자들과 대화하면서 최근 몇 년간 정교하게 발전시켜왔다. 환자들은 두 가지 또는 여러 가지 다른 버전의 현실을 대해야만 한다. 소피는 말했다. "나는 거의 항상 다른 사람들이 하지 않을 결정들을 해야만 하죠. 무엇에 우선순위를 둬야 할까, 어떤 버전의 현실을 우선시할까? 무엇에 따라 행동할까?" 이런 딜레마에 맞닥뜨리면 환자들은 종종 완전히 아무것도 하지 못하는 상황에 빠진다. 이러한 현상은 서사적 자아의 힘을 암암리에 보여준다. 자기 자신에 대한 일관된 이야기 없이 우리는 움직이지 못한다. 잘 살아가기 위해 우리에게는 자신의 이야기가 필요하다.

로리 역시 자신의 머릿속에서 들려오는 목소리와 피해망상, 그리고 외부로부터 받고 있다고 생각하는 메시지들이 모두 어떤 의미에서는 변질된 자아에서 나온 산물이라는 것을 잘 안다. 그녀는 나에게 말했다. "하지만 그런 통찰은 역설적이에요. 그걸 모르는 상태에서는 외부를 두려워하게 되죠. 하지만 알고 있을 땐 나 자신을 두려워하게 돼요. 알지 못하면 모든 사람이 나를 뒤쫓아오거나 내 행동을 지배하는 누군가가 뒤쫓아온다고 생각하지만, 알고 나면 모든 게 내 머릿속에 있다는 걸 깨닫게 되지요. 그것 역시 끔찍해요. 어느 쪽이든 나는 이길 수 없어요."

5장
영원히 꿈속을 헤매는 사람들
자아와 일상생활에서 정서가 하는 역할

그는 꿈속을 헤매는 듯한 느낌이 들었다.
몇 년간 모든 것이 안개 낀 듯 흐릿했다.
나쁜 꿈이 계속 이어지는 나날이었다.

감정이라는 것에 관해 알아내려면 우리는 얼마나 더 파고들어가야 할까? 감정의 실체는 무엇일까?[1] __ 버지니아 울프

영원히 나는 내가 낯설 것이다.[2] __ 알베르 카뮈

니컬러스를 만나러 가겠다고 얘기했을 때만 해도 나는 캐나다의 광대함을 심하게 과소평가하고 있었다. 샌프란시스코에서 보스턴까지 비행기로 6시간, 보스턴에서 뉴브런즈윅 세인트존까지 차로 10시간(메인주 외딴 지역에서 두 번이나 길을 잘못 들었다), 펀디만을 가로질러 노바스코샤까지 페리를 타고 3시간, 마지막으로 킹스턴까지 1시간 남짓 차를 타고 가서야 약혼녀와 딸과 함께 살고 있는 스물세 살의 니컬러스를 만날 수 있었다.

페리를 타고 노바스코샤에 도착한 뒤 나는 킹스턴 마을을 향해 다시 운전했다. 애나폴리스 강물에 깎여 형성된 긴 계곡을 따라 고속도로를 달렸다. 6월 하순 초여름, 그곳은 초목이 무성한 녹색 전원지대였다. 봄철의 광채를 발산해온 대지는 건강함으로 가득 차 있었고, 길가에는 보랏빛 루피너스가 줄지어 피어 있었다. 고속도로를 빠져나와 몇 분 안 되어 킹스턴에 도착했고, 최종 목적지를 발견했다. 편의점 뒤로 보이는 하얀색 이층 공동주택이었다. 나를 기다리던 니컬러스가 밖으로 마중을 나와주었다.

그처럼 문신을 많이 한 사람을 만날 거라고는 미처 예상하지 못했다. 니컬러스는 문신이 목 전체를 덮고 있어 하늘색 와이셔츠 안에 티셔츠를 덧입은 것처럼 보였다. 소매를 걷어 올렸는데도 오른손과 팔의 피부가 거의 보이지 않았다. 팔에는 역경 극복을 상징하는 비단잉어가 복잡하게 그려져 있었다. 손에는 "삶의 방향을 찾는" 나침반과 "강한 압력에도 잘 버티는" 다이아몬드가 그려져 있었다. "엄청 식상하죠." 그는 인정했다. 왼쪽 손목에는 열여섯 살에 중독치료를 마친 뒤 자신을 부양해준 양부모와 가족들의 이니셜이 새겨져 있었다. 수양가족은 그가 생애 처음으로 소속감을 느꼈던 집단이었다. "보통 아이들의 어린 시절 같았어요." 3~4년간은 그랬다.

그가 두 주먹을 쥐고 나란히 하자 손가락 관절 밑으로 글자가 하나씩 보였다. 글자들을 읽으니 가라앉다SINK와 수영하다SWIM였다. "이것도 뻔한 말이죠. 하지만 아주 기본적이고, 내게는 결론과도 같은 말이에요. 나아지기 위해 계속 싸울 수도 있겠죠. 언젠가는 내 상태에 다시 차도가 있길 바라면서요. 아니면…… 잘 모르겠네요. 가라앉아서…… 더는 싸우지 않을 수도 있겠죠." 그는 '가라앉다'의 의미를 설명하려고 애썼다. "아마도 그건 자살이겠죠. 아니면 단순히 더는 노력하지 않는 것일 수도 있고요."

✳

니컬러스의 가장 오래된 기억은 여동생이 태어났던 때로 거슬러 올라간다. 당시 그는 네 살이었고 부모님과 함께 살았다. 하지만 결코 행복한 가정은 아니었다. 부모가 둘 다 중독자였다. 지붕 공사나 건축현장 일을 하던 아버지는 알코올중독자였고, 전업주부였던 어머니는 술고래에다 옥시콘틴과 딜라우디드 같은 마약에 중독되어 있었다. 니컬러스는 세 살 때 이미 위탁가정으로 옮겨져 1년간 지내다 판사의 허락으로 부모에게 돌아왔다. 1년 뒤 여동생이 태어났다. 하지만 달라진 것은 없었다. 니컬러스의 부모는 여전히 마약을 하고 술을 마셨으며 싸웠고, 심지어 아이들을 내버려두고 집을 나가 며칠 동안 나타나지 않기도 했다.

그러다가 니컬러스의 어머니가 아버지를 떠났다. 니컬러스는 나에게 말했다. "그리고 아버지는 술에 취해 며칠 동안 의식을 잃었어요. 내가 기억하는 바로는 반쯤 혼수상태였죠." 어린 니컬러스는 여동생을 돌보려고 애썼다. ("동생은 정말정말 작았어요.") 그는 여동생에게 시리얼을 만들어주기도 했다고 회상했다. 니컬러스가 싱크대 앞에 의자를 갖다놓고 올라서서 설거지를 하려고 낑낑대고 있을 때 아동보호국 위탁보호 담당자가 찾아왔다. 아이들은 이후 몇 년간 위탁가정에서 자랐다.

아홉 살이 되었을 때, 니컬러스와 여동생은 재혼한 어머니에게 돌아갔다. 양아버지와 함께 있다고 해서 나아진 것은 없었다. 이 부부는 크랙 코카인 같은 더 심각한 마약을 하고 있었다. 그들은 항상 소리 지르고 싸웠다. 마약이 그들의 피해망상을 부채질해, 약을 숨겼다며 싸우거나 마지막 남은 크랙 코카인을 피웠다며 서로를 비난하곤 했다. 극적인 장면이 일상이었다. 하지만 무엇보다 강하게 니컬러스의 뇌리에 박힌 일이 있었다. 한번은 새벽 3~4시쯤, 부모의 침실에서 큰 소리가 나는 바람에 니컬러스와 여동생이 잠에서 깼다. 부모의 방 쪽으로 걸어간 니컬러스가 여동생에게 문 앞에서 기다리라고 당부한 뒤 방으로 들어가보니 양아버지가 낡은 텔레비전 쪽으로 어머니를 밀쳐 텔레비전이 넘어져 있었다. 또 한번은 양아버지가 칼을 들고 어머니를 쫓아갔다. 어머니는 침실로 달려가 문을 잠갔다. "그 사람이 어머니를 정말 해칠 생각을 했던 건지 그냥 위협만 하려던 건지는 모르겠어요." 결국 양아버지가 수납장 문짝에 칼을 꽂으면서 상황은 일단락되었다.

유년기의 방치에 이어, 10대에 접어든 니컬러스는 이제 어머니와 양아버지에게 학대를 받았다. 대개 언어폭력과 정신적인 학대였다. "'이 멍청아, 좀 똑바로 못해? 너 뭐가 잘못된 거 아냐?' 같은 매우 심한 말들이에요." 아주 가끔은 때리기도 했다. "운 좋게도 그런 날은 드물었어요. 그나마 감사한 일이죠. 육체적 학대와 정신적 학대 중에 어느 쪽이 더 상처가 오래 남을지는 의문이지만요." 성폭력을 당한 일은 없었는지 물어보았다. "아니요. 성적 학대가 없었다는 것도 감사하지요."

열 살인가 열한 살쯤 되었을 때, 니컬러스는 짧고 순간적인 해리dissociation(현실에서 잠시 분리되는 것처럼 일시적으로 의식이 단절되는 현상. 해리장애에는 과거에 다중성격장애라고 불렸던 해리성 정체감장애, 해리성 기억상실증, 이인증 등이 포함된다-옮긴이)를 경험하기 시작했다. 10초 정도 지속되었다고 했다. 때로는 통학버스 안에서,

때로는 학교에서 국가를 부르다가 별안간 해리가 일어났다. "갑자기 몸 전체가 완전히 분리되는 느낌이었어요. 그 10초 동안에는 말할 수도 없고 아무것도 할 수가 없죠."

열두 살이 되자 이 문제가 더욱 심각해졌다. 방에 있던 니컬러스와 여동생은 부엌 쪽에서 나는 비명소리를 들었다. 숙모의 목소리였다. 숙모는 어머니와 함께 코카인을 흡입하고 있었던 모양인데, 니컬러스는 그러한 사실을 기억하지 못했다. 그는 어머니가 부엌 바닥에 누워 경련을 일으키는 장면만 기억했다. 어머니는 넘어지면서 찬장 손잡이에 머리를 부딪혀 피를 흘리고 있었다. 입에는 거품을 물고 있었다. 니컬러스의 양아버지가 달려와 토사물에 질식하지 않도록 어머니를 옆으로 돌아 눕혔다. 니컬러스에게는 중요한 순간이었다. "어머니에게 서너 걸음 다가갔던 기억이 나요. 그러고는 모든 것이 완전히 바뀌어버렸어요. 정상적으로 걷다가 갑자기 꿈속을 헤매는 듯한 느낌이었어요. 모든 것이 안개가 낀 것처럼 흐릿해졌죠. 내 눈에 들어오는 모든 것이 낯설고 어색하게 느껴졌어요."

그 뒤로 몇 년간 니컬러스는 이렇게 안개 낀 상태에서 살았다. 주위에 있는 것은 물론이고 자기 자신과 몸까지, 모든 것이 비현실적으로 느껴졌다. 나쁜 꿈이 계속 이어지는 나날이었다.

✳

독일의 정신의학자 빌헬름 그리징거Wilhelm Griesinger는 1845년
에 출간된 저서에 어떤 환자가 프랑스의 저명한 정신의학자 장에
티엔 도미니크 에스퀴롤Jean-Étienne Dominique Esquirol에게 보낸 편지
에 관해 썼다.

삶을 행복하고 기분 좋게 만들어줄 수 있는 모든 것에 둘러싸여 있다
하더라도, 나는 즐거움을 느끼는 능력과 감각이 부족하거나 물리적
으로 무용해졌습니다. 모든 것에서, 심지어 내 아이들을 부드럽게 어
루만질 때에도 나는 씁쓸함을 느낍니다. 아이들에게 키스를 하지만
아이들의 입술과 내 입술 사이에 뭔가 있습니다. 이 진저리 나는
것이 나와 삶의 즐거움 사이에 있습니다. 내 존재는 미완성입니다.
(…) 나의 모든 감각이, 나의 온전한 자아가 마치 나에게서 분리되어
더 이상 내게 느낌을 주지 못하는 것만 같습니다. (…) 숨을 쉴 때 공
기가 몸속으로 들어오는 느낌조차 더 이상 경험하지 못합니다. (…)
내 눈들은 보고 있고 내 영혼은 인식하고 있습니다. 하지만 내가 보
고 있다는 감각이 전혀 없습니다.[3]

에스퀴롤도 환자들의 경험에 대해 이와 같은 기록을 남겼다.
"그들은 말한다. 거대한 암흑이 바깥세상으로부터 자신을 분리
시킨다고. 그래서 보고 듣고 만지지만 (…) 더는 예전의 자신이 아
니라고 한다. 그 무엇도 자신에게 다가오지 않으며 이질적으로 느
껴지고, 두꺼운 구름, 어떤 장막이 드리워져 이 세상의 색깔과 모

습을 바꾸어버렸다고 말이다."[4]

환자들이 묘사하고 있는 것을 오늘날에는 '이인증'이라고 부른다. 이인증이라는 말은 1890년대에 처음 등장한 정신의학 용어로, 프랑스의 심리학자 뤼도비크 뒤가Ludovic Dugas가 "정신활동에 정상적으로 동반되는 느낌이나 감각이 결핍되어 보이는 자아의 상태"[5]를 설명하기 위해 사용했다. 뒤가는 스위스의 철학자 헨리프레데리크 아미엘Henri-Frédéric Amiel의 일기에서 우연히 이 용어를 접했다. 사후 출간된 아미엘의 책 《아미엘 일기Journal Intime》에는 이렇게 쓰여 있다. "나는 마치 무덤 속에서 또는 다른 세계에서 온 존재 같다. 모든 것이 낯설다. 말하자면 나는 내 몸과 개성 바깥에 있는 것 같다. 나는 '이인화되었고depersonalized' 분리되었으며 단절되었다. 미친 것일까?"[6]

21세기 독일의 정신의학자 카를 야스퍼스는 사람이 이인증을 느낄 때 어떤 일이 일어나는지 특히 명료하게 기술했다. 우리 마음에 드러나는 모든 것은 "인식이든 신체적 감각이든, 기억이나 생각 또는 느낌이든, '나'에 대한 것이거나 '사적으로 갖고 있는 것'이거나, 아니면 스스로 하고 있는 '내 것이라는' 특정 측면을 가진다.[7] 이것을 '인격화personalization'라는 용어로 설명할 수 있다. 만약 이러한 정신적 징후들에 그것들이 내 것이 아니고 생경한 것이며, 자동적이고 독립적이며, 어딘가 다른 곳에서 왔다는 의식이 뒤따른다면 '비인격화depersonalization'(이인증)라 부를 수 있다".

일시적인 이인증은 극한의 위험에 대한 진화적 적응이라고 주장한 학자들도 있다. 1970년대 중반, 아이오와 의과대학의 러셀 노이스 주니어Russell Noyes Jr.와 로이 클레티Roy Kletti는 대학신문에 "생명을 위협받는 위험한 순간에 무엇을 경험했는지 설명"해줄 수 있는지 광고를 냈고, 그에 응답한 61명을 인터뷰했다. 어느 스물네 살 난 남자의 이야기가 전형적인 답변이었다. 그는 비 오는 날 모퉁이를 돌다가 자신이 운전하던 폭스바겐이 미끄러지면서 차가 달려오는 맞은편 차선으로 뛰어들었던 순간을 설명했다. "차가 핑 돌자 마리화나 같은 것을 피웠을 때의 몽롱함과 비슷한 안도감이 느껴졌어요. 위험하다는 생각은 전혀 들지 않았어요. 위험 같은 건 존재하지 않았죠. 떠 있는 느낌이었어요. 현실에서 빠져나와 있는 것 같았죠. 운전석에 앉아 있는 내 몸과 들이마시고 있는 공기를 느끼는 이 세상에서 빠져나가 다른 세계로 들어가 있는 것 같았어요."[8]

그들의 인터뷰에 근거해 노이스와 클레티는 이러한 결론을 내렸다. "이인증을 극한의 위험을 주는 위협이나 관련 불안에 대한 방어로 해석하는 것은 피할 수 없는 듯하다. (…) 사람들은 생명을 위협하는 위험을 만나면 관찰자가 되어 눈앞에서 벌어지는 위험에서 자신을 효과적으로 제거한다. 이러한 분리 행위는 중요한 적응적 메커니즘으로 보이며, 이인증 상태에서 뚜렷하게 발견된다."[9]

만약 이인증이 정말 진화적 적응이라면, 우리 모두는 자기 자신이 낯설어지는 능력을 타고난다는 얘기가 된다. 그런 신경생물학적 메커니즘이 존재한다면, 남들보다 조금 더 쉽게 그런 상태로 빠져드는 사람들도 있을 것이다. 이를 타고난 경향(본성)이라고 하자. 그러면 환경(양육)은 그것을 일부 들추는 역할을 할 것이다. 예를 들어, 아동기에 학대를 받아 생긴 트라우마는 이인증을 유발하는 요소가 될 수 있다. 바로 니컬러스에게 일어났던 일처럼 말이다. 마약 또한 그럴 수 있다.

✳

세라는 날씬하고 체구가 작았지만, 30대 초반에 벌써 온라인 스타트업을 운영하는 활발하고 열정적인 여성이었다.[10] 우리는 그녀의 사무실에서 만나 인근 카페로 걸어갔다. 그녀가 여전히 이해하려고 애쓰고 있는 경험에 관해 이야기를 나누기 위해서였다. "도대체 무슨 일이 일어난 걸까요?" 그녀는 과장된 어투로 말문을 열었다.

우리가 만나기 3주 전, 세라는 이스트빌리지에 사는 친구를 만나러 갔다. 토요일 저녁이었다. 그녀의 친구는 재미 삼아 마리화나를 즐겨 피웠다. 횟수를 정확히 셀 수 있을 만큼 마리화나를 거의 피우지 않았던 세라 역시 그날은 함께했다. 일요일 아침 그녀의 친구가 세라에게 애더럴을 권했다. 대개 주의력결핍과잉행동장애 ADHD를 치료하기 위한 각성제로 처방되는 애더럴은 첨단기술 스타트업의 치열한 환경에서 일하는 사람들 사이에서 집중력을 높여 성과를 올리기 위한 수단으로 쓰이기도 하는 약물이었다. 대학원생이었던 세라의 친구는 공부를 더 많이 오래 하기 위해 애더럴을 복용하고 있었다. 세라는 한 번도 해본 적이 없었다. 그들은 애더럴 하나를 반씩 나누어 먹었다. 낮에는 특별한 자극이 일어나지 않았다. 그날 밤 그들은 다시 마리화나를 피웠고, 물담배를 피우고 술을 마셨다.

월요일 아침, 세라는 몽롱한 상태로 깨어났다. "주말에 놀고 나면 월요일 아침에 멍할 때가 있잖아요. 이번에도 그런 거라고 생각했어요." 그녀는 나에게 말했다.

화요일 오전 6시, 그녀는 요가수업에 갔다. 여전히 몽롱하고 단절된 느낌이 들었다. "꿈을 꾸고 있는 것 같았어요. 내가 살아 있는 건지 의문이 들었지요." 하지만 그녀는 여전히 일정에 맞추어 일을 하고 전화를 하고 미팅을 했다.

수요일 아침까지도 나아지지 않았다. 아니, 실은 더 나빠졌다. 그녀는 울기 시작했다. 그녀는 그때의 생각들을 떠올렸다. "젠장, 내가 죽은 건가? 지나온 삶을 돌아보는 건가? 이런 생각이 끝이지 않았어요. '여기서 빠져나가야겠어. 뭔가 이해할 수 없는 것 안에 있어.' 극심한 공포에 빠졌죠. 끊임없이 나를 괴롭힌 건, 내가 아무 것도 믿지 않는다는 사실이었어요."

그녀는 자기 자신과 그녀를 둘러싼 현실을 의심했다. 계속 꿈속에 있는 것 같았다. 미팅을 하러 시내로 가는 기차를 탔는데, 자신이 유령처럼 느껴졌다. 옆에 있는 탑승객을 바라보며 의아해했다.

"그들이 여기에 있는 걸까? 나는 여기에 있는 걸까?"

수요일 저녁, 초승달이 뜬 밤이었다. 세라는 어릴 적부터 다니던 유대교회당 예배에 참석하러 가는 길에 타코 판매대에 들러 타코를 주문했다. 타코는 나오지 않을 것만 같았다. 뉴욕시의 길거리에 서서 그녀는 혼잣말을 했다. "타코가 안 나오려나 봐. 타코를 주문하지 않은 게 분명해. 깨어나야겠어. 이건 꿈이야." 하지만 당연하게도 타코는 곧 그녀의 손에 전달되었고, 그녀는 정확히 이렇게 말했다. "오, 세상에. 내가 살아 있어. 휴우!"

세라는 심리학자들이 '현실 검증reality testing'이라고 부르는 것을 한 것이었다. 객관적 현실은 자각한다. 하지만 그것에 대한 주관적 감각이 혼란스러워진 것이다. 그녀는 이 두 가지를 조화시키려고 계속 노력했다. 타코를 정말 받았다는 순간적 확인은 별로 도움이 되지 못했다. 저녁예배 내내 그녀는 불안했다. 자신이 존재한다고 확신하기 위한 내면의 대화들이 머릿속을 휘저었다. 자신에게서 분리된 느낌을 받았기 때문이다. 예배가 끝나자 세라는 사람들의 눈을 피해 서둘러 집으로 돌아갔다. 그러고는 다시 울기 시작했다. "나는 죽었어. 죽은 거야. 확실히 죽은 거야."

목요일, 세라는 담당 간호사에게 전화했다. "약물이 아직까지 몸에 남아 있을 가능성은 전혀 없어요." 간호사는 물을 많이 마시고 쉴 것을 권유했다. 금요일 아침, (나도 잘 아는) 친구 한 명이 세라를 만나러 왔다. 친구를 보자 세라가 무심결에 말했다. "금방 죽을까 봐 두려워." 그들은 여섯 블록 떨어져 있는 근처 응급실에 가기로 하고 잠시 함께 앉아 있었다. 줄곧 흐느끼며 응급실에 도착한 세라는 응급실에서도 흐느낌을 멈출 수 없었다. "정말 이상한 흐느낌이었어요." 세라는 회상했다.

세라는 친구에게 계속 물었다. "내가 살아 있는 게 확실해? 내가 여기에 있어? 너 지금 여기에 있는 거지?" 친구는 세라를 안심시켰다. "응, 맞아. 우리는 살아 있어." 응급실 의사는 약물 때문이라고 하면서(세라가 약물을 복용한 지 시간이 많이 지났는데 그런 증상이 계속되는 것은 이상하다고 말하면서도) 신경안정제인 아티반을 처방한 뒤 집으로 돌려보냈다.

하지만 세라의 비현실적 느낌은 계속되었다. 삶은 여전히 꿈처럼 느껴졌고, 마치 자신을 지탱해주던 줄이 풀려 떠다니는 느낌이었다. 그녀는 일상적인 말로 자신의 상태를 설명하려고 애썼다. 그녀는 왜 3주 정도 지나서 그런 증상이 완전히 사라졌는지 이유를 알지 못한다. 시간이 해결해준 것일 수도 있고, 아니면 '기氣치료사'를 겸하던 안마사한테 안마를 받은 덕분일 수도 있다. "저기요, 나는 지금 완전히 맛이 갔어요." 세라가 안마사에게 이렇게 말하면서 자신이 어떻게 느끼고 있는지 설명했다. 그러자 안마사는 안심시키며 대답했다. "오, 그건 나한테도 일어나는 일이에요. 그것을 어떻게 다룰지 배워야 해요." 안마사는 세라에게 기가 머리에서 흘러 나갔다 들어왔다 한다며, 마치 병뚜껑을 닫듯 손을 비트는 동작을 하면 그 흐름을 멈출 수 있다고 말했다. 세라는 그녀에게 믿음이 갔다. 안마사는 이보다는 조금 더 대중적인 방법도 조언해주었다. "요가를 하세요. 몸을 느껴야 해요. 발을 굴러봐요. 몸을 느낄 수 있는 것이라면 무엇이든 하세요. 그러면 괜찮아질 거예요."

세라는 안마사와 헤어지고 나서 아주 조금 기분이 나아졌다. 지난 6년간 아침마다 규칙적으로 요가를 하고 있었지만, 시간을 조금 더 늘려야 했다. 안마를 받고 난 다음 날 그녀의 기준으로는 좀 무리를 했다. 요가를 연속 2시간이나 한 것이다. "요가수업 하나를 마치고 집에 가려는데, 한 선생님이 말씀하셨어요. '좀 더 하셔야 해요.' 나는 이런 생각이 들었어요. '여전히 꿈속에 있는데 다른 수가 있겠어?' 그래서 더 있었어요. 기분이 조금 나아졌죠."

그녀는 조금씩 회복되었고, 이상한 경험이 시작된 지 3주 정도 지나 우리가 만났을 때에는 완전히 나았다.

✳

"몸을 느껴야 해요. 발을 굴러봐요. 몸을 느낄 수 있는 것이라면 무엇이든 하세요."

두리뭉실해 보이는 조언에 지혜가 담겨 있다. 신경과학자들은 아마도 뉴에이지 치료자들의 조언에 당혹해할 것이다. 하지만 신경과학자들이 자아에 대해 말하는 것의 대부분을 풀어내보면, 몸 안에 들어 있다는 느낌이 우리가 누구인지에 관한 핵심 측면임이 분명하다.

몸이 자아의 기초라는 생각을 강하게 옹호하는 사람 중 하나가 신경과학자 안토니오 다마지오Antonio Damasio다. 그는 가장 최근 출간한 책《자아가 마음이 된다Self Comes to Mind》에 이렇게 썼다. "이 책에 개진한 생각들 중 가장 핵심은 몸이 의식의 기초라는 것이다."[11] 다마지오는 의식에는 자아의 출현이 필요하다고 믿는다. 그의 가설체계는 정신적 이미지가 뇌에서 형성된다는 생각에서 시작된다. 이때 정신적 이미지란 의식적 자각의 이미지들이 아니라 신경회로의 활동 패턴들을 의미한다. 활동 패턴에 따라 뇌 안의 특정 신경회로는 여러 상태 중 하나가 될 수 있다. 각 상태는 하나의 정신적 이미지에 해당한다고 다마지오는 썼다. 그러한 정신적 이미지들이 연결된 것이 정신이다. 다마지오는 이 단계에서 정신을 의식하는 무언가 또는 누군가가 있다고 얘기하지 않는다. 수용하기 어렵지 않은 얘기다. 두뇌활동의 대부분이 잠재의식적 subconscious이라는 것은 잘 알려져 있다. 우리는 뇌에서 무슨 일이 일어나는지 알지 못하고, 앞으로도 그럴 것이다.

뇌는 기본적으로 유기체가 먹고 마시고 움직이고 잘 때, 그 유기체를 돌보는 역할을 한다. 유기체는 내부 생리가 허용하는 범위 내에서 유지될 때에만 생존할 수 있다. 이것들을 항상성 범위 homeostatic limits라고 하고, 신체를 이러한 범위 내에서 유지시키는 프로세스를 '항상성homeostasis'(미국의 생리학자 월터 캐넌Walter Cannon이 정의한 용어[12])이라고 부른다. 정확한 항상성 프로세스는 유기체마다 다르다. 예를 들어, 냉혈동물(파충류 등)은 환경에 따라 체온이 바뀌기 때문에 활동하려면 따뜻한 곳을 찾아야 한다. 온혈동물(모든 포유류와 조류)은 체온을 거의 일정하게 유지해야 한다. 그래서 추워지면 필요한 에너지를 내기 위해 많이 먹고, 과열되었을 때에는 땀을 흘린다. 뇌는 이러한 항상성을 훌륭하게 유지하는 의무를 다한다. 하지만 뇌 역시 유기체의 일부이지 인형조종자처럼 몸 바깥에서 줄을 잡아당겨 우리를 조종하는 것이 아니다. 이러한 역할을 수행하기 위해 뇌는 몸에서, 외부 환경에서, 그리고 뇌 속에서 무슨 일이 일어나고 있는지 지도를 그리듯 계속 파악하고 있어야 한다. 신경회로의 활동 패턴들이 바로 이러한 지도가 되고, 이런 지도들은 (여전히 무의식적인) 정신의 내용들이 된다.

다마지오 가설체계의 다음 단계는 그의 용어대로 "자아가 될 징후"[13]에 해당하는 '원형적 자아protoself의 출현'이다. 원형적 자아는 우리 몸에서 좀 더 안정적인 측면(내장의 상태와 같은)들의 정신적 이미지들로 이루어진다. 다마지오는 지도를 만들고 이러한 이미지들을 일으키는 것에 관련된 영역으로 상부뇌간upper brainstem을 꼽는다. 상부뇌간의 구조는 신체 부위와 불가분하게 연결되어 있어 "뇌질환이나 사망이 아니면 망가질 수 없는"[14] 탄탄한 쌍방향 상호작용을 한다.

원형적 자아의 다른 중요한 기능은 '원초적 감정primordial feeling'을 생성하는 것이다. 이것은 살아 있는 몸의 직접적 경험을 제공하는, 말로 표현할 수 없고 꾸밈없으며 오직 순수한 존재와 연관된다.[15] 다마지오의 체계에서 원초적 감정은 "현재의 몸 상태를 반영

한다".¹⁶

원형적 자아 위에 구성되는 다음 층은 '핵심적 자아core self'다. 핵심적 자아는 원형적 자아와 그것이 외부 대상과 나누는 상호작용 간의 관계를 포착하는 뇌의 표상들로 구성된다. 그 표상들은 또한 원형적 자아와 그 결과로 생긴 원초적 감정에 나타나는 변화를 포착한다. 예를 들어, 원형적 자아가 뱀과 맞닥뜨렸다고 하자. 핵심적 자아는 이 상호작용의 표상이 될 것이고, 이 표상은 몸 상태(나 같은 사람에게는 완전한 공포 상태)에 나타난 변화들을 포함할 것이다.

다마지오는 우리의 진화사에 핵심적 자아가 출현하면서 우리가 알고 있는 자아가 중요해졌다고 생각한다. 핵심적 자아는 주관성을 암시하는 최초의 신호다(하지만 다마지오가 어떻게 신경활동이 주관성이 되는지 만족스럽게 설명하지는 않았다는 사실을 언급해둔다. 그도 그럴 것이, 그것이 의식에 관한 가장 난해한 문제이기 때문이다). 핵심적 자아는 순간을 산다. 핵심적 자아는 원형적 자아가 하나의 대상과 주고받는 상호작용에 관한 일련의 정신적 이미지들이고, 그에 따라 원형적 자아와 원초적 감정이 수정된 것이다. 만약 우리가 많은 동물과 마찬가지로 오직 핵심적 자아만 갖고 있다면, 우리는 오직 주관적인 경험의 순간들만 알 것이다.

이제 뇌가 더 진화해 자전적 기억을 발전시킬 때다. 다음 단계는 '자전적 자아autobiographical self'다. 다마지오는 자전적 기억들을 한데 모아 하나의 대상을 만들 수 있는(이러한 대상을 하나의 이야기로 생각할 수 있다) 뇌 회로가 존재한다는 가설을 세웠다. 이 회로는 그 대상이 원형적 자아와 상호작용하고 원형적 자아를 수정하게 해 주관성의 순간을 만들어낸다. 하지만 이때 그 주관적 경험은 단지 몸뿐만이 아니라 더 복잡한 실체인 인간에 관련된다. 자전적 자아는 그러한 주관성의 순간들이 고속 시퀀스처럼 연결된 것이다. 이렇게 온전하게 형성된 자아는 한 인격의 기초가 된다.

다마지오의 체계에 완전히 동의를 하든 안 하든 상관없이, 신경과학계는 자아가 생기는 데에서 몸이 중심적 역할을 한다는 생각을 전반적으로 받아들인다. 몸의 역할은 정서와 감정에서 명백하게 드러난다. 다마지오의 관점에서 자아는 상부뇌간, 섬엽피질insular cortex, 그리고 체성감각피질somatosensory cortex에 나타나는 몸 상태인 원초적 감정으로 시작되어 더 복합적인 정서와 감정들을 형성해간다.

다마지오는 또한 거칠게 번역하자면 "몸 루프 같은 것"을 제안했다. 이것은 몸 상태를 시뮬레이션하는 뇌의 능력이다. 뇌가 왜 이런 능력을 원하겠는가? 때때로 예상되는 상태를 시뮬레이션하면 몸의 생리학적 상태를 통제하는 뇌 기능을 강화할 수 있고, 그럼으로써 에너지를 절약할 수 있기 때문이다. 그래서 뇌를 좀 더 효율적이고 효과적으로 만들 수 있다. 뇌가 운동명령의 원심성 사본을 만들어 감각 결과들을 예측하고, 그것에 맞춰 대비한다는 생각과 크게 다르지 않다.

만약 몸과 원초적 감정이 자기감의 기초를 형성하는 것이 사실이라면, 몸에서 분리된 느낌과 정서적 무감각을 포함하는 이인증은 자아인식에 근본적인 장애가 생긴 것으로 볼 수 있다. 킹스칼리지런던에서 이인증을 연구하는 마우리시오 시에라Mauricio Sierra와 앤서니 데이비드Anthony David는 "이 병은 자아인식의 가장 기초적인 언어 이전의 단계(예를 들어 하나의 개체로 존재한다고 느끼는 것)에 분열이 만연하게 일어남으로써 나타난다"고 썼다.[17]

이인증은 대개 다음과 같은 경험을 일부 또는 모두 유발한다.

1) 탈신체화된 느낌: 몸에서 분리되거나 단절된 느낌을 말한다.
2) 주관적·정서적 무감각: 정서와 감정이입을 경험하지 못한다.
3) 이례적인 주관적 기억: 자기 자신이 기억하거나 상상하는 사적인 정보가 자신의 것이라는 느낌이 없다.
4) 현실감 상실: 주위 환경이 낯설고 생경하게 느껴진다.[18]

＊

이인증이 있는 사람은 자신의 경험을 말로 표현하는 것이 힘들어서 주로 은유에 의지한다. 니컬러스는 나에게 말했다. "말로 설명하기가 정말 어려워요. 내 몸이 내 것이 아닌 것 같은 느낌이에요."

유체이탈과 비슷한 경험처럼 들리지만 그렇지 않다. 이인증의 맥락에서 경험하는 탈신체화와 유체이탈에서의 탈신체화 사이에는 몇 가지 큰 차이점이 있다(다음 장에서 더 자세히 알아볼 것이다). 유체이탈에서는 자아가 몸 밖으로 빠져나가 자신을 관찰하는 시점의 이동이 흔히 일어나는 반면, 이인증에서는 대개 이러한 시점의 이동이 일어나지 않는다. 이것은 자아를 몸에 고정시키는 작용을 하는 다른 신경 메커니즘이 존재한다는 것을 암시한다.[19] 이인증을 겪는 사람은 (대개) 몸 안에 머물러 있지만 몸으로 존재하는 생생함을 제대로 느끼지 못하는 것이다.

이인증이 만성화되었을 때 니컬러스는 열두 살 무렵이었다. 한 번의 삽화episode(환자가 특정 정신질환의 진단 기준을 충족하는 증상을 일정 기간 동안 경험하는 것-옮긴이)가 4년이나 지속되었다. "그 나이에 그런 병을 앓으면서 가장 끔찍한 일은 어떠한 지원도 받을 수 없다는 것이었어요." 그에게는 이 문제를 털어놓을 부모도 교사도 친구도 없었다. 여동생은 이러한 문제를 이해하기에 너무 어렸다.

안정적인 가정에서 지내지 못한다는 것은 상황을 더 악화시켰다. 니컬러스의 어머니와 양아버지는 결국 약물남용과 아동학대로 구속되었다. 니컬러스와 여동생은 다시 복지시설과 위탁가정에서 지내게 되었다. 열서너 살쯤 되었을 때(이인증 때문에 시간에 대한 기억이 흐릿했다) 니컬러스는 친아버지에게 다시 보내졌다. 그의 어머니는 이미 니컬러스에게 생부에 대한 증오심을 가득 채워둔 상태였다. 니컬러스는 그가 정말 어떤 사람인지 보고 싶었다. 그때 아버지는 감옥에서 4년을 보냈고 문신을 했으며(니컬러스처럼 다채로운 것이 아니라, 죄수들이 흔히 하던 어둡고 푸르스름하게 검은 문신) 감옥에서 살이 많이 찐 상태였다. "아버지는 100킬로그램은 족히 나가는 근육덩어리였어요. 보디빌더 같았죠."

니컬러스가 아버지의 집으로 옮긴 것은 재앙이었다. 아버지는 자신의 양아버지와 살고 있었고 마약을 했다. 그들은 니컬러스를 전혀 신경 쓰지 않았다. 양할아버지(더 나은 호칭이 있으면 좋겠다만)는 니컬러스에게 술을 사줬다. 겨우 열네 살짜리 어린 니컬러스는 그렇게 술과 마약, 약물의 세계로 곤두박질쳐 들어갔다. 얼마 지나지 않아 그는 모르핀 주사까지 맞게 되었다. "중독이라면 그때가 최악이었죠." 그는 말했다. 그러는 사이, 생부와 살기 위해 그가 도망쳐 나왔던 수양가족은 니컬러스가 심각한 위험에 빠져 있다는 사실을 당국에 알렸다.

니컬러스의 약혼녀 재스민은 그가 중독치료시설로 보내졌을 때를 기억한다. 재스민은 친구들과 함께 노바스코샤의 리버풀 시내에 있었는데 친구 한 명이 뛰어와 소리쳤다. "닉이 구속됐어!" 재스민은 바로 지난주에 니컬러스를 만났었다. 그런데 갑자기 그가 감옥에 간 것이다. 하지만 그가 실제로 간 곳은 감옥이 아니었다. 지역보건센터는 그를 중독치료시설로 보냈다. 처음에는 트루로에 있는 안전보호시설로 보내져 한 달 동안 중독치료를 받았다. 그런 뒤 뉴브런즈윅의 서식스에 있는 중독치료시설에서 아홉 달을 보냈다. 중독치료를 받는 동안 그의 상태는 호전되었고 이인증은 사라졌다.

중독치료가 끝나자 30대 젊은 부부 태미와 데이브가 니컬러스를 데리고 갔다. 나는 태미와 그녀의 남편이 어떻게 입담 좋고 호감 가는 10대 청소년에게 매료되었는지 얘기를 듣고 있었다. 태미가 말했다. "닉을 만나자마자 우리 둘 다 닉에게 사랑에 빠졌다고 해야겠네요. 닉에게 어려운 시절이 있었다는 것을 알고 나서 우리는 그 애를 친자식처럼 사랑했어요." 하지만 니컬러스는 심각한 어려움을 겪고 있었다. 그는 늘 불안에 사로잡혀 있었고 잠자는 동안에만 혼자 있을 수 있었다. 그는 큰 건물을 두려워했다. "예를 들면 닉은 월마트에 가지 않았어요. 월마트에 가면 항상 뭔가가 이상해 보이거나 이상하게 느껴져서 결국 차에서 내리지 못했죠." 태미는 또한 니컬러스가 사람을 대하는 방식에 뭔가 문제가 있다는 것을 알아차렸다. "특히 새로운 관계에 대해서 타인들이 느낄 거라고 생각하는 것을 자기는 느끼지 못한다고 말했어요. 그리고 여전히 상처받는 것 같았어요." 그녀는 닉이 크게 기뻐하는 모습을 본 적이 없다고도 했다. "물론 닉도 행복했던 적이 있을 거예요. 하지만 크게 행복해한 적은 없었어요."

부부는 그 모든 것을 담담하게 받아들였다. 니컬러스가 보는 세상은 그랬으니까. 니컬러스가 말했다. "그들은 나를 친자식처럼 돌봐줬어요. 나에겐 정말 뜻깊은 시기였죠. 3~4년 정도 같이 사는 동안 나는 책임과 의무 등 살면서 배우지 못했던 많은 것을 배웠어요." 그는 운전을 배워서 면허증을 땄고 학교로 돌아가 졸업장을 받았다. 문신도 그때쯤 시작했다. 양부모는 문신은 질색이었지만,

니컬러스가 자신의 손목에 그들의 이니셜을 새긴 것을 보고는 흡족해했다.

이인증에서도 서서히 회복되었다. 삶은 정상으로 돌아갔고, 문제는 일어나지 않았다. "이인증은 아주아주 희미한 기억으로만 남게 되었어요." 니컬러스는 말했다. 그는 담배를 끊었다. 운동도 많이 하고 삶은 비교적 좋았다. "과거를 돌아보면 그 3~4년이 내 인생의 절정기였던 것 같아요."

회복되는 동안 니컬러스는 변호사를 찾아가 지역보건센터에 있는 파일을 좀 보게 해달라고 부탁했다. 파일에는 그가 진단받은 병명의 목록이 있었다. "이인증, 강박장애, 범불안장애, 반항성장애"라고 적혀 있었다.

회복은 더 이상 진전되지 않았다. 어느 날, 니컬러스는 콜센터에서 근무하다가 카페인과 타우린이 잔뜩 들어 있는 에너지 드링크를 대용량 캔으로 하나 마셨다. 엄청난 공황발작이 일어났다. 발작은 그 뒤로 빈번해졌다. "발작은 점점 더 심해졌고 더 자주 일어났는데 매우매우 강했어요. 공황발작이 일어날 때에는 죽을 수도 있겠다는 생각이 들었죠." 게다가 상황은 더 악화되어, 잊고 있던 이인증이 돌아왔다.

"이인증이 있을 때에는 아주 단순한 것조차 이상하게 느껴져요. 굉장히 과잉 인식을 하게 되죠. 주먹을 폈다가 쥐기나 걸으면서 팔 움직이기, 심지어 걷기까지 모든 것이 매우 낯설어져요. 그 행동을 하는 사람이 내가 아니라고 느껴지거든요. 마치 내가 다른 누군가에게 나 대신 그 동작을 하라고 명령을 보내는 것 같은 느낌이에요.”(이것은 소피와 로리의 조현병 경험을 연상시킨다. 조현병 환자들 중 많은 경우가 완전히 조현병으로 진행되기 전, 전구 증상으로 이인증 징후를 보인다.)

그 사이 니컬러스는 재스민과 사귀기 시작했다. 처음에는 관계가 어려웠다. 재스민은 니컬러스가 자신에게 신경을 쓰지 않거나 감정을 주지 않는 것 같다고 지적했다. 그가 멀게 느껴졌고 다른 데에 정신이 팔려 있는 것 같았다. 니컬러스는 문제는 자기 자신이 아니라 이인증이라고 설명했다. 그는 그 어떤 것에도 감정을 느낄 수 없었다.

이러한 무감정 상태는 약혼을 한 뒤에도 계속되었다. “마치 그녀가 진짜 내 약혼녀가 아닌 것 같아요. 물론 그녀가 약혼녀라는 것을 알고 내가 그녀를 사랑한다는 것도 알죠. 하지만 그녀가 내가 아는 사람 같지가 않아요. 마치 내가 아는 사람을 못 알아보는 것 같달까요. 이상하지요. 비슷한 증상이 있는 다른 사람들에게도 이런 얘기를 해봤어요. 그들은 지금 함께하고 있는 사람을 사랑한다는 걸 알아요. 그러한 사실을 잘 자각하고 있지요. 하지만 그 사람을 낯선 사람이라고 느끼는 거예요. 전체가 연결이 안 돼요.”

그러고 나서 아기가 태어났다. 니컬러스는 분만실에서 아내의 출산을 도왔다. 그는 딸아이가 세상으로 나오는 것을 지켜보았다. “아기가 태어나는 것을 아주 오랫동안 기다려왔어요. 엄청난 사건이었죠. 아기가 태어났을 때 나는 울었고, 느낄 수 있었어요. 딸의 탄생은 내게 입력이 되었죠. 그때까지 전혀 해보지 못한 경험을 하게 돼서 정말 기뻤어요. 친구가 죽는 일도 겪어봤지만 그때에도 온전히 느끼지 못했어요. 그런데 어떤 이유에서인지 딸이 태어났을 때에는 예외였죠."

✳

이인증에서 겪는 정서적 무감각은 역설적이다. 니컬러스의 설명에서 명확히 보았듯, 이인증으로 고통받는 사람은 강하게 느낄 수 없는 것이 분명하다. 하지만 그들은 괴로워하고 공황에 빠지며, 이것들도 모두 감정 상태에 해당한다.

영국 브라이튼앤드서식스 의과대학의 신경정신의학자 닉 메드퍼드Nick Medford는 이 역설의 전형적인 예를 보여주었던 한 여성 환자를 떠올렸다. 이 환자의 옆집에 사는 가족은 아이가 끔찍한 사고로 죽는 비극적인 일을 겪었다. 메드퍼드는 나에게 말했다. "그 환자는 '끔찍한 일입니다. 유감스러운 일이에요'라고 말해야 적절하다는 걸 알았어요. 하지만 아무것도 느끼지 못한다고 했죠. 그러고는 자신이 아무것도 느끼지 못한다는 사실에 충격을 받았어요."

다른 환자는 메드퍼드에게 이렇게 말했다고 한다. "나는 어떤 감정도 없어요. 그래서 아주 불행해요."

메드퍼드가 말했다. "일종의 모순이죠. 나는 그 현상을 이렇게 생각합니다. 그들은 내면에 감정적 고통과 혼란을 많이 갖고 있다고. 하지만 외부 현상에 감정적 반응을 하는 것 같지는 않아요."

이인증을 겪는 사람들이 감정을 잘 느끼지 못하고, 자신의 몸과 현실에 대한 감각이 달라지는 것을 경험한다는 것은 아주 명백한 사실이다. 몸 상태에 대한 느낌을 일으키는 뇌-몸 시스템에 문제가 생긴 것이다. 이인증 환자들은 또한 자신의 상태에 대해 과도하게 생각해, 잠재적으로 외부세상에 대한 집중력이 크게 떨어지는 자기반추 경향을 보인다(1장에서 스티븐 로리스가 얘기했듯 외부 자각과 내부 자각에 관련된 신경망이 각각 다르며, 그것들이 어떻게 역상관관계를 가졌는지 떠올려보라. 하나가 활발해지면 다른 하나는 가라앉는다). 자기반추는 아마도 "세상이 멀고 비현실적으로 느껴지는 원인"[20]이 될 수 있다.

이인증에 관한 두 권의 책을 쓴 저자이자 나에게 니컬러스를 소개해준 제프 아부걸Jeff Abugel은 그런 집착에 관해 잘 안다. 그는 10대 후반부터 이인증이 일시적으로 일어나는 사건들을 겪어왔다. 그는 말했다. "이러한 경험을 하는 동안 내 인생을 정신적으로 구성하는 거의 모든 것이 없어져버렸습니다. 나한테 무슨 문제가 생긴 것인지 알아내려는 쉼 없는 느낌만 유일하게 남아 있었죠. 나의 온 존재가 이 문제만을 생각하게 되었습니다. 무엇이 잘못된 거야? 왜 이렇게 느끼게 됐을까? 무슨 일이 일어나는 거지?"

이렇게 고통스럽고 불행하다는 느낌은 낯설다는 것에 지나치게 집중한 나머지 생긴 것으로 보인다. 그리고 그 낯선 느낌은 감정들이 어떻게 일어나며 어떻게 자기감의 기초가 되는지 보여준다.

메드퍼드와 동료들은 환자들을 스캐너 안에 뉘여놓고 그들의 정서적 반응을 연구했다. 만약 정서체계가 온전한 사람이 정서적으로 긍정적이거나 중립적, 또는 부정적인 이미지를 볼 경우 스캐너는 각각의 자극에 상응하는 뇌 활성을 보인다. 정서가 두드러지는 이미지를 볼 때 작동하는 뇌 영역 중 하나가 섬엽이다.《자아가 마음이 된다》에서 다마지오는 이렇게 쓰고 있다. "섬엽의 활성화는 우리가 상상할 수 있는 모든 종류의 감정[21]과 관련이 있다. 이는 정서와 연관된 감정에서 즐거움이나 고통의 정도에 대응하는 감정에 이르기까지 광범위한 자극에 의해 유발된다. 좋아하는 음악이나 싫어하는 음악을 들을 때, 에로틱한 내용이 들어 있는 그림이나 역겨움을 불러일으키는 그림을 볼 때, 와인을 마실 때, 섹스를 할 때, 마약으로 흥분해 있을 때, 또는 마약 기운이 떨어져서 금단증상을 경험할 때 등등." (코타르증후군 환자였던 65세 치매 여성을 떠올려보라. 그녀는 양쪽 섬엽이 모두 위축되어 몸에 대한 감각에 문제가 있었다.) 메드퍼드 연구팀이 발견한 바에 따르면, 혐오감을 유발하는 이미지들을 보았을 때 이인증 환자들은 건강한 사람에 비해 좌뇌 전방 섬엽anterior insula이 뚜렷하게 덜 활성화되었다.[22] "어떤 이유에서인지 정서적 회로, 정서적 반응들의 스위치가 꺼져버리는 것으로 보입니다." 메드퍼드가 나에게 말했다.

그 스위치는 뇌 어딘가에 있다. 보통 이인증과 관련이 있다고 하는 또 다른 뇌 영역은 복외측 전전두엽피질ventrolateral prefrontal cortex이다. 이 영역은 정서의 하향제어top-down control에 관여한다.

메드퍼드의 연구(이인증 환자 열네 명을 상대로 한 최대 규모 연구)는 이인증 환자들의 복외측 전전두엽피질이 정상인에 비해 지나치게 활성화된다는 사실을 발견했다. 이렇게 과잉 활성화된 복외측 전전두엽피질은 이인증 환자들의 정서적 반응을 억제할 수 있다.

연구팀은 한발 더 나아갔다. 이인증은 치료약이 없다고 알려져 있다. 그런데 어떤 사람들은 간질환자에게 항경련제로 처방되는 라모트리진을 복용한 뒤에 개선되었다고 말한다. 메드퍼드의 연구에 참여했던 환자 열네 명 중 열 명이 이후 다시 검사를 받겠다고 동의한 뒤에 넉 달에서 여덟 달 동안 라모트리진을 먹었다. 일부 환자들은 상태가 좋아졌다고 진술한 반면, 변화가 전혀 일어나지 않은 환자들도 있었다. 증상이 나아진 환자들의 경우, 라모트리진 복용 전에 촬영한 뇌 스캔과 비교했을 때, 그리고 약물치료를 했는데도 전혀 나아지지 않은 환자들의 뇌 스캔과 비교했을 때, 좌뇌 전방 섬엽의 활동이 증가되었고 복외측 전전두엽피질의 활동은 감소되었다. "전혀 개선되지 않은 사람들은 섬엽의 활동에서 아주 낮은 신경 반응을 보였습니다." 메드퍼드는 말했다.

좌뇌의 전방 섬엽은 신체 내부(내부 감각을 수용하는)와 외부(외부 감각을 수용하는) 양쪽 모두에서 느껴지는 감각을 통합하는 데 관여한다. 그리고 우리 자신의 몸에 대한 주관적인 감각을 만드는 데, 다시 말해 자기감을 형성하는 데 중요한 역할을 하는 것으로 보인다. 섬엽의 신경해부학을 이해하기 위해 중대한 연구를 해온 신경해부학자 버드 크레이그Bud Craig는 섬엽이 '감각자아sentient self'를 위한 신경물질을 공급한다고 주장한다. 안토니오 다마지오는 생각이 조금 다르다(다마지오는 뇌간 역시 몸 상태를 나타내는 중요한 역할을 한다고 본다).

이인증 환자의 경우, 복외측 전전두엽피질이 좌뇌 전방 섬엽의 "스위치를 꺼"버린다고 할 수 있다. 하지만 복외측 전전두엽피질은 의식적으로 통제할 수 없다. 메드퍼드는 말했다. "의지에 달린 것이 아니에요. 그냥 일어나는 겁니다. 스위치가 저절로 꺼지는 거죠."

만약 그렇다면, 이인증을 호소하는 사람들의 자율신경계 반응에서 스위치가 꺼지는 현상이 분명히 나타나야 한다. 그리고 실제로 연구팀은 이러한 사실을 확인했다. 불쾌한 자극에 반응하는 손의 피부전도(자율반응)를 측정해보면, 이인증 환자들은 아주 약한 움직임을 보인다. 메드퍼드는 말했다. "이인증 환자를 피부전도 측정장치에 연결했다면, 측정장치가 잘 연결되었는지 계속 확인해야 합니다. 왜냐하면 거의 변화 없이 밋밋한 그래프가 나오거든요. 일반적으로 보는 그림이 아니죠."

이인증을 가진 사람들이 자신을 낯설게 느낀다면, 그리고 감정을 경험하는 능력이 아주 약해진다면, 이것은 자아에 관해 무엇을 말해주는가? "자아를 만드는 데 신체적 감각과 내부적 감각들이 아주 중요하다는 것을 말해줍니다. 인간의 감정이 체성감각 정보에서 만들어진다는 다마지오식 발상이지요." 메드퍼드는 말했다.

다마지오의 발상은 1880년대 윌리엄 제임스의 영향을 받았다. 제임스는 "곰을 보았을 때 당신은 두려워서 도망가는가, 아니면 도망가기 때문에 두려움을 느끼는가?"라고 질문하면서 정서와 감정에 대한 기존 믿음에 도전장을 내밀었다.

✳

"상식적으로, 우리는 재산을 잃어버리면 슬프고, 그래서 운다. 곰을 만나면 겁이 나니까 도망갈 것이고, 경쟁자에게 모욕을 당하면 화가 나니까 공격을 한다."[23] 지금은 고전이 된 1884년 논문 〈정서란 무엇인가What Is an Emotion〉에서 윌리엄 제임스는 사건의 상식적인 순서가 사실과는 다르다고 주장하면서 새로운 가설을 제기했다. "우리는 울기 때문에 슬픔을 느끼고, 싸우기 때문에 화가 나며, 떨기 때문에 두려워하는 것이지, 그와 반대로 슬프거나 화가 나거나 두려워서 울거나 싸우거나 떠는 것이 아니다."[24]

감정feeling과 정서emotion에 대한 현대의 신경과학적 정의는 무엇일까? '정서'란 자극에 반응하는 몸의 생리학적 상태다. 이 상태는 심장박동과 혈압뿐만 아니라 몸의 운동동작(예를 들어 위협에 대한 반응으로 그 자리에서 얼어버리거나 도망치는 것 등)까지 포함한다. 또한 정서에는 그런 상태에 대한 인지의 특성(예를 들어 당신의 생각이 예리한가 아니면 둔한가)도 포함된다. 반면 '감정'이란 이러한 뇌-몸 복합체의 정서적 상태에 대한 주관적 인식이다.

제임스가 그 논문을 쓴 당대의 상식으로는 우리가 느끼는 것이 먼저이고 그다음 행위를 하며, 특정 정서가 다양한 행동을 일으킨다고 보였다. 예를 들어 당신이 만약 뱀을 본다면, 그리고 당신이 뱀을 두려워하는 사람이라면, 본능적으로 두려움을 먼저 느끼고 그러한 느낌이 당신에게 행동을 취하게 해, 도망치거나 두려워서 그 자리에 얼어붙어버리는 장면으로 이어질 것이다.

제임스는 우리가 정서와 감정의 관계를 오해하고 있다고 주장했다. 그 반대가 옳다는 것이다. 그가 말했던 '정서'가 오늘날 신경과학에서 말하는 정서와 상당히 다름에도 불구하고, 그의 대체적 요점은 잘 받아들여지고 있다. 정서가 먼저 일어나고 그런 뒤에 감정을 느낀다.

그와 별개로 같은 시기에 덴마크의 생리학자 카를 랑게 Carl Lange 도 거의 비슷한 아이디어를 냈다. 그래서 제임스-랑게 이론 James-Lange theory 이라고 불리게 되었다. 하지만 "항상성"과 "싸울 것이냐 도망갈 것이냐" 등을 포함해 오늘날 생리학 분야에서 사용되는 많은 용어와 표현을 고안했던 월터 캐넌은 제임스-랑게 이론에 별로 호의적이지 않았다. 그는 예를 들어, 사람들에게 에피네프린(아드레날린으로 알려진 것)을 주사하면 자연적인 정서적 각성 상태와 유사한 많은 생리적 변화가 일어난다고 지적했다. 하지만 그렇다고 해서 그 사람들이 인위적으로 정서 상태가 유발되었다고 느끼지는 않는다.[25] 다른 말로 하면, 몸 상태의 변화가 예상되는 감정으로 이어지는 것은 아니라는 것이다. 이러한 사실은 감정이 정서에 뒤따른다는 제임스의 생각과 배치된다.

캐넌의 엄청난 명성 때문에 1960년대까지 제임스-랑게 이론은 힘을 받지 못했다. 그러다가 스탠리 샥터Stanley Schachter와 제롬 싱어 Jerome Singer의 유명한 실험 덕에 제임스-랑게 이론이 약간의 수정을 거쳐 부활하기에 이르렀다. 이 과학자들은 수프록신이라는 약(실험을 위해 지어낸 가상의 약)이 시각에 어떠한 영향을 끼치는지 검사한다며 실험 참가자를 모집했다. 하지만 실제로는 참가자들에게 에피네프린이나 플라세보(식염수)를 주사했다. 주사할 때 연구자들은 참가자들을 세 그룹으로 나누었다. 첫째 그룹에게는 주사의 정확한 부작용(심장 두근거림, 손 떨림, 얼굴이 따뜻해지고 붉어짐)이 있을 수 있다고 설명했다. 둘째 그룹에게는 참가자에게 일어날 수 있는 부작용(따가움, 발의 마비, 두통)을 거짓으로 설명했고, 셋째 그룹에는 아무 말도 하지 않았다.

물론 참가자들은 모두 자신이 수프록신을 맞고 있다고 생각했다. 실험은 한 번 더 꼬여 진행되었다. 참가자가 약의 효력이 발휘되기를 기다리는 동안, 마찬가지로 수프록신을 맞은 것처럼 보이는 '연기자'에게 참가자들이 있는 방에 들어가 극도의 행복감이나 분노를 표현하라고 했다. 맥락이 실험 참가자가 느끼는 것에 영향을 끼치는지를 보기 위해서였다.

실험 결과는 흥미로웠다. 실험 참가자가 경험하는 느낌(분노 또는 행복감)은 몸의 생리적 상태에만 달려 있는 것이 아니라, 몸의 정서적 상태를 '평가'하도록 유도하는 인지적 맥락의 영향도 받는 듯했다. 참가자는 약의 잠재적 부작용에 대해 들었던 설명과 연기자의 행동에 영향을 받았다. 약물 주사로 인한 생리적 변화에 대한 인지적 해석은 참가자의 느낌이나 경험에 영향을 끼쳤다. 샥터와 싱어는 이렇게 썼다. "인지적 요인은 정서를 형성하는 데 필수 요소로 보인다."[26]

이후 후속 실험들이 쏟아졌지만 결정적인 것은 없었다. 심지어 어떤 연구들은 샥터와 싱어가 냈던 결과를 그대로 도출해내지도 못했다. 하지만 대체로 감정은 정서 상태의 평가 결과이며, 이때 평가는 그 사람이 속한 맥락의 영향을 받는다는 생각이 유지되고 있다.

몸 전체에서 베타수용체를 방해해 에피네프린의 효과를 차단하는 베타차단제를 투입한 실험에서는 더욱 흥미로운 결과가 나타났다. 베타차단제는 중추신경계로 전달되는 몸의 각성 상태에 대한 정보의 흐름을 근본적으로 막아 불안 수준을 낮춘다.[27] 심리학자 제임스 레어드James Laird는 저서 《느낌: 자아에 대한 지각Feelings: The Perception of Self》에 이렇게 썼다. "본능적 각성에서 오는 신호를 제거하면 몇몇 정서적 경험의 강도가 줄어든다."[28]

레어드는 샥터와 싱어의 뒤를 이은 실험들의 결과가 고르지 못한 것이 한 가지 요인 때문이라고 보았다. 그 실험들은 자신의 몸 상태에 대한 신호에 응답하는 능력이 사람들마다 다름을 고려하지 않았다는 것이다.[29] 그들은 신체 내부의 감각을 지각하는 내부 감각 수용능력에 개인차가 있음을 설명하지 않았다.

이런 2요인 이론들(몸 상태에 대해 뇌로 올라가는 상향 정보와 뇌에서 내려오는 하향 평가를 통합하는)은 정서 연구자들 사이에서 여전히 인기가 있다.

다마지오와 동료들은 지난 20년간, 정서와 인지 간의 상호작용은 양쪽에 똑같이 적용된다고 주장해왔다. 인지적 맥락은 정서의 각성에 영향을 끼치고, 그 결과로 일어나는 느낌은 정서 상태에 영향을 받은 인지 그 자체라는 것이다.

서식스대학교에 있는 새클러 인지과학센터의 공동 대표인 아닐 세스Anil Seth는 정서의 뇌 기저에 대한 더 나은 접근법이 있다고 보고, 인지적인 것과 생리적인 것을 이분법적으로 나누어 생각하는 방식을 치워버린다. 그의 관점은 최근 점점 더 인기를 얻고 있는, 뇌를 하나의 '예측기계'로 바라보는 시각을 따르고 있다. 특히 외부 신호에 관한 한, 우리가 인식하는 것은 그 신호의 원인에 대해 뇌가 할 수 있는 최선의 추측이라고 본다. 세스는 이러한 발상을 확장시켜 뇌가 신체 내부 신호에 어떻게 대처하는지 설명했고, 이인증 같은 장애와 자기감의 신체적 측면을 이해하는 데 이 개념이 중요하다고 주장했다.

✳

니컬러스는 몸과 연결되는 느낌이 얼마나 중요한지 매우 잘 알고 있다. "이인증으로 내 몸에서 분리된 느낌을 받고 나서야 한 사람의 인간으로서 가장 중요한 게 무엇인지 알게 됐어요. 내가 이인증이 있어서 말하는 것만은 아닙니다. 솔직히 인간이 견딜 수 있는 가장 무서운 것 중 하나가 육신과 정신이 분리되는 느낌이 아닐까 생각해요. 게다가 그걸 내내 완전히 인식하는 상태라면, 그건 마치 산 채로 잡아먹히는 것과 같아요."

그는 담당 의사와 지금도 계속되는 이인증에 관해 상담해왔다. 나는 니컬러스의 동의를 받고 나서 그 의사와 전화통화를 했다. 그녀는 자신이 니컬러스의 불안을 치료해왔으며, 그가 나아졌다고 확신하지만 이인증에 관해서는 개선된 바가 없다고 말했다. 그녀는 니컬러스에게 (때때로 이인증을 일으키기도 하는) 측두엽 간질을 잘 치료하는 신경과 전문의를 소개해주었다. 하지만 노바스코샤에서 그런 특수한 진료를 받으려면 오래 대기해야 한다. 니컬러스는 여전히 혼자서 그 병을 견뎌내고 있다.

나는 니컬러스에게 거실에 있던 기타에 대해 물어보았다. 그는 기타를 배우고 있었다. 그는 드럼 연주를 좋아한다고 말했지만 그가 사는 공동주택에서는 드럼 연주가 허용되지 않았다. 그래서 그는 언젠가 이사를 해서 다시 드럼을 연주할 수 있기를 바라고 있다. 그런 것들이 이인증에서 잠시 벗어나게 해준다. "드럼을 연주하려면 온전히 집중해야 하거든요. 두 팔과 두 다리를 동시에 사용하면서 몰두하다 보면 안도감이 느껴집니다."

나는 그때 메드퍼드가 언급했던 환자가 떠올랐다. 그는 런던에서 아마추어 테니스 선수로 활약하고 있었는데 이인증 때문에 테니스를 그만두었다. 메드퍼드가 나에게 말했다. "내가 그에게 할 수 있는 유일한 일은 다시 테니스를 치도록 설득하는 것이었어요. 그가 코트를 뛰어다니면서 테니스에 완전히 푹 빠져 있을 때에는 이인증이 사라졌어요. 안타깝게도 다시 나타나기 하죠. 그럼에도 그에게는 테니스가 매우 중요했어요. 왜냐하면 이인증이 고정불변이 아니라 가변적이라는 사실을 그에게 입증해주니까요."

니컬러스 역시 드럼을 치면 증상이 완화되지만 안도감은 일시적일 뿐이라고 말했다. 기분이 나아진다는 것을 알게 되는 순간, 이인증이 돌아온다. "아주 역설적이에요. 기분이 나아진다는 사실을 생각하면 곧 다시 이인증을 느끼기 시작하지요."

이러한 복잡한 이인증의 현상학은 예측하는 뇌에 문제가 생겨 나타난 것일까?

∗

뇌의 입장에서는 얼마나 난감할지 잠시 생각해보자. 뇌는 몸의 움직임에 따라 조절되며 끊임없이 변화하는 감각입력 신호들에 기초해 몸이 겪고 있는 현실의 본질을 추론해야 한다. 뇌는 어떻게 '자극stimuli'을 '지각perception'으로 바꾸는 것일까?

19세기 독일의 생리학자 헤르만 폰 헬름홀츠Hermann von Helmholtz 는 뇌가 감각의 원인을 추론함으로써 이러한 지각의 문제를 풀어 낸다고 보았다.[30] 오늘날의 신경과학적 용어로 말하면, '베이지안 추론Bayesian inference'의 엔진 역할을 한다는 것이다.

'베이지안'이라는 말은 18세기 영국의 수학자이자 성직자였던 토머스 베이즈Thomas Bayes가 정립한 베이즈 정리에서 왔다. 이 정리는 사건 Q가 일어날 때 P가 일어날 조건부 확률을 사건 P가 일어날 때 Q가 일어날 조건부 확률과 연결시킨다.[31] 베이즈 정리는 많은 현대적 인공지능 시스템의 중심에 놓여 있는, 이른바 베이지안 네트워크에서 널리 사용된다. 이를테면 의학의 인공지능 시스템에서는 병을 진단하는 데 베이지안 네크워크가 쓰인다. 일련의 증상들과 검사 결과를 넣으면 시스템이 다양한 원인에 대한 가능성들을 계산해, 그러한 증상들의 원인으로 가장 가능성이 높아 보이는 것을 진단 결과로 제시한다. 예를 들어 에볼라 검사 결과 양성 판정을 받은 사람이 있는데, 그 검사의 정확성이 90퍼센트라고 해보자. 그렇다면 그가 실제로 에볼라에 걸릴 가능성은 얼마가 될까? 우리의 순진한 직관으로는 검사가 정확할 확률이 90퍼센트니까 그 사람이 에볼라에 걸릴 확률도 90퍼센트가 될 거라고 생각할 것이다. 하지만 이 직관은 틀렸다. 확률은 그가 어디에서 검사를 받았는가에 따라 달라진다. 만약 에볼라가 유행하고 있는 지역에 있었다면, 그가 감염되었을 조건부 확률은 에볼라가 전혀 발생하지 않은 나라에서 검사한 사람보다 높아진다.

이론적으로 베이지안 두뇌는 이와 비슷하게 작동한다. 뇌는 감각입력의 원인이 될 만한 기존 믿음들을 근거로 그 입력들의 가장 그럴듯한 원인을 계산해낸다. 앞에서 살펴봤듯, 감각의 원인에 대해 뇌가 내리는 최선의 추측은 지각으로 나타난다. 물론 이 과정은 계속 진행 중이다. 뇌는 예상되는 감각입력을 예측하기 위해 몸과 이 세계에 대한 내부 모형을 사용한다. 예상했던 신호와 실제 신호 사이에 조금이라도 차이가 생기면 '예측 오류'로 여긴다. 뇌는 이러한 오류 신호들을 사용해 이전에 축적했던 믿음들을 업데이트한다. 그래서 다음에 비슷한 신호가 또 일어날 때에는 좀 더 정확히 예측(해서 지각)할 수 있다.

베이지안 추론을 사용한 '예측 코딩' 모형은 주로 몸 바깥에서 들어오는 외부 감각을 설명하는 데 적용된다. 내부 감각 또한 지각과 관련이 있다. 하지만 내부 감각은 몸 내부에서 들어오는 신호를 이해하는 것이다. 몸이 생화학적 안전지대로부터 멀리 떨어져 있지는 않은지, 그리고 생존에 가장 적합한 생리적 상태로 몸을 되돌리기 위해 행동을 개시해야 하는 것은 아닌지 결정하기 위해서 뇌는 몸 상태를 알아야만 한다. 아닐 세스는 예측 코딩이 내부 신체 신호를 이해하는 데에도 들어맞아야 한다고 주장한다. 그는 나에게 말했다. "내부 감각 수용 역시 하나의 지각 과정이니까요."

세스의 주장은 정서와 감정과도 관련이 있다. 정서에 관한 2요인 모형들은 항상 뇌로 들어오는 정보의 통합을 포함한다. 다시 말해 생리적 몸 상태를 포착하는 신경들이 정보들을 뇌로 보내고, 이 정보들은 인지적 해석을 받은 뒤 정서에 대한 느낌을 일으킨다. 반면 예측 코딩 모형에서는 인지적 영역과 생리적 영역의 구분은 불필요해진다. 뇌 어디에도 지각을 만들기 위해 입력 정보를 통합시키는 곳은 없다. 지각이란 끊임없는 예측이라 할 수 있다. 우리가 지각하는 것과 느끼는 것은 언제나 신호의 원인을 뇌가 추측한 결과다. 이러한 정교한 모형은 '동반방출'과 '비교자 모형'을 탄생시킨 것과 같은 발상에서 진화했다. 앞서 소개한 두 모형은 뇌가 주체감을 일으키는 원리를 설명하고, 그것에 문제가 생기면 조현병 증상을 일으킬 수 있다는 사실을 보여준다. 그리고 예측 코딩 모형은 뇌가 하는 모든 일에 그 원리를 적용한다.

세스는 우리 뇌에 다양한 단계의 예측 코딩이 있다고 주장한다. 가장 낮은 단계로는 몸으로부터 들어오는 감각신호의 원인을 예측하는 것이다. 그런 예측은 입력신호를 이루어 뇌의 다음 단계로 보내진다. 뇌가 구조화된 방식에 잘 들어맞는 위계 모형이다. 세스는 말했다. "우리가 느끼는 주관적인 정서는 뇌가 모든 단계의 내부 감각 정보를 설명하는 최선의 추측입니다. 단순히 인지가 생리적 작용을 내려다보고 해석하는 과정이 아니지요."

예측 코딩은 뇌를, 그리고 뇌가 자기 역할을 어떻게 수행하는지를 이해하는 새로운 방식이다. 예측 코딩은 내부 감각 수용과 외부 감각 수용, 정서와 감정 등을 모두 설명할 수 있으며, 실제로 이러한 예측 메커니즘이 잘못되면 어떻게 정신병리가 일어날 수 있는지 설명할 수 있다. 다음 장에서 살펴보겠지만, 예측 코딩은 심지어 자폐증처럼 증상이 다양하고 복잡한 것들을 설명하는 데까지 적용이 가능하다. 하지만 "위험 또한 존재한다"고 세스는 말했다. "모든 것을 설명할 수 있다는 것은 아무것도 설명할 수 없다는 얘기이기도 합니다."

예측 메커니즘적 접근에 대한 주된 비판은 그에 대한 직접적 증거가 없다는 것이다. 하지만 예측 코딩에 부합하는 증거는 있다. 예를 들어, 동반방출/비교자 메커니즘에서 일어나는 작업을 뇌의 예측 메커니즘에 대한 정황증거로 간주할 수 있다. 또 다른 증거도 있다. 측두엽과 전두엽 아래 들어 있는 섬엽은 뇌 영역 중에서 예상되는 내부 감각 신호를 하향 예측한 것과 예측 오류 정보를 담은 입력신호를 비교하는 작업에 관여하는 것으로 보인다.

그러한 정황증거를 받아들이면, 이제 정신병리학에 던져야 할 큰 질문은 예측에 오류가 나면 무슨 일이 일어나는가 하는 것이다. 오류들은 뇌가 어떤 단계에서 무엇을 예측했든, 뭔가 제대로 되지 않았다는 뜻이다. 이때 두 가지 일 중 하나가 일어날 수 있다. 하나는 뇌가 감각입력 신호에 일치하도록 뇌 모형을 업데이트하는 것, 다른 하나는 몸이 원하는 상태가 되도록 어떤 동작을 일으키는 것이다. 후자의 메커니즘은 항상성의 기초가 된다(차가운 물속에 들어가 한동안 걸었다고 가정해보자. 당신의 체온은 내장기관 안에 있는 뇌 모형이 받아들일 수 있는 한계 밑으로 떨어질 것이다. 그리고 당신은 얼른 따뜻한 곳으로 나가야겠다고 느낄 것이다).

이런 관점에서, 뇌의 기능은 예측 오류를 최소화하는 것이다. 그리고 이것은 자기감에 영향을 끼친다. 자신의 몸에서 들어오는 내부 신호를 생각해보자. 세스에 따르면 두뇌 내부 모형이 정밀하면 예측했던 신호와 실제 내부 감각 신호가 잘 일치되고, 당신은 몸과 정서가 자신에게 속한다는, 다시 말해 몸이 정신을 잘 구현한 느낌을 받는다.[32] 예측했던 신호와 실제 신호가 잘 일치하면 몸과 관련 정서들에게 암묵적으로 '나'라는 꼬리표가 붙는다. 반면 일치하지 않으면 '내가 아니다'와 같은 꼬리표가 붙는다. 그래서 정서적 상태를 생생하게 느끼는 것과 이것들이 내 것이라는 느낌은 우리 두뇌가 내부 감각에 대한 예측을 정확히 해내고 뒤따르는 예측 오류들을 최소화하는 데 달려 있다.

하지만 뇌에 있는 내부 신체 모형의 결함 때문이든 오류들을 비교하고 만들어내는 신경회로(예측 코딩과 내부 감각 추론 모형에서 핵심 역할을 맡는 섬엽이 이인증과 관련된 주요 뇌 영역 중 하나라는 사실은 아주 흥미롭다)에 문제가 생겼기 때문이든, 계속되는 예측 오류가 있다면 어떻게 할 것인가?

세스는 단지 추측일 뿐이라고 강조하면서, 이러한 증상은 자신의 몸이나 감정들이 비현실적이라고 느끼거나, 아니면 자신이 몸에서 분리되었거나 낯설다고 느끼는 해리로 이어질 수 있다고 말한다. 말하자면 계속 오류가 나는 바람에 예측하는 뇌가 내부 신호를 자기 신호가 아니라 다른 사람의 신호라고 가정하는 것이 최선이라고 생각하는 셈이다.

지금까지 살펴본 것들을 모두 종합해볼 때, 이인증 역시 '나'를 파괴하지는 않는다. 우리가 몸으로 존재한다는 느낌을 주는 생생한 정서와 감정 등이 결핍되어 자아의 다른 측면들로부터 멀어졌다는 것을 자각하는 주관성, 곧 주체로서의 자아가 여전히 있다.

그래서 어느 누구도 우리의 정서와 감정들이 자기감을 이루는 필수 요소가 아니라고 하지는 않음에도 불구하고 철학적 관점에서 볼 때 굉장히 흥미로운 사실은, 정서와 감정들이 주체로서의 자아를 구성하지는 않는다는 것이다. '나'는 따로 떨어져서 보고 관찰한다.

※

니컬러스는 13개월 된 딸과 함께 있었다. 그는 마치 자신이 잃어버린 유년기를 딸만큼은 겪지 않도록 하겠다는 듯이, 아기를 두 팔로 꼭 껴안고 입을 맞추었다.

아버지와 연락이 되는지 물었다.

"더는 아버지와 얘기하지 않아요. 연락 끊은 지 1년쯤 됐어요."

"무슨 계기라도 있었어요?"

그는 대답하기를 주저했다.

"불편하면 대답하지 않아도 돼요."

하지만 니컬러스는 얘기를 꺼냈다. 아버지와 함께 산 것은 10년 전쯤인데, 그의 아버지는 근육질에 문신을 한 남자였다. "범죄자 같아서 똑바로 쳐다보기도 힘들었어요." 아버지는 앨버타 서부로 가서 더 강한 약물들을 손에 넣었다. 그러더니 갑자기 30킬로그램이나 살이 빠져서 작아진 체구에 주름진 얼굴, 혈관이 손상되어 흉이 진 알코올중독자의 코를 하고 다시 노바스코샤에 나타났다.

"아주아주 형편없이 망가져서 왔죠."

얼마 지나지 않아 상황은 더욱 악화됐다. 니컬러스의 아버지는 911로 노바스코샤 경찰에게 전화를 걸었다. 아버지 집에 도착한 경찰은 니컬러스의 친한 친구인 스물두 살 청년의 시신을 발견했다(후에 사인은 메타돈 과다복용으로 밝혀졌다. 니컬러스의 아버지는 마약 거래로 기소되었지만 증거 부족으로 풀려났다). 그런 끔찍한 비극 직후에 니컬러스의 아버지는 죽은 청년의 여자친구와 사귀기 시작했다. 여자친구의 나이는 열여덟 살이었다.

"막장 토크쇼에서나 들을 법한 이야기들이죠." 니컬러스는 비꼬듯이 말했다.

이야기는 더 추악한 결말로 끝이 났다. 몇 달 뒤 그 어린 여자친구는 어느 아파트에서 의식을 잃은 채로 발견되어 이틀 뒤 노바스코샤에 있는 병원으로 옮겨졌으나 사망했다. 들은 바에 따르면 사인은 약물 과다복용이었다.

니컬러스 아버지의 기행은 결국 음주운전으로 감옥에 갇히고 나서야 끝이 났다.

니컬러스의 어머니는 (수년간 약물 남용의 결과로 보이는) 환청과 망상장애로 고통받고 있다. 그녀는 젊을 적에 금발에 날씬하고 예뻤다. 지금은 아마도 약물 때문인 듯한데, 비정상적으로 과체중이 되었다. 얼굴과 몸통에 살이 많이 붙어서 실제 나이보다 더 늙어 보인다고 니컬러스는 말했다. 그는 어머니를 이따금 만난다. "정상적인 모자관계는 아니에요. 정상적인 관계인 적이 없었죠."

이런 결과에 대해 슬픔을 느끼느냐고 그에게 물었다.

"네, 물론이죠. 하지만 동시에, 이인증이 있어서 거기에서 내가 분리되는 기분이에요. 이상하죠. 슬프기는 한데 그 슬픔이 내 감정처럼 느껴지지는 않아요. 다른 사람의 인생 이야기를 듣고 슬픔을 느끼는 기분이에요."

"오랫동안 힘든 삶을 살아왔네요."

"네, 그랬죠. 지옥과도 같았죠. 다른 누군가의 삶을 내가 관찰하는 것처럼 느끼는 게 아니라, 내 삶처럼 느낄 수 있으면 좋겠어요."

"그러면 더 가혹하지 않을까요?"

"네. 하지만 받아들이는 법을 배우고 싶어요. 온전히 내게 일어난 일처럼 느껴지지 않는 것을 받아들이기란 힘든 법이죠."

우리는 이런저런 얘기를 나눴다. 그는 오스트레일리아에서 온 턱수염도마뱀을 수조에서 기른다고 했다. 내가 살고 있는 샌프란시스코와 금문교에 대한 얘기도 나누었다. 니컬러스와 약혼녀 재스민은 생각만 해도 캘리포니아에 매료되는 모양이었다. 나는 그들이 사는 곳 역시 무척 아름답다고 얘기했다. "평생을 여기서 살다 보면 별로 감사할 줄 모르게 돼요." 재스민이 말했다.

그녀는 어쩌면 이인증과 분리된 자아에 대해 얘기한 것인지도 모른다. 별 말썽 없이 몸 안에 머물며 자신만의 생생한 감정을 소유하고 느끼는 우리는 아마 우리가 가진 것들의 가치를 느끼지 못할 것이다. 지금껏 살아오면서 늘 자아와 친밀하게 연결되어 있었다면, 당신은 자아에 대해 그다지 고마워하지 못할 것이다.

6장

자아의 걸음마가 멈췄을 때

자폐증이 자아 발달에 관해 말해주는 것

자폐증을 가진 사람들은 자아를 경험하고
타인의 마음을 읽기를 힘들어한다.
하지만 반대로 이른바 일반인들도 자폐적인 사람들의 마음을
이해하지 못하기는 마찬가지다.

자폐증을 갖고 있는 사람들은 네모난 못과 같다. 둥그런 구멍에 네모난 못을 넣고 망치로 박는 일은 힘이 들어서가 아니라, 못이 망가지기 때문에 문제가 된다.[1] _ 폴 콜린스,《틀렸다고도 할 수 없는》

어떤 이유에서인지, 나는 이해하기 힘든 사람이다. 그들은 나를 볼 수 없다. 그렇다, 바로 그것이다. 세상은 나에 대해 자폐적이다.[2]

_ 앤 네스베,《땅속의 벽장》

제임스 파헤이는 서른네 살 때 아스퍼거 진단을 받았다. 그에게 처음 보낸 편지에서 내가 '아스퍼거증후군' 얘기를 꺼내자, 제임스는 전혀 공격적이지 않은 태도로 부드럽게 지적했다. "나는 순수하고 단순한 아스퍼거 환자입니다. 인위적으로 만들어진 증후군이나 장애, 질병, 결함 같은 것은 갖고 있지 않아요."

그는 심리학자에게 검사를 두 번 받고 나서 아스퍼거 진단을 받았다. 두 번째 검사 때는 어린 시절 얘기를 하기 위해 그의 여동생과 함께 갔다. 제임스는 그때 처음으로 여동생이 유년기를 자신과 상당히 다르게 인식하고 있다는 것을 알았다. 충격이었다.

예를 들어, 여동생은 제임스가 한 번도 자신과 놀고 싶어하지 않았다고 또렷하게 기억하고 있었다. 심지어 그녀가 혼자 있어도 제임스는 따로 떨어져 있었다. 여동생은 오빠와 놀고 싶었지만 그는 알아채지 못했다. 제임스는 말했다. "여동생이 외로울 거라고는 한 번도 생각해보지 못했어요. 내가 외롭지 않은데 왜 여동생이 외롭겠어요?" 제임스는 주로 혼자 책을 읽었다. 그가 선택한 책들(대개 나폴레옹전쟁 등 전쟁들을 다룬 역사책)도 여동생과 멀어지는 데 일조했다. 그는 역사적 사실과 통계에 관심이 많았다. 여동생은 동화책을 읽었다. 제임스는 나에게 말했다. "동화 따위는 질색이에요. 왜 그런 걸 읽고 싶어하는지 모르겠어요."

제임스는 오스트레일리아 멜버른의 서부 교외지역에서 자랐다. 부모가 스킨십으로 애정표현을 하지 않는 편이었으나 그는 괜찮았다. "냉정하다거나 무관심한 환경에서 자랐다고 생각하지는 않아요. 여동생도 괜찮았고요." 제임스는 누가 자신을 만지거나 껴안는 것이 불편했다. 외가 쪽 친척들과는 별 문제가 없었다. 그들은 대개 시골에 사는 농부들이었다. 제임스는 회상했다. "가족들은 서로 데면데면했어요. 아주 친밀한 대화 같은 건 할 필요가 없었죠. 툭하면 포옹하는 분위기도 아니었어요."

하지만 친가 쪽 친척들과 교류하는 것은 제임스에게 시련이었다. 매주 일요일이면 제임스의 가족은 주로 차를 타고 친할머니 댁을 방문했다. 할머니는 언제나 기다리고 있었고, 때로는 고모할머니도 있었다. 그들은 제임스를 보면 껴안고 뽀뽀를 하려고 들었다. "그 당시에는 누가 나한테 진하고 끈적끈적하게 입을 맞추는 것이 세상에서 가장 끔찍했어요. 포옹도 싫었죠. 누군가와 포옹을 하면, 붙잡혀서 우리 안에 갇히는 기분이 들었어요."

20대에 들어서면서 제임스는 자신이 어떤 사람인지, 그리고 사람들이 사는 방식과 자신의 방식이 공존할 수 없다는 것을 깨닫기 시작했다. 예를 들면 여자친구 사귀기가 그랬다. 사회적 압박을 느껴 시도는 했으나 힘들었다. "일주일 내내 혼자 있고 싶고, 혼자 다니려고 하는 남자를 어떤 여자가 좋다고 하겠어요? 연애관계랄 게

못 됐어요." 그가 스킨십을 싫어하는 것도 방해요인이었다. 모든 친밀감은 서서히 만들어진다. "친밀한 순간을 원한다면 그건 괜찮아요. 특정 시간에만 그런다면 괜찮죠. 침대로 가서 자기 할 일을 하는 건 좋아요. 나를 만지지만 않으면 돼요."

제임스는 관계를 거부하는 것이 아니다. 다만 친밀한 관계를 원하지 않을 뿐이다. "나는 혼자 있는 시간을 매우 즐기고 원하기 때문에, 혼자 있다고 해서 슬퍼하거나 우울해하지 않아요. 나한테는 플라토닉한 연애가 맞아요. 부정적인 것들은 다 빼고 좋은 것만 주니까요."

부담스러운 관계가 아닌 경우에서도 제임스는 자신이 분위기를 그르칠 수 있다는 것을 알았다. "웃지 말아야 하는 상황에 웃음을 터트려서 다른 사람의 불행에 즐거워하는 것처럼 보인 적도 있어요." 한번은 친구들과 영화를 보는데, 영화 배경에서 뭔가를 본 제임스가 킥킥거렸다. 이야기의 흐름과 전혀 무관한 반응이었다. 그의 웃음소리는 이목을 끌었다. 영화는 〈쉰들러 리스트 Schindler's List〉였다. 친구들은 그가 유대인을 잡아넣는 장면에 즐거워한다고 생각했다. 하지만 제임스는 이와 상관없는 사소한 무언가에 정신이 팔려 있었다. 어떤 면에서 그것은 제임스가 세계를 바라보는 방식이었다. 그때의 상황을 설명하기 위해 그는 영화 장면을 언급했다. "주인공 오스카 쉰들러가 흑백영화처럼 어두운 배경에서 빨간 코트를 입은 소녀를 바라보는 장면이 있어요. 영화 뒷부분에 시체 더미가 나오는데 거기에 빨간 코트가 다시 보이죠. 빨간색이 유난히

눈에 띄어요. 이것이 내가 세상을 어떻게 바라보는지 보여주는 적절한 비유인 것 같아요. 나한테는 유독 강조되어 보이는 것들이 있어요. 나는 그걸 따라가죠. 그런 것들에 왜 이렇게까지 흥미를 느끼는지는 모르겠어요."

공식 진단(그는 정신과 의사들이 하는 일 대부분을 가치 있게 여기면서도 진단이라는 용어는 몹시 싫어한다. "나한테 문제가 있는 것처럼 들리잖아요.")을 받기 훨씬 전부터 그는 자신이 왜 남들과 다른지 오랫동안 깊이 생각해왔다. 사람들과 교류하면 그는 불안하고 우울해졌다. 오늘도 그는 사람들과 함께 있어 불안하다. 하지만 그의 내성적 천성은 자신이 어떤 사람인지 이해하고 마침내 타인의 기대라는 짐을 내려놓는 데 도움이 되었다. 그는 말했다. "사람들이 나에게 기대하는 것이 곧 나 자신이라고 착각했어요. 그들은 내 관점을 이해할 수 없었는데 말이죠."

혼자 있고 싶어하고, 친밀한 관계를 맺는 데 어려움을 느끼며, 사람들 앞에 나서야 하는 상황에서 불안해하고, 유년기부터 포옹과 입맞춤에 혐오감을 느끼는 등 제임스가 자신의 내면을 관찰해 발견했던 특성들은 의학 논문에 최초로 '자폐증'이라는 단어가 등장하기 시작한 1940년대 초반부터 면밀히 연구되었다.

✳

'자폐증'이라는 말은 '자아'를 뜻하는 그리스어 autos에서 왔다. 1916년 스위스의 정신의학자 오이겐 블로일러[3]가 조현병의 증상 중 "타인과의 관계, 그리고 바깥세상과 맺는 관계가 좁아지는데, 너무 극단적이어서 자기 자신 이외의 모든 것을 배제하려는 듯한"[4] 증상을 설명하기 위해 고안한 용어다.

1943년에는 볼티모어 소재 존스홉킨스 병원에서 아동정신의학센터를 맡고 있던 오스트리아 출신의 정신의학자 레오 캐너Leo Kanner가 지금 우리가 익히 아는 증후군을 설명하기 위해 '자폐증'이라는 용어를 사용한 기념비적 논문을 썼다. 어린이 11명을 상세히 관찰한 내용을 담은 정교한 논문이었다.

여기서 근본적인 장애는, 아이들이 자신을 다른 사람들이나 상황에 정상적인 방식으로 결부시키는 능력이 선천적으로 없다는 것이다. 그들의 부모는 아이를 가리켜 늘 이렇게 표현한다. "자족적이다" "조개껍데기 안에 들어 있는 것 같다" "혼자 있을 때 행복해한다" "사람들이 주위에 없는 것처럼 군다" "자기에 관한 모든 것을 완전히 의식하지 못한다" "조용한 지혜를 갖고 있다는 느낌을 준다" "사회 인식이 통상적인 수준으로 발달하지 못했다" "마치 최면에 걸린 것처럼 군다".[5]

캐너는 정상적인 사회관계를 기피하는 자폐증이 아동기 후반이나 성인기 초반에 시작되는 조현병의 증상과는 다르다고 블로일러의 설명과 선을 그었다. 캐너는 이 새로운 증후군에 대해 이렇게 썼다. "외부에서 자신에게 들어오는 모든 것을 되도록 무시하고 못 본 척하며 가로막아 극심하게 자폐적으로 홀로 있으려는 경향을 타고났다."[6]

얼마 안 되어 시의적절한 아이디어가 주목을 받으며 등장했다. 오스트리아 빈에 살고 있던 소아과 의사 한스 아스퍼거Hans Asperger가 이와 비슷한 사례 연구논문을 1년 뒤에 독자적으로 발표했다. 아스퍼거 역시 그러한 상태를 설명하는 데에 '자폐증'이라는 용어를 썼다.

하지만 자주 인용되고 그만큼 비판도 많이 받는 미국정신의학협회 출간물인《정신장애 진단 및 통계 편람Diagnostic and Statistical Manual of Mental Disorders, DSM》에 '자폐증'이 하나의 진단명으로 포함되기 시작한 것은 1980년에 들어서였다.[7] 비록 '소아자폐증infantile autism'이라는 유감스러운 표현으로 들어가기는 했지만 말이다. 1987년에는 그 명칭이 '자폐성장애'로 바뀌었다. 하지만 자폐증을 명확히 정의하기가 어렵다는 것이 DSM-IV(1994)에서 분명해졌다. DSM-IV에서 자폐성장애는 아스퍼거장애와 비전형성 전반적 발달장애pervasive developmental disorder not otherwise specified, PDD-NOS 등 몇 가지 하위 유형들과 나란히 놓인다. 게다가 2013년에 출간된 DSM-5에서는 다시 방향을 뒤집어 아스퍼거장애와 PDD-NOS를 자폐스펙트럼장애autism spectrum disorder라는 상위 용어로 포괄했다.

이렇듯 분류와 재분류를 계속 거치면서도 애초에 캐너가 제시했던 본래의 통찰만은 그대로 유지된다. 그는 1943년에 이렇게 썼다. "그러니 우리는 이 아이들이 생물학적으로 주어지는 타인과 정서적이고 일반적인 접촉을 형성하는 능력을 갖지 못한 채 태어난다고 봐야 한다. 선천적으로 신체적·지적 장애를 안고 태어나는 아이들이 있는 것과 마찬가지로."[8] 그의 말에 따르면, 이 아이들은 "정동적 접촉에 대한 선천적 자폐성장애"를 갖고 있다. 이때 '정동적 affective'이란 우리 존재의 정서적 측면을 가리킨다.

✳

정의에 따르면, 자아의 기능이란 유기체가 자기와 타인 사이의 경계를 알아차리도록 돕는 것이다. 갓 태어난 영아도 이런 능력이 있을까? 아니면 자아는 아기가 성장하면서 단계적으로 형성될까? 대략 18개월에서 21개월 사이에 아기들이 자신과 타인을 구분해 말하기 시작한다는 것을 보여주는 좋은 증거가 있다. 어떤 부모들에게야 골치 아픈 일이겠지만, 아기들은 자기가 좋아하는 것을 향해 "내 거야!"라고 외치기 시작한다. 이는 언어를 사용해 명시적으로 자아를 언급하는 능력이 있음을 분명히 보여준다. 비슷한 시기에 아이들은 거울이나 사진에 비친 자신의 모습을 알아보기 시작한다. 발달심리학자들이 맞닥뜨리는 질문 중 하나는 '아이들의 자기감은 주로 사회적 상호작용이나 언어 사용을 통해 발달할까, 아니면 좀 더 근원적이고 선천적인 암묵적 자아가 존재할까?'다.

윌리엄 제임스는 암묵적 자아와 명시적 자아를 구분해 전자를

I, 후자를 Me라고 불렀다. 심리학자 필리프 로샤Philippe Rochat는 이렇게 말했다. "Me는 사람들에게 확인되고 기억되며 이야기의 대상이 되는 자아와 일치한다.⁹ 그것은 언어로 시작되고, 명시적 인식이나 표현을 수반하는 개념적 자아다. 따라서 영아들은 당연히 아직 언어를 습득하기 전이기에 공유된 상징체계의 관습 안에서 느낀 바를 말하지 못하므로 이것을 이해하지 못한다. 반면 어떠한 의식적 식별이나 인식에도 의지하지 않는, 근본적으로 암묵적인 자아가 존재한다."

인지심리학의 아버지라 불리는 울릭 나이서Ulric Neisser는 1991년, 제임스의 I를 생태적 자아ecological self(물리적 환경에 따라 발달하는 몸에 대한 아기들의 암묵적 감각)와 상호적 자아interpersonal self(타인과의 상호작용을 통해 형성되는 사회적 자아에 대한 암묵적 감각)로 더 나누었다.¹⁰

생태적 자아는 아기들에게서 뚜렷하게 드러난다. 예를 들어 아기들은 포유반사를 보이는데, 아기의 볼을 손가락으로 건드리면 아기는 고개를 돌려 그 손가락을 향한다. 로샤는 심지어 태어난 지 24시간 이내의 신생아들도 자기가 자신의 볼을 우연히 건드렸을 때보다 누군가가 자신의 볼을 만졌을 때 세 배나 더 많은 포유반사를 보인다는 것을 입증했다.¹¹ 이것은 아기들이 자기 몸을 인식하고 있다는 것을 보여준다. 어쩌면 자기가 자기 행위의 주체임을 의식하고 있을지도 모른다(조현병에 관한 4장의 내용을 회상해보자. 우리는 자기 스스로를 간지럽히지 못한다. 왜냐하면 원심성 사본/동반방출 메커니즘이 간지럼의 강도를 약화시키기 때문이다.
우리는 나 자신이 간지럼을 태웠다는 것을 암묵적으로 안다).

로샤에 따르면, 어른들이 끊임없이 아기들의 얼굴 표정과 정서
를 거울처럼 반영해주기 때문에 아기들의 암묵적인 사회적 자아
가 발달한다(우는 아기에게 슬픈 표정을 지어 보이거나 "에구 딱
해라, 우리 아기!" 하며 공감해주는 엄마의 모습을 얼마나 자주 보
는가?). 아기들은 결국 모방의 선수다. 이렇듯 끊임없는 반영은 말
하기 이전, 언어 이전 아기들의 사회적 자아 발달을 돕는다. 사회
적 자아는 상호작용으로 길러지는 것이다.

언어를 익히면서 명시적 자아를 형성하고 표현하는 능력이 생
겨난다. 아이들은 자라나면서 또 다른 놀라운 능력, 말하자면 타인
의 마음을 들여다보는 능력을 키운다. 하지만 자폐증이 있는 아이
들은 이 능력이 손상되어 있다. 캐너가 말한 대로, 타인과 사회적
으로 관계를 맺는 능력이 선천적으로 없는 것이다. 자폐증을 한편
으로 자아라는 맥락에서 바라보는 학자들은 이런 질문들과 맞닥
뜨린다. '사회적 관계 맺기에서 겪는 어려움은 아이들의 자아 발달
과 연결되는가? 그렇다면 어떻게 연결되는가?'

✳

수전과 로이는 아들 알렉스가 사람들을 대하는 방식에 뭔가 문
제가 있다는 것을 처음 깨달았던 때를 떠올렸다. 알렉스의 두 번째

생일이었다. 친척들과 친구들이 축하하러 집으로 왔다. 알렉스는 바라지 않았지만, 당연히 이날 관심의 대상은 알렉스였다. 로이는 나에게 말했다. "알렉스가 길거리로 나가 보도 위를 내달렸어요. 아들을 끌어와야 했죠. 손님들 대부분이 좀 당황했던 게 확실하게 기억나요."

하지만 그 사건이 있기 전부터도 이 어린 아이는 소리나 촉각에 과민한 것이 분명했다. "알렉스를 너무 많이 안아도 안 됐어요." 수전이 말했다. 아이는 부드러운 면 소재 옷만 입었는데, 옷에 붙은 라벨도 못 견뎌서 모두 떼어줘야 했다. 시끄러운 소리에도 질색해서 귀를 막으며 고통스러워하는 일이 잦았다. 음식도 잘 갈아서 오래 씹지 않게(질기거나 바삭거리지도 않게) 해줘야 했다. 그러지 않으면 구역질을 했다. 이 모든 정황을 토대로 처음 받은 진단은 감각처리장애sensory processing disorder였다. 하지만 알렉스에게 촉각과 청각 과민증 이상으로 뭔가가 있음을 보여주는 징후들이 있었다.

(로이와 수전이 처음으로 신경을 곤두세웠던) 두 번째 생일 전에도 보건소 직원이 알렉스의 건강을 체크하러 찾아왔었다. 알렉스는 장난감 자동차를 수십 개나 갖고 있었다. "그녀는 알렉스가 장난감 차들을 일렬로 쭉 줄지어 놓은 것을 보고 뭔가 위험신호를 느꼈던 것 같아요." 로이는 말했다. 누군가가 자동차들의 배열을 흐트리면 알렉스는 화를 냈다.

하지만 막상 그 장난감들이 자기 것이라는 의식은 없었다. 대다

수 아이들은 자기 장난감에 대한 소유의식이 발달한다. 하지만 알렉스는 이런 경향을 보이지 않았다. 수전이 말했다. "알렉스는 한 번도 그런 적이 없어요. 누구든 알렉스의 장난감을 가지고 놀거나, 심지어 가져가버릴 수도 있었죠." 알렉스는 표현언어지체expressive speech delay라는 진단도 받았다. 그의 언어능력과 이해력은 나이에 맞게 적절했지만, 자신의 정서나 감정을 또래 아이들처럼 표현하는 일은 거의 없었다(예를 들어 알렉스는 '행복해요' '화나요' '슬퍼요' 같은 말을 한 적이 없다고 했다).

그러는 사이 유치원 교사들은 알렉스의 불안을 눈여겨보고 있었다. 아이들이 둥그렇게 둘러앉아 서로 질문에 답하거나 무언가에 대해 말하는 순서를 기다릴 때, 알렉스는 자기 순서가 다가올수록 긴장하면서 손톱을 물어뜯고 몸을 앞뒤로 흔들었다. 결국 알렉스는 DSM-5에 등장하는 자폐스펙트럼장애의 하위 유형인 PDD-NOS 진단을 받았다.

초등학교에 들어가자 혼자 있고 싶어하는 성향은 운동장에서도 드러났다. 로이가 말했다. "알렉스는 혼자 있는 것을 매우 좋아해요. 운동장은 소리 지르며 함께 노는 아이들로 가득하지요. 알렉스는 혼자 떨어져서 누구와도 놀지 않고, 놀고 싶어하지도 않아요. 그건 중요한 문제예요. 모든 교사가 관심을 기울이고, 해마다 상담할 때 논의하는 문제지요."

자폐아의 부모라면 잘 알고 있는 다양한 종류의 치료(언어요법, 물리요법, 작업요법 등)를 몇 년간 받고 나서 알렉스는 많은 진전을 보였다. 그는 공부를 잘했고 스포츠에도 깊은 관심이 생겼다. 수전이 말했다. "알렉스는 인기 있는 아이예요. 아주 상냥하고 친절한 데다 어느 누구도 괴롭히지 않아요. 알렉스가 똑똑하니까 수학문제를 풀어달라고 부탁하는 아이들이 많아요. 반항적인 태도도 전혀 없어요. 어떤 반에 들어가든 대체적으로 아주 사랑받아요."

하지만 로이는 말했다. "아직까지 친하게 지내는 친구는 한 명도 없어요."

알렉스는 모든 사람을 똑같이 여긴다. "아이들과 얘기를 나누다보면 이런 말을 주로 듣잖아요. '얘가 쟤보다 나아' '얘는 친절해' '쟤는 좋아' '나는 얘보다 누구누구가 더 좋아'" 수전은 알렉스가 이러는 것을 보지 못했다. "알렉스는 자신이나 다른 아이들의 행동에 관해 생각하는 일이 거의 없어요. 그쪽으로는 감각이 좀 무디다고 할까요. 웬만하면 다 괜찮은 거죠."

알렉스와 같은 아이들에게 나타나는 이런 면은 그들이 성인이 되어 사회에서 어떤 식으로 기능하게 될지를 암시해준다. 알렉스는 사회적 언어치료 집단에 들어갔다. 알렉스는 현장학습 과제 중 하나로 가게에 가서 무언가를 주문해야 했다. 이는 곧 무언가를 요청하고, 카운터 뒤에 서 있는 사람이 뭐라고 말할지 예측하고, 그 사람에게 대답한 뒤 돈을 내고 잔돈을 받는 등의 시나리오를 여러 번 설명해야 한다는 뜻이었다. "당신이나 나 같은 사람이라면 유추해서 알아듣고 어떻게 대처할지 알 것들을 이 아이들은 배워야 해요." 로이가 말했다.

당신이나 나 같은 사람이라면 유추해서 알아들을 것들……. 무엇을 유추한다는 것일까? 우리는 다른 사람들의 심리 상태를 유추한다. 마음을 읽는 것이다. 1980년대 중반에 아동심리학자들은 아이들에게 언제부터 타인의 마음을 엿보는 능력이 생기기 시작하는지 간단한 테스트를 했다. 이런 능력을 '마음이론theory of mind'이라고 한다. 자폐증은 마음이론에 관해 무엇을 말해주는가? 그리고 우리 자신의 마음, 나의 심리 상태를 이해하는 데에도 마음이론이 필요할까? 자기감을 설명하는 데에도 마음이론이 필요할까?

✳

심리학자 앨리슨 고프닉Alison Gopnik은 마음이론을 사람들에게 이해시키기 위해 독창적인 방법을 고안했다. 사람들로 꽉 찬 방을 상상해보자. 주위를 둘러보면 무엇이 보이는가? 여러 벌의 옷 안에 피부가 들어 있고 앞뒤로 움직이는 꼭대기에는 작은 점들이 있으며 아래쪽에는 구멍이 난 존재로 보이는가? 우리는 사람들을 이렇게 무생물인 물체로 보는가? 당연히 아니다. 버클리 소재 캘리포니아대학교의 연구실에서 만난 고프닉은 나에게 말했다. "그런다면 미친 거죠. 정신이 나간 거예요. 우리는 사람들을 결코 그런 방식으로 보지 않습니다. 심리적 존재로 보지요."

우리가 사람들을 마음을 가진 실체로 본다는 뜻이다. 우리는 누군가가 다음에 무엇을 할지 예측하기 위해, 그리고 타인의 행동이나 의도, 욕구를 이해하기 위해 그들의 마음에서 무슨 일이 일어나고 있는지 끊임없이 추론한다. 우리에게는 마음이론이 있다. 이 능력은 사회적 상호작용의 기반이다. 그런데 마음이론은 타고나는 것일까? 아니면 시간을 거치며 발달하는 것일까? 바꿔 말하자면, 아이들이 이 능력을 확실하게 얻는 발달 단계가 존재할까?

1983년, 오스트리아의 두 심리학자 하인츠 빔머Heinz Wimmer와 요제프 페르너Josef Perner는 아이들이 마음이론을 갖고 있을지 검사하는 방법에 관한 논문을 펴냈다.[12] 이 논문은 인공지능을 다룬 어떤 책에 나온 구절을 인용하면서 시작한다.

어떤 외판원이 어느 날 출장 계획이 예기치 않게 취소되어 아내가 있는 집에 돌아가서 자게 되었다. 아내는 이미 깊이 잠들어 있었고 이내 남편도 잠이 들었다. 그런데 한밤중에 현관문을 시끄럽게 두드리는 소리가 들렸다. 아내는 깜짝 놀라 깨어나며 소리쳤다. "오, 세상에. 내 남편이야!" 그 소리에 남편은 침대를 박차고 나와 방을 가로질러 창문 밖으로 뛰어내렸다.[13]

우리는 물어봐야 한다. 남편과 아내 둘 다 바람을 피우고 있었던 걸까? 빔머와 페르너는 '잘못된 믿음false belief'이라는 발상에 관해 논한다. 아내는 무슨 생각을 했을까? 남편은 왜 창밖으로 뛰어내렸을까? 타인에게 잘못된 믿음을 적용한다는 것은, 그들이 생각하는 것이 당신이 알고 있는 대로의 현실에 부합하지 않는다고 추론할 수 있다는 것이다. 예를 들어, 아내는 문을 두드린 사람이 남편이라고 생각했을까? 그리고 남편은 아내 옆에 누워 있으면서도 아내가 그런 생각을 하고 있었다고 추론했을까? 그것이 남편이 창밖으로 뛰어내린 이유를 설명하지는 못하지만, 최소한 잘못된 믿음이라는 개념이 뭔지는 보여준다. 그리고 누군가의 잘못된 믿음을 이해할 수 있다는 것은 당신이 그들의 마음을 들여다볼 줄 안다는, 곧 마음이론을 갖고 있다는 명백한 신호다.

빔머와 페르너는 아이들이 타인에게 잘못된 믿음을 적용해 그 사람이 할 행동을 예측해내는지 시험해보고자 했다. 일련의 기발한 테스트를 한 결과, 그들은 네 살에서 여섯 살 사이의 아이들에게서 타인의 마음을 읽는 이 새로운 기술이 발달한다는 사실을 밝혀냈다.

그러는 사이, 박사후 연구원 과정에 있던 런던대학교의 발달심리학자 유타 프리스Uta Frith의 제자 앨런 레슬리Alan Leslie는 아이들의 가상놀이pretended play에서 마음이론을 지지할 만한 증거를 찾고 있었다. 레슬리는 신생아에게 자신을 둘러싼 세상을 흉내 내는 선천적 능력, 다시 말해 내면적인 심적 표상을 정확하게 그려내는 '기본' 능력이 있다고 주장했다. 하지만 이런 능력으로는 장난감 주전자로 장난감 컵에 차를 따르는 흉내를 내는 등의 가상놀이를 설명할 수 없었다. 가상놀이를 하려면 아이는 실제 현실과 만들어진 가상세계가 다르다는 것을 기본적으로 이해해야 한다. 레슬리는 이러한 '시늉pretense'을 "인지 그 자체를 이해하는 능력의 시작"[14]이라고 불렀다.

시늉은 특징을 파악해 정보에 대한 자신의 태도를 조작하는 인간의 정신능력을 보여주는 초기 징후다.[15] 그러므로 시늉하는 것은 다른 사람의 시늉(정보에 대한 다른 누군가의 태도)을 이해하는 능력을 보여주는 특별한 경우다. 간단히 말해, '시늉'은 마음이론의 초기 징표다.

그리고 자폐증을 갖고 있는 아이들의 경우, 특히 자폐증이 아주 심한 경우에 가상놀이나 공상에 빠지지 않는다는 증거들이 많아지고 있다(예를 들어, 다운증후군과 같은 지적 장애를 가진 아이들이 정상 아동에 비해 비록 아주 늦더라도 가상놀이를 할 수 있는 것과 대비된다).

나는 로이와 수전에게 알렉스 역시 자라면서 그랬는지 물어보았다. 수전이 대답했다. "아, 완전히 그랬죠. 알렉스는 늘 트럭이나 게임을 갖고 놀았지, 한 번도 '나는 이거야, 그리고 저게 될 거야' 이런 적이 없었어요."

레슬리는 자폐아들이 다운증후군의 경우와 달리 가상놀이를 하지 않는 것은 마음이론이 손상되었기 때문이라고 보았다. 1985년에 사이먼 배런코언Simon Baron-Cohen은 박사과정 지도교수인 프리스, 공동 지도를 맡은 레슬리와 함께 자폐아들에게 마음이론이 있는지 알아보기 위해 빔머와 페르너가 했던 실험보다 더 단순하고 우아한 실험을 고안해냈다. 시나리오에 등장하는 두 인형의 이름을 따 '샐리-앤 테스트Sally-Anne test'라 부르는 이 실험은 다음과 같이 진행된다.

샐리는 바구니를 갖고 있다. 앤은 상자를 갖고 있다. 샐리는 자기 바구니 안에 구슬 하나를 넣는다. 그리고 바구니는 남겨둔 채 밖으로 산책을 나간다. 샐리가 떠난 사이, 앤은 바구니에 있던 샐리의 구슬을 집어 자기 상자에 넣는다. 샐리가 방으로 돌아와 자기 구슬을 가지고 놀려고 한다. 그때 샐리는 어디에서 구슬을 찾으려 할까?[16]

"앤의 상자요"라고 답했다면, 당신은 '잘못된 믿음' 테스트에 떨어졌다. 왜냐하면 당신은 샐리의 마음속이 당신의 마음속과 같다고 생각하고 있기 때문이다. "샐리의 바구니요"라고 답했다면, 당신은 이 테스트를 통과했다. 샐리의 마음을 들여다볼 수 있어서다(밖에 나갔다 온 샐리는 앤이 어떤 일을 했는지 알 수 없으니 자기 바구니를 들여다볼 것이다).

예상했던 대로, 자폐증이 있는 아이들은(정신연령이 네 살 이상인 경우) 이 문제에 쉽게 답하지 못했다. 아이들은 대개 "앤의 상자"라고 답하려 했다. 반면 전형적인 발달을 보이는 아이들과 다운증후군이 있는 아이들은 대부분 올바른 답을 말했다. 이는 자폐증이 마음이론의 특정 결함과 관련되어 있음을 암시한다.[17]

1988년에 고프닉과 동료들은 정상 발달을 보이는 아이들을 연구해, 마음이론과 '잘못된 믿음' 테스트가 자아인식의 정수에 관해 무엇인가 더 말해준다는 것을 보여주었다. 나의 마음을 아는 능력이 타인의 마음을 아는 능력과 관련이 있다는 사실이었다.

세 살에서 다섯 살 난 아이들에게 사탕 상자를 닫은 채로 보여주었다. 상자를 열자 상자 안에 사탕 대신 연필들이 들어 있는 것을 보고 아이들은 놀랐다. 상자는 다시 닫혔다. 아이들은 여러 가지 질문을 받았다. 상자의 내용물에 대해 지금 알고 있는 것(또는 심적 표상)이 상자가 열리기 전에 그 안에 있을 것이라고 예상했던 것과 다르다는 것을 아이들이 알고 있는지 테스트하기 위해 고안된 일련의 질문들이었다. 다섯 살 아이들은 조금 전까지 상자 속 내용물에 대해 잘못된 믿음을 품고 있었다는 것을 기억했다. 하지만 세 살짜리 아이들은 상자에 연필이 아니라 사탕이 있을 거라는 잘못된 믿음을 가졌었다는 것을 아예 잊고 있었다.[18] 세 살짜리 아이들의 시각에서 상자에는 쭉 연필이 들어 있었던 것이다. 이 실험은 아이들이 잘못된 믿음을 인지하는 능력에 대한 테스트였으며, 앞에 소개한 실험과 비교한다면 그 잘못된 믿음은 아이 '자신이' 이전에 갖고 있던 것이라는 점만 달랐다.

타인의 마음을 읽는 능력과 과거에 내 마음에 무엇이 있었는지를 알아차리는 능력 모두 세 살에서 다섯 살 사이에 발달한다는 사실은 흥미롭다. "아이들이 다른 사람에 관해 말하는 것과 과거의 자기 자신에 대해 말하는 것 사이에는 아주 강력한 상관관계가 있어요." 고프닉이 나에게 말했다.

배런코언은 비슷한 실험들을 통해 자폐증 아동을 연구했으며, 그 결과를 〈자폐증 아동은 '행동주의자'인가?Are Autistic Children 'Behaviorists'?〉라는 도발적인 제목의 논문으로 펴냈다. 물체의 물리적 외관(달걀처럼 보이는 어떤 것)과 그것의 진짜 본질(겉보기엔 달걀 같지만 사실은 돌로 만든 달걀 모형)에 대한 지식을 구분할 수 있는지 알아보는 실험에 관해 쓴 것이었다. 이른바 A-R 실험Appearance-Reality experiment(외양-실재 실험)이라고 부르는 이 실험을 자폐증 아동 17명과 정신장애가 있는 아동 16명, 그리고 임상적으로 정상인 아동(모든 아동의 언어적·정신적 연령은 최소 네 살 이상이었다) 19명을 상대로 진행했다. 배런코언은 외양과 실재를 구분하는 능력을 테스트함으로써 아이들이 자신의 정신 상태에 대해 얼마나 알고 있는지 알 수 있다고 주장했다.

먼저 아이들에게 어떤 물체를 보여준다. 그것이 무엇이냐고 묻자 아이들은 모두 달걀이라고 했다. 그런 뒤 아이들은 '달걀'을 만져보고 나서 그것이 사실은 돌덩어리라는 것을 알게 된다. 아이들이 '돌로 된 달걀'을 주의 깊게 관찰하게 한 뒤에 두 가지 질문을 했다. "그게 무엇으로 보이니?" 그리고 "실제로 그게 무엇이니?"였다. 질문에 대한 정답은 차례로 달걀(외양)과 돌(실재)이었다.

정상 발달을 보이는 아이들과 다운증후군 아이들의 80퍼센트가 A-R 테스트를 통과했다. 하지만 자폐증 아동 중에서는 35퍼센트 정도만 외양과 실재를 구분할 수 있었다. 그들은 주로 돌로 된 달걀이 달걀처럼 보이고, 실제로도 달걀이라고 말하는 실수를 했다. 배런코언은 이렇게 썼다. "이 아이들만 외양과 실재를 구분하지 못했다. 이것은 곧 자기 마음에 대해 알지 못한다는 것을 뜻한다. 지각정보가 세상에 관한 자신의 지식과 상충될 때, 자폐아들은 이를 구분하지 못하고 지각정보를 대상에 관한 다른 표상들보다 더 우선시한다는 것을 보여준다."[19] 자폐아의 두뇌는 새로운 정보를 이해할 때 기존 지식을 충분히 활용할 수 없다. 이것은 두뇌의 예측 메커니즘이 손상되었을 수 있다는 것을 알려주는 단서다.

이런 연구들은 우리에게 뭔가 심오한 것을 알려준다. 우리가 타인의 마음을 읽을 수 있게 해주는 두뇌 메커니즘이 무엇이든 간에, 똑같은 메커니즘이 우리 자신의 마음을 읽는 일에 관여하는 것으로 보인다. 마음을 읽는다는 것 또는 마음이론을 갖는다는 것이 우리의 자기감에는 얼마나 중요한가? "아주 중요하다고 봅니다." 프리스는 이렇게 말했다.

프리스는 마음이론이 자아의 '특정' 측면에 아주 중요하다고 말했다. 우리가 살펴보았듯 자아는 크게 전반성적 자아인식prereflective self-awareness(I 또는 주체로서의 자아)과 반성적 자아인식reflective self-awareness(Me 또는 대상으로서의 자아), 두 가지로 나눌 수 있다. 마음이론은 대상으로서의 자아와 관계가 있다. 어느 누구도 자폐증이 경험의 주체가 되는 능력을 손상시킨다고 주장하지 않는다. 자폐증도 결국 대상으로서의 자아가 손상된 것이다.

＊

만약 자폐아가 손상된 마음이론을 갖고 있다면, 그리고 자신의 마음을 읽는 데 곤란을 겪는다면, 성인 자폐증에서는 이것이 어떻게 나타날까? 성인인 자폐인도 자신을 들여다보기가 어려울까?

이 질문에 대답하기 위해 프리스는 러셀 헐버트Russell Hurlburt와 예전에 자신의 박사과정 학생이었던 프란체스카 하페Francesca Happé(자폐증 관련 최고 전문가이자 마음이론 연구자)와 함께 성인 자폐인을 대상으로 테스트를 했다.

헐버트의 고안에 따라, 연구자들은 실험 참가자에게 버저를 들고 다니다가 아무 때고 버저가 울리면 "자신이 의식한 내용들을 붙잡고"[20] 그 생각들을 상세하게 적어달라고 했다. 아스퍼거증후군 진단을 받았으며, 말도 잘하고 소통도 잘하는 성인 남자 세 명이 그 연구에 참여했다. '잘못된 믿음' 테스트 결과와 자기성찰 능력 간의 흥미로운 상관관계를 보기 위해 참가자들은 '잘못된 믿음' 테스트도 여러 번 받았다.

세 참가자 중 넬슨과 로버트는 잘못된 믿음 테스트를 잘 해냈고, 자기성찰 능력과 내면의 경험을 적는 것에도 뛰어났다. 비록 그 경험을 주로 시각적 이미지로 보고했고, 일반인 통제집단의 내면 경험(일반인 통제집단의 경험에는 내면의 말과 느낌에 대한 지각도 포함된다. 자폐증 커뮤니티에서는 이런 사람들을 신경학적으로neurologically 전형적typical이라는 의미로 '신경전형인neurotypical'

이라고 부른다)을 이루는 요소가 종종 부족하긴 했지만.

세 번째 참가자 피터는 '잘못된 믿음' 테스트를 잘 해내지 못했다. 우리가 알고 있듯 자기성찰 능력 평가도 힘들어했다. "어떤 사례에서도 내면의 경험을 보고하지 못했다. 다른 참가자들이 보고했던 이미지나 내면의 말, 느낌도 전혀 없었다"라고 연구자들은 썼다.[21]

나는 프리스, 하페와 대화를 나누면서 제임스를 떠올렸다. 그에게 여동생과 친하게 지내는지 물어본 적이 있었다. 그는 이렇게 대답해서 나를 놀라게 했다. "모든 아스퍼거 환자들에게 똑같이 해당되지는 않을 거예요. 하지만 나는 사람들에게 감정을 느끼지 않아요. 본능적인 감각이나 불안 같은 것도 없고, 심장이 두근거리는 일도 없어요. 여동생을 사랑하지요. 하지만 순수하게 지적인 차원에서 사랑하는 거예요. 그 애에 대한 사랑을 생각하지, 느끼지는 않아요."

그가 여동생에게 이렇게 말했을 때 여동생은 어떻게 반응했을까? 제임스가 대답했다. "잘 받아들이던데요. 놀랐어요. 다른 사람들과 정서적 연결을 중요시하는 사람에게는 이게 못된 소리로 들릴 거라고 생각했거든요. 모욕으로 받아들일 수도 있다고 생각했죠. 하지만 여동생은 이해하려고 노력했어요. 아마 함께 자라면서 내가 사람들과 정서적으로 연결되는 방식이 자기하고는 무척 다르다는 것을 알아차렸겠죠."

그의 특별한 고백은 많은 것을 말해준다. 우선, 제임스는 성찰

할 수 있다. 하지만 앞에서 말한 신경전형인들처럼 자아의 측면들에 대해서는 아니다. 예를 들면, 그의 '대상으로서의 자아'에는 타인의 정서를 절실하게 느끼는 것이 포함되지 않는다. 제임스는 이런 결함을 외현적 인지능력을 발달시켜 극복해왔다(이것이 어쩌면 '잘못된 믿음' 테스트에서 처음에는 실패하던 몇몇 자폐증 환자가 최종적으로는 테스트를 통과하는 이유일 것이다). 하지만 사람들의 정서를 헤아리기 위해 끝임없이 노력해야만 한다는 것은 아주 힘든 일이다. 그는 몸짓이나 얼굴 표정에 의식적으로 집중해서 부족한 부분을 보충해야 한다. 남들 앞에 나서야 하는 상황이 불안의 원천인 것은 놀라운 일이 아니다. 제임스가 말했다. "내 머릿속 컴퓨터에 과부하가 걸리는 거죠. 정말 스트레스 받아요. 사람을 만나고 교류하는 30분은 3시간 동안 미적분 시험을 보는 것처럼 진이 빠지죠."

프리스가 보기에 제임스의 상황은 완벽하게 앞뒤가 맞았다. "자폐인들에게는 그렇게 완전히 자동적이고 선천적인 능력이 빠져 있습니다. 그렇다고 해서 노력과 학습이라는 의식적인 방식으로 극복할 수 없다는 얘기는 아닙니다."

이 논의는 마음이론, 곧 누군가의 행동을 그 사람의 심적 상태가 낳은 산물로 이해하는 능력이 어떻게 발달하는지를 둘러싼 논쟁에 곧바로 반영되었다. 마음이론에 관해서는 두어 가지 관점이 있다. 한쪽에서는 마음이론을 '이론 이론theory theory'으로 본다. 이 혼란스러운 이름의 이론은 우리가 무의식적 인지작용을 사용해 암묵적으로 누군가의 마음에서 일어나는 일에 대한 이론을 세운다고 본다. 또 다른 학자들은 우리가 타인의 마음을 이해하기 위해 마음속에서 시나리오를 시뮬레이션한다고 말한다. 우리가 다른 사람의 행동을 가상으로 겪어봄으로써 그들의 마음 상태를 이해한다고 보는 시각이다. 한편 어떤 학자들은 우리가 타인의 마음 상태를 직접 지각할 수 있다고 주장한다. 타인의 마음을 추론하는 일은 의식되지 않을 정도로 빠르게 일어나며, 타인의 마음은 직접 지각함으로써 의식에 들어온다는 것이다.

마음이론의 결핍은 자폐증을 가진 사람들의 다른 특징과도 연결 지을 수 있다. 목표를 성취하는 데 필요한 일련의 행위들을 계획하는 데 어려움을 겪는, 이른바 실행기능 부족이 그 예다.

수전과 로이는 알렉스가 날마다 어떤 문제들을 겪는지 말해줬다. "밖으로 나가려면 양말과 신발을 신거나 겉옷을 입는 등 해야 할 일들이 있다는 것을 두 살짜리 아이도 본능적으로 알지요. 현관문 밖으로 나가기 전에 이런 일들을 해야 한다는 것을 자동적으로 알잖아요. 알렉스에게는 이런 것들을 매번 말해줘야 합니다. 늘 처음 하는 일이죠. 습관이 되지 않아요. 양말을 먼저 신고 나서 신발을 신어야 한다든지, 속옷을 먼저 입고 나서 바지를 입어야 한다는 것 등을 일일이 말해줘야 하죠."

그간의 연구들은 마음이론의 결핍과 자폐아들의 실행기능 사이에 강한 상관관계가 있음을 설명해왔다.[22] 그들은 자폐인이 아직 일어나지 않았으나 예상 가능한 일련의 행동(양말을 신고 나서 신발을 신는 것이나 속옷을 먼저 입고 겉옷을 입는 것 등) 또는 원하는 목표(집 밖으로 나가기 전에 옷을 다 입어야 한다)들을 구성하는 심적 상태에 다가가기 어렵거나, 또는 그런 상태를 표상하는 것조차 쉽지 않다고 주장한다.

이 주장은 또한 마음이론이 단지 타인의 심리 상태에 다가가기 위한 것만은 아니라는 생각에도 힘을 실어준다. 마음이론은 자신의 마음을 아는 데에도 중요하고, 따라서 자기감의 측면에도 중요하다. 그리고 자폐증 연구에서 하나하나 어렵게 모은 통찰이 아니었다면, 우리는 아마 마음이론을 관장하는 뇌 구조를 찾아볼 생각도 못했을 것이다.

✳

마음이론과 강하게 관련되어 있는 뇌 영역은 성인의 측두두정 연접temporoparietal junction, 설전부, 내측 전전두엽피질 등이다. 당신이 '저 사람은 무슨 생각을 하고 있을까?'라고 생각할 때 이 뇌 영역들이 활성화된다. MIT의 레베카 색스Rebecca Saxe는 마음이론 능력이 발달하고 길러지는 나이인 다섯 살에서 열한 살까지의 아이들을 대상으로 이 뇌 영역을 연구했다. 그 결과 마음이론이 필요한 작업을 할 때, 이 아이들에게서도 같은 뇌 영역이 관여한다는 것을 확인했다. 우뇌의 측두두정 연접이 아이들의 마음이론과 가장 강력한 관계가 있었다.[23] 케임브리지대학교의 마이클 롬바르도

Michael Lombardo는 배런코언 및 다른 동료들과 함께 우뇌 측두두정 연접이 정신 상태를 표현하는 데 기능적으로 특화되어 있다는 것을 입증했다.[24] 그리고 자폐인들은 이런 특수 기제가 손상되어 있으며, 손상이 크면 클수록 타인과 사회적 관계를 맺는 데에 더 크게 어려움을 겪는다는 것도 보여주었다.

롬바르도와 동료들은 또한 자폐증에서 문제가 생긴 또 다른 뇌 영역을 밝혔는데, 바로 복내측 전전두엽피질ventromedial prefrontal cortex이었다. 자폐증을 가진 사람과 신경전형인을 포함해 이 연구의 모든 참가자는 자신의 정신적 특징이나 영국 여왕의 특징에 관해 묻는 질문지를 받았다. "당신이 일기를 쓰는 것이 얼마나 중요하다고 생각하나요?" "여왕이 일기를 쓰는 것이 얼마나 중요하다고 생각하나요?" 통제군인 신경전형인들은 여왕에 대한 것보다 자기 자신에 대한 과제를 수행할 때 복내측 전전두엽피질을 더 많이 사용했다. 자폐증의 경우에는 달랐다. "자폐인의 복내측 전전두엽피질은 자기 자신과 타인을 동등하게 대했다."[25]

같은 연구에서 또 다른 흥미로운 연결 관계가 발견되었는데, 복측 전운동피질ventral premotor cortex과 감각피질을 포함해 더욱 기초적인 신체 표상에 관여하는 뇌 영역과 복내측 전전두엽피질 간의 연결성이 자폐증 환자에게서 더 약하게 나타났다는 것이다. 이러한 사실과 우뇌 측두두정 연접(우리가 살펴보았듯 마음이론의 결핍과 뚜렷하게 관련되는 또 다른 뇌 영역)이 몸 지도와 관련이 있다는 사실을 결합하면, 자폐증을 바라보는 새로운 방법을 도출해낼 수 있다. 바로 자신의 몸을, 그리고 몸을 통해 받는 감각자극을 정확하게 지각하지 못하는 것이 자폐증의 원인일 수 있다는 것이다. 몇몇 연구자는 이 관점을 아주 진지하게 고려하고 있다. 이 경우 신체적 자아를 느끼는 감각이 교란될 수 있다. 그리고 그런 교란이 감각 처리에 직접 영향을 끼칠 수 있으며, 또한 마음이론과 같은 고차원 프로세스에도 영향을 줄 수 있다.

✳

로이는 알렉스가 초등학교에 입학한 첫날 일어난 사건을 잊지 못한다. 알렉스는 같은 어린이집에 다녔던 여자아이와 같이 책상 앞에 앉아 있었다. 교사가 알렉스와 짝꿍에게 크레파스를 주면서 그림을 그려보라고 했다. 여자아이는 예쁜 나비를 그렸다. "정말 정말 멋진 나비였어요." 로이가 말했다. 하지만 알렉스는 간신히 "되는 대로" 그리고 있었다고 로이는 말했다. "1학년 수준에 많이 모자라는 그림이었죠."

로이가 자녀교육에 그리 유난을 떠는 부모는 아니었다. 알렉스는 그림 그리기를 아주 힘들어했다. 연필이나 크레파스를 사용하는 동작을 정교하게 제어하는 것도, 의미 있게 그리는 것도 힘들어보였다. 심지어 연필로 글씨를 쓸 때, 종이에다 연필을 힘 있게 누르는 것조차 잘 못했다. 알렉스는 몇 년에 걸쳐 작업치료사한테 사람의 몸 그리는 법을 배웠다. 하지만 기껏 해봐야 머리는 동그라미로, 몸통과 팔다리는 막대기로 그리는 식이었다. 치료사가 목은 막대기가 아니고 두께가 있고, 손도 그냥 끝이 뾰족한 선이 아니라 손바닥과 손가락으로 구성되어 있다고 설명해도 소용없었다. "알렉스의 그림은 너무나 초보적이죠." 수전이 말했다. 몇 년이 지난 지금도 알렉스에게 사람의 손을 그려보라고 하면, 아마도 동그라미 하나에 작은 동그라미 다섯 개가 달린 모습으로 그릴 것이다. "여전히 그림은 못 그려요." 로이가 말했다.

데이비드 코언도 자폐아동에게 신체를 표현하는 능력이 없다는 것을 잘 알았다. 내가 2011년 가을, 파리에 있는 피티에-살페트리에르 병원에서 소아청소년 정신과장인 코언을 만났을 때, 그는 2007년 영국 의학저널 《랜싯》에 실린 기사의 후폭풍 때문에 여전히 속상해하고 있었다. 프랑스의 르 패킹le packing, 곧 패킹요법을 조사해 보도한 기사였다.[26] 패킹요법에서는 아이를 목부터 발까지 차갑게 젖은 시트로 감싸 머리만 움직일 수 있게 내버려둔다. 그런 뒤 아이를 의료구조용 덮개와 마른 담요로 덮어 몸을 따뜻하게 한다. 각 세션은 1시간 정도 진행되고, 치료는 며칠 또는 몇 주에 걸쳐 여러 번 실시된다. 패킹요법은 프랑스에서 쓰이는 보조요법으로, 자해 행동을 하는 심한 자폐아를 진정시키기 위해 고안되었다. 《랜싯》은 코언과 패킹요법을 연결시켜, 코언이 근무하는 병원 입구에 있는 파리의 랜드마크인 살페트리에르 성당 사진을 그 기사와 함께 게재했다. 하지만 기사 내용은 그의 병원과 전혀 상관이 없었다(사실 코언은 그때까지 패킹요법에 관한 학술논문을 딱 한편 펴냈다). 이 요법이 몹시 잔인하고 야만적이라고 생각한 사람들이 코언을 향해 비난을 퍼부었다. 부정적인 여론은 이후로도 심해져서 《미국 아동청소년 정신의학 아카데미저널Journal of the American Academy of Child and Adolescent Psychiatry》 편집장은 엄중한 비난 편지를 한 통 받기에 이르렀다. 저명한 자폐증 연구자들 여럿이 이 "근거 없는 요법"[27]은 비윤리적이라고 매도하는 편지였다.

하지만 코언은 이 요법을 지지한다. 《랜싯》에서의 격렬한 반응 이후 그가 발표한 논문에서 코언은 아이들이 정신운동훈련사(정신운동장애 치료 훈련을 받은 전문가)의 감독 아래 치료를 받고 있으며, 최소 두 명으로 이루어진 팀이 한 아이를 보살핀다고 알려주었다.

코언의 환자 존은 PDD-NOS 진단을 받은 청소년이었다. 존은 병원에 입원할 당시 긴장증을 겪고 있었다. 상태가 심각해서 전기충격요법도 고려해야 할 판이었다. 하지만 존의 부모는 전기충격요법을 거부했다. 대신 그들은 약물치료(벤조디아제핀과 프로작)와 더불어 패킹요법을 선택했다. 이 두 가지 치료로 존은 상태가 나아졌다. 존은 패킹요법을 받을 때마다 치료가 끝난 뒤 그림을 그리기로 약속하기까지 했다. 그의 그림에서 아주 흥미로운 점이 드러났다. 패킹요법을 두 번째로 받은 뒤, 존은 글자를 썼다. 열두 번 받은 뒤에는 그림에 몸을 암시하는 최초의 징후가 나타났다. 존이 그린 것은 손이었다. 열여섯 번째 치료 뒤에는 동그란 머리에 몸통과 팔다리를 막대형으로 그렸고, 스물세 번째 치료를 받은 뒤에는 좀 더 현실적인 몸을 그려나갔다. 존이 패킹요법을 받으면서 자신의 몸에 좀 더 가깝게 다가가는 것 같았다.[28]

코언은 존의 긴장증과 더불어 자폐증에서 관찰되는 몇몇 감각운동장애가 다양한 모든 감각을 적절히 통합하는 뇌의 능력이 없어서 나타난 것으로 본다. 기본적인 생각은 '뇌가 몸 내부와 외부의 다양한 모든 감각을 결합시킨다'는 것이다. 다시 말해 촉각이나 시각, 전정계vestibular system(우리 몸의 자세와 균형감에 관여하는 기관-옮긴이)와 자기수용성감각 등을 결합시켜 하나의 신체지각body percept(하나의 개체 그 자체로서 몸에 대한 느낌, 곧 신체적 자아)을 이룬다. 그리고 이것이 학습과 행동의 기초가 된다. 여러 감각이 통합되는 과정에서 어떠한 장애라도 생길 경우, 이것은 단지 자극과 몸에 대한 지각만 방해하는 것이 아니라 행동과 인지에까지 영향을 끼친다.

그러므로 패킹요법은 감각들의 통합을 도와 "몸과 몸에 대한 이미지를 결합"[29]하고, "아이들에게 자기 몸의 한계에 대한 의식을 강화하기 위한"[30] 것이다. 자아에 관한 용어로 말하면, 패킹요법은 '주체로서의 자아'가 '대상으로서의 자아'를 이루는 기초 요소인 '신체적 자아'를 명확하게 지각하도록 돕는다.

나는 수전에게 알렉스에게도 이런 논리가 적용될 수 있는지 물어보았다. 그녀는 그렇다고 생각했다. "알렉스는 자기 몸을 물리적 환경과 연관지어 이해하는 것을 어려워해요. 그래서 언어 발달과 자기구성 능력이 지체되고, 창의력과 사회성이 모두 손상된 거죠. 알렉스가 인체를 매우 초보적인 수준으로 그리는 건 아마도 자기 팔과 다리의 감각을 충분히 경험하지 못해서일 수도 있어요.”

이렇게 생각하면 자폐아들은 감각통합 능력에 문제가 생겨 마음이론에 결핍이 일어난다고 볼 수도 있다. “네, 자폐아들은 그런 문제를 겪죠. 만약 당신도 자기 몸을 느끼지 못한다면 그렇게 되지 않을까요?” 러트거스대학교의 인지심리학자이자 계산신경과학자 엘리자베스 토레스Elizabeth Torres가 나에게 수사적인 질문을 던졌다.

※

토레스는 자폐증의 현황 얘기가 나오자 마음이 급해지는 것 같다. 그녀가 보기에 “왔다 갔다 하는 기준과 임상적 관찰에 근거한”[31] 일탈행동의 목록을 기준으로 관찰해서 자폐증 진단을 내리는 관행은 그다지 도움이 못 된다. 그러다 보면 중요한 점을 놓치기 때문이다. 토레스에 따르면, 자폐인들이 보이는 행동장애는 자기 몸에 대한 안정적 지각에 기반을 두지 못한 결과다. 그것이 전부다.

토레스는 나에게 말했다. “사람들은 행동에 관해 지나칠 만큼 ‘육체와 분리된disembodied’ 방식으로 얘기합니다. (행동이라는 것이) 뭔가 심오한 것처럼 말하지만, 사실 행동은 시냇물처럼 끊임없이 흐르는 움직임의 조합입니다. 움직임이란 결국 목적을 가지고

하는 일들과, 심지어 내가 하고 있다는 것도 모르면서 하는 일들이
결합된 것이죠."

그렇다면 자폐아들이 움직이는 방식에서 무엇이 근본적인 문제
를 암시하는지 찾아낼 수 있을까? 토레스는 단호하게 그렇다고 말
한다.

그녀가 이렇게 단언하는 바탕에는 자폐스펙트럼장애 진단을 받
은 아이들의 움직임 측정치가 있다. 토레스는 자기가 '미세운동
micromovements'이라고 부르는 것을 찾고 있었다. 미세운동이란 우
리가 움직이는 방식에서 거의 감지할 수 없는 분산variation을 가리
킨다. 예를 들어, 당신이 컴퓨터 터치스크린에 있는 목표물을 만지
려고 팔을 뻗었다고 하자. 당신이 손을 움직이기 시작하고 나서 시
간 t가 지나면, 그 움직임은 최대속도 v에 이르렀다가 다시 느려져
결국 스크린에서 멈출 것이다. v와 t는 모두 당신 손의 움직임을
설명하는 매개변수의 예다. 흥미롭게도 이러한 매개변수들은 움
직일 때마다 아주 조금씩 달라진다. 이것이 토레스가 말하는 미세
운동이다. 만약 당신이 터치스크린을 건드리려고 손을 100번 뻗었
다면, v와 t의 값은 100번 다 아주 미묘하게 다를 것이다. 우리 몸
의 움직임을 이루는 매개변수의 분산, 그리고 그 매개변수들의 통
계적 특징들이 매순간 달라지는 비율은 사람마다 고유하게 다르
다. 토레스는 미세운동의 분산도가 몸 주변부에서 중추신경계에
이르는 일종의 '감각입력'이라고 주장해왔다.

이것은 폰 홀스트와 미틀스태트가 1950년에 했던 작업으로 거

266

슬러 올라간다. 앞서 조현병에 관해 이야기하면서, 뇌가 운동명령의 사본을 만들어 이 명령들의 감각 결과들을 예측하고, 주체감을 생성하기 위해 이것들을 실제 감각과 비교하는 과정을 살펴봤다. 이렇듯 뇌는 몸으로부터 받는 일종의 오류 피드백에 의지해야 한다. 이런 피드백은 정확히 어디에서 올까? "운동감각 수용기인 관절이나 힘줄, 그리고 감각근육방추sensory muscle spindle에서 오류 피드백이 들어올 것이다. 이러한 수용기로부터 들어오는 입력들이 순간순간 팔의 자세가 원래 의도했던 대로 운동명령(원심성 사본)에 나타난 자세와 부합하는지 알려줄 수 있다. (…) 운동명령과 운동감각 입력 간의 학습된 연합이 있어야 오류 피드백을 사용할 수 있다."[32]

이 주장을 따라가면, 뇌는 이런 운동감각 신호를 사용해 안정적인 몸의 감각 또는 몸의 내부 모형을 만들고 유지한다. 그래서 운동명령들을 효과적으로 전달할 수 있고, 명령들이 이행된 결과를 정확히 예측할 수 있다. 이는 미세운동이 아주 중요한 정보를 담고 있거나 신호대잡음비signal-to-noise ratio가 높다(무익한 정보에 비해 유익한 정보의 비율이 높다는 뜻이다-옮긴이)는 것을 의미한다.

토레스는 아이들의 다양한 능력과 연령에 따른 미세운동의 변화를 연구하며 아주 흥미로운 현상을 발견했다.

나이가 많을수록 신호대잡음비가 증가했다는 것이다. 전형적인 발달을 보이는 3~4세 아이들은 운동감각의 오류 피드백 신호들이 매우 요란했다. 하지만 4~5세 아이들의 오류 신호는 유의미하게 줄어든다. 아이가 성인이 되어가면서 운동감각 입력이 믿을 만하고 예측이 가능해진다. 하지만 자폐증은 이러한 진전에 영향을 끼친다. 자폐증 진단을 받은 아이와 성인 모두에게서 미세운동들로부터 들어오는 피드백은 극단적으로 요란했다. 만약 뇌가 정말로 몸에 관한 내부 모형을 가지고 작동한다면 이런 입력은 모형을 지속적으로 업데이트하는 데 도움이 안 된다. 그것들은 뇌에게 미래 행동의 기초가 될 만한 과거 행동에 관한 정보를 거의 주지 못한다. 마치 자폐아동이 같은 행동을 하더라도 매번 새로 이해하기 위해 고충을 겪는 것과 같다. "그 애들이 세상을 경험하는 방식이 그렇습니다. 언제나 새롭죠. 경험을 이해할 수 없어요. 이 아이들은 사전 예측을 가능하게 해주는 안정된 지각을 확보할 수가 없어요." 토레스는 말했다. '주체로서의 자아'가 '대상으로서의 자아'를 제대로 파악하지 못하는 것이다.

몸은 대상으로서의 자아를 고정시키며, 이것이 판단 기준이 된다. 우리가 지각하는 모든 것은 몸과 관련된다. 토레스에 따르면, 발달기의 작은 결함이 판단 기준을 교란시킬 수 있다. 그리고 그 결함이 언제 일어나는가에 따라 아이가 자라면서 당황스러울 정도로 복잡한 결과들을 가져올 수 있다. 이것으로 감각 처리의 문제에서 마음이론 장애와 타인과 사회적 관계를 맺기 어려워하는 문제에 이르기까지, 자폐스펙트럼장애라는 이름 아래 모인 엄청나게 다양한 행동증상들이 설명된다. 토레스는 말했다. "그런 판단 기준이 없고 모든 것이 날마다 새롭다면, 몸에 닻이 내려지지 않은 거죠. 이것이 자폐증 환자에게 일어나는 일입니다. 몸에 관한 정보들이 요란하고 마구잡이라서 그래요. 우리는 아주 정밀하게 측정해왔어요. 내 개인적인 의견이 아니라 있는 그대로의 사실이라는 얘기죠. 이런 일은 우리가 봐온 모든 자폐증 환자에게서 벌어졌고, 나이가 들면서 더 나빠졌습니다."

다행스럽게도 이 말은 곧, 몸을 훈련시키고 잡음을 줄이는 치료 개발에 더해, 그 요란한 시스템을 임상의의 주관적 관찰이 아닌 객관적 측정으로 조기에 감지한다면 대단히 도움이 될 수 있다는 의미이기도 하다고 토레스는 말했다.

✳

토레스의 연구는 '뇌가 감각입력의 그럴듯한 원인을 확률적으로 추론한다'는 발상인 베이지안 두뇌 개념과 아주 잘 어울린다. 우리는 5장에서 뇌의 예측 메커니즘이 어떻게 정서의 결핍과 이인증을 설명할 수 있는지 살펴봤다. 자폐증 역시 이러한 메커니즘으로 설명할 수 있다.

우리가 몸의 명령에 따르는 것은 생존하기 위해서다. 그때 뇌의 임무는 (몸과 긴밀하게 결탁해서) 몸을 생존에 적합한 상태로 유지하는 것이다. 어떤 유기체에게든 생존이란 한정된 몇 가지 생리적 상태 안에 존재하는 것을 의미한다. 예를 들어 혈압과 심박수 같은 내부 매개변수와 기온 같은 외부 매개변수들로 몸 상태를 규정한다면, 이런 매개변수들 모두가 허용 가능한 한계 안에 있는 상태는 단 몇 가지로 한정된다. 다른 관점에서 보자면 "(생물학적) 시스템은 이 몇 안 되는 상태 중 하나일 확률이 높으며, 다른 상태일 확률은 낮다."[33] 유니버시티칼리지런던의 칼 프리스턴Karl Friston의 말이다. 생리적으로 생존 가능한 한계 내에 머무르려는 프로세스가 바로 '항상성'이다.

프리스턴은 생물학적 시스템들(또는 학습과 적응이 가능한 모든 시스템)이 "장애로 향하는 자연적 경향에 저항"[34]하면서, 다시 말해 이른바 '자유에너지free energy'를 최소화하면서 항상성을 얻는다고 본다. 야생동물의 경우 자유에너지를 최소화하는 시스템이 살아남는다. 그러지 못하는 개체는 죽는다.

프리스턴은 생물학적 시스템이 자유에너지를 최소화하는 것이 환경을 탐색하면서 맞닥뜨리는 놀라움의 양을 최소화하는 것과 같다는 것을 입증해왔다. "유기체는 자신의 상태가 생리적 한계 내에 확실히 머무를 수 있도록 놀라움을 피해야만 한다."[35]

정리하자면 베이지안 두뇌는 몸과 환경, 그리고 그 자체에 관한 내부 모형을 유지함으로써 놀라움을 피한다. 이것은 원인에 대한 일련의 '사전 믿음prior belief'에 근거해 감각입력의 원인에 대해 많은 예측을 만들어내는 확률모형이다. 실제 감각 데이터가 주어지면 뇌는 그 예측들에 새로운 개연성을 부여한다. 그러고 나서 우리는 개연성이 가장 높은 예측을 그 감각들의 원인으로 지각한다. 물론 뇌는 이제 몸과 뇌, 그리고 환경에 대한 새로운 이해를 반영해 업데이트한 일련의 새로운 사전 믿음들을 갖게 된다.

이런 순서에서 놀라움은 어느 지점에서 등장할까? 만약 당신이 매우 위협적이고 존재에 해로운 상태(프리스턴은 물고기가 물 밖으로 나간 것처럼 매우 위협적인 상태를 예로 들었다)에 있다면, 당신의 뇌는 그 뜻밖의 요소를 진압하기 위해 행동을 개시할 것이다. 그것은 내부 모형을 수정하는 것이 될 수도 있고, 몸을 움직이는 것(물 밖으로 나간 물고기가 물속으로 돌아가려고 퍼덕이는 것, 이 경우 내부 모형을 수정하는 것은 도움이 안 된다)일 수도 있다. 그래서 감각입력의 원인에 대한 뇌의 예측과 실제 감각입력 간의 불일치가 크면 클수록 놀라움도 커진다. 놀라움을 최소화하는 것은 예측 오류를 줄이는 것과 비슷하고, 이는 뇌에 외부 현실과 내부 현실을 조율하는 모형들이 있음을 암시한다.

토레스는 자폐증의 경우, 오류 피드백 신호에서 소음 수준은 높고 유용한 정보의 수준은 낮기 때문에 실제 감각입력에 근거해 사전 믿음을 수정하는 뇌의 능력이 손상되었다고 본다. 그래서 자폐증이 있는 사람들은 아마도 늘 놀라움으로 가득한 채 살아갈지 모른다.

MIT의 파완 신하Pawan Sinha와 그의 동료들은 자폐인들의 세상은 놀람이 계속되는 경향 때문에 한편 마법 같지만, 그다지 좋은 의미는 아니라고 말한다. 마술사들은 청중을 놀라게 할 수 있어야 한다. 마술사가 다음에 무엇을 할지 사람들이 예측할 수 없으면 이 마법은 놀람과 경이로움을 낳는다. 하지만 실제 세상에서 실제로 벌어지는 일들의 원인을 예측할 수 없다면 몸과 마음이 약화될 수 있다. "마법 같은 세상은 제어가 힘들고, 대비하는 능력을 손상시킨다."[36] 그들의 가설에 따르면 예측능력이 손상된 뇌는 다양한 증상을 일으키는데, 겉보기에는 서로 이질적이지만 실제로는 모두가 자폐스펙트럼장애의 특징이다. 이런 관점은 토레스의 생각과 같다.

자폐아동이 똑같은 것을 고집하는 성향을 한번 들여다보자. 잘 모르는 낯선 환경에 있다면 신경전형인도 불안해할 텐데, 자폐인이라면 더더욱 불안이 증폭될 수 있다.

수전은 아들 알렉스와 그가 다니는 학교의 또 다른 자폐아들을 관찰한 결과, 몇 가지 부가적인 관점들을 제시한다. "자폐스펙트럼장애가 있는 아이들에게 변화란 특히 두려운 것이죠. 이 아이들은 규칙적으로 반복되는 것을 좋아해요. 같은 책을 읽고 또 읽는다든지, 같은 영화를 여러 번 보곤 합니다. 좋아하는 음식의 폭도 아주 좁아서 몇 군데 식당에만 가려고 하고, 매번 같은 메뉴를 고르지요. 이 아이들은 예측 가능한 일정과 변동 없이 확실한 것들을 좋아합니다."

자폐증이 있는 사람이 만약 예측할 수 없는 환경을 계속 맞닥뜨릴 경우, 행동에 전혀 변화를 주지 않으려는 이유는 예측도를 높이고 불안을 줄이기 위해서일 수 있다.

빛, 소리, 기타 자극들에 대한 과민성도 설명된다. 환경적 자극의 원인을 예측하는 메커니즘이 손상되었거나 사전 믿음이 불완전하게 업데이트되어 자극이 끝없이 새롭게 느껴질 수 있다.

이러한 모형을 사용해 설명할 수 있는 것이 비단 감각지각에 관한 문제들만은 아니다. 신하 연구팀은 또한 예측하는 뇌의 손상이 마음이론의 문제를 일으킬 수 있다고 가정한다. 타인의 마음을 읽는 것은 곧 그 사람에 관한 사전 지식들에 유념하면서 관찰된 행동의 원인(의도나 욕구 등)을 예측하는 것과 같다. 그들은 이렇게 썼다. "마음이론은 본질적으로 예측 작업이다."[37] 과학에서 말하는 '간명한 설명'을 하자면 자폐증은 예측하는 뇌가 손상된 것이라 할 수 있다.

자아의 관점에서, 몇몇 신경과학자와 철학자들은 예측하는 뇌가 기초적이고 전반성적이며 전서사적prenarrative인 것으로 간주되는 자아의 측면들까지 설명할 수도 있다고 주장한다.

"뇌는 뇌 자체를 포함해서 뇌가 맞닥뜨리는 모든 것의 모형을 만들어야 합니다. 뇌를 통계 기계로 생각하는 것은 당연한 귀결입니다. 이런 의미에서 이 세상에 있는 대상들에 대해 우리가 갖는 표상들과 마찬가지로, 자아도 뇌에 담긴 하나의 표상에 지나지 않죠." 오스트레일리아 멜버른에 있는 모나시대학교의 철학자 야코프 호비Jakob Hohwy의 이야기다.

조현병을 다룬 이 책 4장에서 살펴봤듯, 주체감은 예측하는 뇌의 산물이다. 우리는 또한 예측이 잘못되었을 때 생생한 정서 경험을 잃을 수 있으며, 이는 곧 자기 자신을 낯설게 느끼는 이인증으로 이어질 수 있다는 것도 보았다. 그리고 다음 장에서 살펴보겠지만 자아를 규정하는 다른 속성들, 이를테면 내 것이라는 느낌, 내 것이라고 느껴지는 몸 안에 사는 느낌 등도 뇌를 하나의 추론 엔진으로 생각하면 설명이 될 것이다. 이것은 자아를 우위에 놓는(이를테면 시지각보다) 이론들 입장에서 보면 분명 바람 빠지는 소리다. 호비는 말했다. "우리는 자아라는 개념에서 거품을 뺍니다. 자아에는 별로 특별할 것이 없어요. 그저 우리 감각입력들의 또 다른 원인 중 하나일 뿐이죠."

그러면 대상으로서의 자아(주체로서의 자아가 경험하는 자아의 측면)를 구성하는 것이라면 모두 뇌의 예측 메커니즘에서 생겨난 지각으로 생각할 수 있을까? 당신이 자폐인이든 아니든, 몸 내부와 외부의 모든 입력신호들의 이유에 관해 당신의 뇌가 최선으로 추측한 것이 곧 당신이라고 할 수 있다.

나는 여기서 잠시 멈추고 어린아이였던 알렉스를 떠올린다. 나는 그의 어린 시절에 관해 많이 안다. 같은 것을 고집하고(음식이나 옷 등) 장난감 차를 나란히 줄 세우는 것을 좋아하며 조금이라도 그 순서가 흐트러지면 당황스러워하던 두 살배기 알렉스. 그는 사람들을 피했고 주목받거나 관심의 대상이 되기를 원하지 않았다. 이런 행동들은 놀라움을 피하려는 시도, 예측 가능한 환경을 만드는 그의 방식일까? 알렉스는 청소년기에 접어들면서 두려움들을 일부 극복해냈다. 예를 들어 이제는 포옹을 허락한다. 자폐아동이 왜 같은 것을 고집하고 예측 가능한 것에 집착하는지를 이해하는 데 도움을 줄 수 있는 것은 오직 사회적 상호작용뿐이다. 자폐증을 가진 사람들은 변화된 자아를 경험하고 타인의 마음을 읽는 것을 힘들어한다. 하지만 신경전형인도 자폐적인 사람들의 마음을 읽지 못하기는 마찬가지다. 소통이란 그 정의대로 쌍방향으로 이루어진다. 때때로 어쩌면 다른 정신세계 사이에서 일어난다 하더라도.

7장
침대에서 자기 몸을 주운 사람
유체이탈, 도플갱어, 그리고 '최소한의 자아'

남자는 운전을 하다가 도로 위에 선 또 다른 자신을 봤다.
내가 내 몸, 심지어 내 정신을 떠나는 혼란 속에서도
자아는 유지될 수 있는가?

내가 존재한다는 명제는 그것을 선언할 때마다 불가피하게 사실이
된다. ……하지만 나는 아직 명확하게 알지 못한다. 내가 무엇인지.[1]

___ 르네 데카르트

몸을 소유한다는 것, 그 감각과 다양한 부위를 가진다는 것은 누군가
가 된다고 느끼는 데 반드시 필요하다.[2] ___ 토마스 메칭거

내 오촌 조카 어슈윈은 최근 서른한 살이라는 젊은 나이에 뇌종양으로 세상을 떠났다. 잠재적 문제의 첫 번째 징후는 2009년 8월에 나타났다. 심각한 발작을 일으킨 것이다. 뉴델리의 신경외과 의사들은 좌뇌의 측두두정부에서 양성 종양을 발견하고 제거했다. 수술 후 몇 달이 안 되어 그는 다시 발작을 일으켰다. 뇌 스캔에서도 별달리 발견된 것이 없어 그는 항경련제를 투여받았다. 발작이 시작될 때 대개 오른쪽 팔다리가 찌릿찌릿해졌다. 운전을 할 때 이런 일이 일어나면 (어머니가 가르쳐준 대로) 차를 잠시 세우고 심호흡을 하면서 발작이 지나가기를 기다렸다. 몇 분 있으면 발작도 끝났다. 2013년 초에는 차를 몰고 일하러 가다가 아주 이상한 일을 겪었다. 그는 곧바로 길가에 차를 세우고 어머니에게 전화했다.

"어머니, 아주 이상한 경험을 했어요. 또 다른 내가 내 앞에 있는 걸 봤어요." 그는 자신이 본 것을 조금도 의심하지 않았다. 그것은 바로 자신을 마주하고 있는 또 다른 자기 모습이었다. 심지어 이 존재의 감정까지 알 수 있었다. 어슈윈은 또 다른 어슈윈이 화를 내고 억울해하며 좌절감을 느끼고 있었다고(그가 20대에 어떻게 느꼈는지 반영하는 정서 상태였다고 나에게 말해주었다) 어머니에게 말했다. 다행히 또 다른 어슈윈은 사라졌고 어슈윈은 다시 운전할 수 있었다. 그를 담당한 신경과 전문의는 그 경험을 발작 때문이라고 생각해 약물을 처방했다.

하지만 1년이 안 되어 어슈윈의 상태는 나빠졌다. 앙갚음이라도 하듯 종양이 다시 생겼다. 이번엔 악성에다 좌뇌의 전두측두부에 있었으며, 좌뇌 섬엽피질에까지 퍼져 있었다. 수술과 방사선 치료를 몇 번 받았지만 경과가 좋지 않았다. 어슈윈은 어느 날 저녁 갑자기 세상을 떠났다.

차 안에서 어슈윈이 그날 아침 경험했던 것은 '도플갱어 효과'라고 불리는 현상이다. 그의 사례에서 보았듯, 자기 옆에 또 하나의 자기 몸이 있다는 느낌과 관련된 복합적 환각이다. 어슈윈은 자신의 물리적 몸에 그대로 머물러 있었지만, 종종 환각을 경험하는 사람들은 의식의 중심(하나의 몸에서 내다보는 느낌)이 자신의 몸에서 환각의 몸으로 이동한다. 세상을 바라보는 주체가 자신의 몸에서 환각의 몸으로 바뀌는 것이다. 때때로 의식이 이 몸과 저 몸을 빠르게 왔다 갔다 하는 경우도 있다. 도플갱어 효과의 또 다른 전형적 특징은 종종 강한 정서가 나타난다는 것이다. 도플갱어 경험에 관한 의학문헌 중 가장 많이 인용된 것 중 하나는 자신의 몸에 자아를 맞추기 위해 건물 4층에서 뛰어내린 어느 남자의 사례다.

＊

20년도 더 된 일이다. 스위스에 있는 취리히 대학병원의 신경심리학 박사과정 학생이었던 피터 브루거는 이른바 초자연적 경험을 과학적으로 설명하는 데 흥미가 있는 사람으로 명성을 얻고 있었다. 동료 신경학자가 발작 치료를 받던 스물한 살 환자를 브루거에게 보내왔다. 취리히주에 살면서 웨이터로 일하던 그 젊은이는 어느 날 자신의 도플갱어와 마주했을 때 거의 자살할 뻔했다.

그 일은 그가 항경련제 복용을 그만두면서 일어났다. 어느 날 아침, 그는 출근하지 않고 침대에 앉아 맥주를 엄청나게 들이마셨다. 이후 잠이 쏟아졌다. 그는 졸음을 쫓으려고 서서 한 바퀴 돌았다. 그 순간 침대에 여전히 누워 있는 자신을 발견했다. 침대에 있는 사람은 분명 자신이었다. 그는 일어나고 싶지 않았지만, 그러면 회사에 지각한다는 것도 알고 있었다. 누워 있는 자신에게 화가 난 그는 소리치고, 그를 흔들고, 심지어 뛰어들기까지 했다. 하지만 모두 쓸모없었다. 상황은 더 복잡해져서 자신의 몸에 있던 의식이 저쪽의 몸으로 이동하기에 이르렀다. 침대에 누운 게으른 몸으로 의식이 옮겨지자 그는 자기 위로 몸을 굽혀 자신을 흔들고 있는 또 다른 자신을 보게 되었다. 그는 공포와 혼란에 사로잡혔다. 나는 누구였지? 서 있는 것이 나일까, 아니면 침대에 누워 있는 것이 나일까? 질문을 감당하지 못하고 그는 창밖으로 뛰어내렸다.[3]

내가 2011년 가을에 브루거를 찾았을 때, 그는 사진 한 장을 보여주었다. 남자가 뛰어내렸던 건물 사진이었다. 그는 아주 운이 좋게도 4층에서 커다란 개암나무 덤불 위로 떨어졌다. 덤불은 망가졌지만 그는 무사했다. 브루거는 그때 남자가 진심으로 자살을 하려던 것이 아니었다고 말했다. 그저 "몸과 자아를 일치시키기 위해" 뛰어내렸다는 것이다. 떨어지면서 생긴 부상을 치료하면서, 그는 좌뇌 측두엽에 있던 종양을 제거하는 수술도 받았다. 종양이 제거되자 더 이상 발작도, 이상한 경험도 일어나지 않았다.

✳

도플갱어는 문학의 산물이다. 에드거 앨런 포Edgar Allan Poe에서 기 드 모파상Guy de Maupassant에 이르기까지 소설에 많이 등장한다. 포의 〈윌리엄 윌슨William Wilson〉에서 또 다른 자신에게 시달리던 윌슨은 그를 칼로 찔렀지만 피를 흘리는 사람이 자기 자신임을 뒤늦게 깨달았다. 모파상의 단편 〈오를라Le Horla〉에는 주인공이 또 다른 자신을 죽이지만 끝에 이렇게 탄식하는 내용이 나온다. "아니야. 아니야. ……물론 아니야. ……그는 당연히 죽지 않았어. ……그러면 나군. 내가 죽여야 하는 건 나였어!"[4]

이러한 환각은 좀 더 넓게는 '자기환영 현상autoscopic phenomena'으로 분류된다(이 이름은 autoscopy에서 왔다. 그리스어로 autos는 '자기'를, skopeo는 '본다'를 뜻한다). 자기환영 현상의 가장 단순한 형태는 실제로는 보이지 않는 누군가가, 곧 '존재'가 당신 옆에 나타난 것 같은 느낌이다. 스위스 로잔에 있는 스위스연방 기술연구소의 신경학자 올라프 블랑케Olaf Blanke는 이렇게 '존재'가 느껴지는 것은 전신 환영을 경험하는 것과 같다고 나에게 말했다. '환각지'가 절단된 팔이나 다리를 갖고 있다고 계속 느끼는 현상이라면, 누군가가 옆에 있다고 느끼는 것은 이것이 전신으로 확장된 유사 현상이다.

토머스 엘리엇은 시 〈황무지The Waste Land〉에서 이러한 체외 존재를 언급해 영원히 작품으로 남겼다. "당신 옆에서 항상 걷고 있는 세 번째 사람은 누구지? / 내가 셌을 때 거기에는 오직 당신과 나, 둘밖에 없었다."

알려져 있듯, 엘리엇은 남극 탐험가 어니스트 섀클턴Ernest Shackleton의 글에서 영감을 받았다.[5] 그는 프랭크 워슬리Frank Worsley, 톰 크린Tom Crean과 함께 남극횡단 원정에서 좌초된 다른 대원을 구조하기 위해 상상할 수 없을 정도로 위험하고 힘든 여정을 경험했다. 섀클턴은 총 세 사람이 함께 헤쳐나가던 이 여정의 마지막 구간에서 마치 네 번째 사람이 있는 것 같은 느낌을 받기 시작했다. 이에 대한 기록을 일기에 남겼는데, 거기에는 이렇게 쓰여 있다. "사우스조지아의 빙하와 이름 없는 산들을 넘어 36시간에 이르는 길고 고통스러운 행진을 하는 동안, 자꾸 우리가 셋이 아니라 넷인 것처럼 느껴졌다. 이에 대해 동료들에게는 아무 말도 하지 않았다. 하지만 나중에 워슬리가 나에게 말했다. '대장, 그때 우리 말고 다른 한 사람이 더 있는 것 같은 이상한 느낌이 들었어요.' 크린도 같은 생각을 털어놓았다. 우리는 뭐라 말할 수 없는 것을 표현하려고 애쓰면서 '인간이 쓰는 말의 빈곤, 인간 언어의 투박함'을 느낀다.

하지만 우리에게 아주 중대했던 주제를 얘기하지 않고서는 우리 여정에 대한 기록이 완성되지 않을 것이다."[6] 이제는 안다. 산소가 부족한 산악인들이 다른 사람이 옆에 있는 것 같은 느낌을 보고하는 일이 드물지 않다는 것을.

자기환영 현상은 누군가가 있다는 느낌을 넘어선다. 우선 도플갱어 효과는 자신과 똑같이 복제된 '나'를 실제로 보는 듯한 환각을 일으킨다. 그런 환각은 매우 정서적일 때가 많으며, 실제의 몸이 갖고 있던 위치감과 정체성이 환각의 몸으로 넘어가는 것을 경험하기도 한다. 브루거의 스물한 살 환자가 그랬듯이.

가장 널리 경험되고 가장 잘 알려진 형태의 자기환영 현상은 아마도 유체이탈일 것이다. 전형적으로 완전히 진행된 유체이탈의 경우, 사람들은 자신의 물리적 몸을 떠나 바깥의 시점에서 몸을 봤다고 보고한다. 예를 들면 침대 위에 누운 자기 몸을 천장에서 아래로 내려다보는 것이다.

2장에서 나는 미켈과 알츠하이머병과 싸우고 있는 남편에 관해 이야기를 나누다가 유체이탈에 대해서도 쓰고 있다고 말했다. 공교롭게도, 앨런을 만나기 훨씬 전에 미켈은 심각한 유체이탈을 경험했다. 그녀는 30대에 네 번째 아이를 임신하고 있었다. 그녀는 조산사와 의사를 불러 집에서 출산하기로 결정했다. 어느 날 밤 양수가 터졌고, 이튿날 아침 그녀의 의사는 인근 임신중절 병원을 방문해 분만을 유도하는 자궁수축제를 구해왔다. 미켈은 약을 혀 밑에 넣었고, 곧 분만이 시작됐다. 그녀는 진통제를 먹지 않는 쪽을 선택했다. 분만이 절정에 이른 순간, 그녀는 아기를 밀어냈고 고통은 견디기 힘들었다. 미켈은 자신의 몸을 떠나는 느낌이 들었다. "말 그대로 내가 천장 구석으로 올라가서 이 모든 장면을 내려다보고 있었죠. 그냥 몸을 떠났어요. 고통이 너무 심해서 올라가버렸어요. 그리고 곧 그 희한한 일이 끝났죠. 나는 바로 내 몸으로 다시 돌아왔어요. 내 생애 가장 기묘한 일이었죠." 그녀는 그 모든 일이 단 몇 초 동안 일어났다고 생각한다. 하지만 30년이 넘도록 그 경험은 여전히 그녀의 마음에 강하게 새겨져 있다. "그 일을 이해할 만한 사람 몇 명 빼고는 아무한테도 얘기하지 않았어요."

그런 경험을 한 많은 사람은 그에 대해 말하기를 꺼려한다. 유체이탈을 경험하면 몸과 정신에 대해 이원론적 생각이 강화된다. 대개는 몸에 뿌리박고 있는 의식의 중심이 자유롭게 떠다니는 것처럼 여긴다. 우리는 앞에서 어떻게 신체적 자아가 자기감의 기초가 되는지, 그리고 신체적 자아의 혼란이 BIID와 조현병, 그리고 심지어 자폐증까지 일으킬 수 있다는 것을 살펴보았다. 하지만 지각이 얼마나 손상되었든 간에 이 모든 경우에 의식의 중심은 여전히 몸에 뿌리박혀 있었다. 유체이탈은 이러한 의식의 중심을 교란시키며 데카르트적 이원성을 시사한다. 하지만 유체이탈을 면밀히 살펴보면, 그런 이원성이 환상이라는 것이 드러난다. 유체이탈은 몸에서 나온 모든 신호를 정확하게 통합하지 못한 뇌의 산물에 지나지 않는다. 아무리 생생하더라도 유체이탈은 뇌 메커니즘의 오작동으로 인한 환각일 뿐이다. 이러한 메커니즘적 설명을 통해 우리는 어떻게 뇌가 자아를 구성하는지 더 자세히 이해할 수 있다.

＊

　취리히 대학병원으로 돌아가자. 피터 브루거는 나에게 유체이 탈 착각을 일으키려고 끈질기게 애쓰고 있었다. 우리는 병원 복도 를 걸어다녔고, 나는 가상현실 고글을 쓰고 있었다. 브루거는 내 뒤로 1미터쯤 떨어져 걸었는데, 내 노트북 웹캠을 사용해 나를 촬 영하면서 그 영상을 내가 쓰고 있는 고글로 보내고 있었다. 그래서 나는 내가 가고 있는 곳이 아니라, 1미터 정도 앞에서 걷고 있는 나 자신을 뒤에서 보고 있었다. 우리가 걷는 모습은 호기심 어린 인턴 과 병원 직원들 보기에 가관이었을 것이다. 하얀 실험실 가운을 입 고 헝클어진 회색 머리에 노트북을 펼쳐들고 서 있는 브루거는 정 신 나간 교수로 보였을 것이다. 그리고 그 앞에서 걷고 있는 나는, 가상현실 고글만 아니었다면 시각장애인으로 보였을 것이다.

　실험은 별로 효과가 없었다. 성능 좋은 비디오카메라가 없었고, 내 뒤로 더 멀찍이 떨어져서 찍을 수 있는 긴 와이어가 없어서 아 쉬웠다. 그럼에도 나 자신을 뒤에서 들여다보며 걸어다니니 기분 이 이상했다.

　1998년 브루거가 그 실험을 처음 시도했을 때, 그는 가상현실 고글을 하루 종일 썼다. 그리고 다른 사람이 자기 뒤로 3.5미터 정 도 떨어져 걸으면서 자신을 비디오카메라로 찍게 했다. 그래서 브루거는 꽃을 집거나 우편함에 편지를 넣는 자신의 행위를 바깥의 시점으로 볼 수 있었다. 그는 나에게 말했다. "매우 이상했어요. 내가 정말 어디에 있는지 감각을 잃어버렸죠. 나는 그 행위를 실제로 수행하는 곳이 아니라, 그 행위를 보는 곳에 있었어요." 브루거는 자신의 실제 몸에서 몇 미터 떨어진 곳에 있는 것처럼 느껴지는 유체이탈을 경험하고 있었다.

하지만 브루거는 한 번도 이 실험을 엄격하게 설계된 실험실에서 수행하지 않았고, 그 결과들을 논문으로 출간한 적도 없었다. 과학 저널《사이언스Science》의 기사에서 한 번 언급되었을 뿐이다.[7]

그는 미국 심리학자 조지 스트래튼George Stratton에게서 이 실험의 영감을 받았다. 연구 이력의 대부분을 주로 버클리 소재 캘리포니아대학교에서 보낸 스트래튼은 "실험심리학 역사상 아마도 가장 유명한 실험"을 한 사람으로 잘 알려져 있다.[8] 그는 위아래를 뒤집어 볼 수 있는 희한한 장치를 하나 만들어 오른쪽 눈 위에 끼운 채 걸어다녔다. 왼쪽 눈은 보이지 않도록 가렸다. 양쪽 눈 모두 뒤집혀 보이면 방향감각을 잃기 때문이다. 3일 동안 총 21시간 30분을 그는 오직 이 장치만 하고 있었다. 자러 갈 때에는 두 눈을 붕대로 감아두었다. 이 실험의 가장 큰 동기는 시각적 지각을 이해하는 것이었다. 스트래튼은 신체지각에 일어난 미묘한 변화들을 경험했다. 예를 들어 무언가를 만지려고 손을 뻗었을 때, 그에게는 모든 것이 위아래가 뒤집혀 보였기 때문에 시야의 아래로부터가 아니라 위에서부터 손이 나타났다. 곧 "몸의 일부가…… 다른 위

치에서 보였다".[9]

이 실험에서 스트래튼은 무언가를 발견했다. 1899년 그는 또 다른 논문 하나를 발표했는데, 이번에는 거울을 이용한 희한한 실험에 관해 설명하고 있었다.[10] 그는 자신의 허리와 양어깨에 붙일 틀을 하나 만들었고, 거울 두 개를 준비했다. 그 틀은 머리 위에서 수평으로 자신을 비추는 거울 하나를 받치고 있었다. 그리고 또 다른 거울 하나는 자신의 눈앞에서 45도가 되도록 위치를 잡아 부착했다. 그러자 머리 위에 걸려 있는 거울에 비친 이미지가 눈앞에 부착된 거울에 반사되어 자신의 눈으로 바로 들어왔다. 이로 인해 스트래튼은 위에서 누군가가 자신의 머리를 내려다보는 시선으로 자신과 자신을 둘러싼 공간을 보고 있었다. 또한 그는 다른 어떠한 빛도 눈에 들어오지 않도록 했다. 이번에도 그는 이 장치를 한 채 3일 동안 총 24시간을 걸어다녔다.

실험을 하지 않거나 자러 갈 때에는 눈을 가렸다. 그렇게 함으로써 그는 보이는 것과 만지는 것 사이의 부조화를 만들어냈다. 다시 말해 그가 무언가를 만지려고 손을 뻗으면, 그의 손은 촉감을 느끼지만 그의 눈에는 지금 만지고 있는 것이 완전히 다른 장소에 있는 것처럼 보였다. 시각과 촉각 등 모든 감각을 조화롭게 합쳐온 뇌가 아주 흥미로운 결론을 내린 것이다.

스트래튼은 오직 자기 머리 위의 시선으로만 몸을 바라보고 있었기 때문에 행동을 하거나 움직일 때 이러한 시각 이미지에 주의를 많이 기울여야만 했다. 둘째 날 오후부터 반사된 이미지가 이따금 자신의 몸처럼 느껴지기도 했다. 셋째 날이 되자 이런 느낌은 더 지속되었다. 이제는 자신의 몸이 지각되는 곳과 자신이 실제로 있다고 '알고 있는' 곳 사이를 구분하려는 노력을 특별히 하지 않아도 쉽고 빠르게 걸어다닐 수 있었다. "걸으면서 좀 더 힘을 빼고 수용하는 태도를 취하면 몸 바깥에 정신이 존재하는 것 같은 느낌을 받았다"고 그는 썼다.[11] 스트래튼은 자신에게 유체이탈이 일어나게 했던 것이다.

✳

유체이탈, 자기환영, 도플갱어 현상은 모두 신체적 자기감의 아주 기초적인 측면을 들여다볼 수 있는 가장 좋은 창이다. 몸에 대한 뇌의 표상과 그것에 대한 우리의 의식적 경험이 자의식을 뒷받침한다는 것은 점점 더 명확해지고 있다. 신체적 자아를 갖는 것 또는 체화된다는 것에는 여러 가지 의미가 있다. 아주 근원적인 수준에서 이것은 우리 의식의 중추가 된다. 내 것이라 여겨지는 몸 안에 내가 있다. 이것은 자아식별self-identification에 대한 감각이자 몸에 대한 소유감이다. 몸은 또한 물리적 공간에서 특정한 부피를 차지하며, 우리는 그 부피 안에 자리하고 있다고 느낀다. 자아의 위치에 대한 느낌이다. 최종적으로 우리는 눈 뒤에 있는 한 점에서 세계를 바라보고 이 관점을 내 것이라고 여긴다. 이렇게 해서 우리는 세계에 대해 철학자들이 '일인칭 관점first-person perspective'이라고 부르는 것을 갖게 된다.

고무손 착각은 이러한 신체적 자아의 속성이 어떻게 교란될 수 있는지를 보여주는 고전적 사례다. 이 책의 3장에서 살펴보았듯, 실험자가 눈에 보이는 고무손과 보이지 않는 진짜 손을 동시에 쓰다듬었을 때, 고무손은 잠시 신체적 자아로 편입되었다. 사람들은 고무손이 있는 곳에서 촉각을 느꼈고, 그것을 자신의 손이라고 느꼈다. 생명이 없는 고무손에서 말이다.

스웨덴 스톡홀름에 있는 카롤린스카 연구소의 헨리크 에르손 Henrik Ehrsson 연구팀은 사람들이 fMRI 스캐너 안에 누워 있는 상태로 고무손 착각을 경험하게 했다. 그 결과 아주 흥미로운 사실을 발견했다. 착각의 강도는 시각과 촉각을 처리하는 두정엽 및 소뇌와 연결망을 형성하는 뇌 영역인 전운동피질의 활성화와 상관관계가 아주 컸다.[12] 두정엽의 일부는 시각과 촉각, 자기수용성감각을 통합한다. 이러한 두정엽에 손상이 생기면 자신의 팔다리에 대한 소유를 부정하는 경우도 발생한다고 알려져 있다.

신경과학자들은 다양한 감각의 통합, 이른바 다감각적 통합이 우리 몸 일부나 전체에 대한 소유감을 느끼게 하는 것과 관련이 있다고 생각한다. 보통 시각과 촉각, 그리고 자기수용성감각은 모두 서로 잘 맞아떨어진다. 그 감각들은 서로 일치한다. 그리고 이러한 일치가 바로 우리에게 신체 일부를 내 것이라고 느끼게 하는 비결이다. 고무손 착각을 일으키는 동안에는 진짜 손에 힘을 빼고 고무손에서 너무 멀리 있지 않게 하면서 자기수용성감각의 왜곡을 최소화한다. 뇌는 오도된 시각적 감각과 실제의 촉각을 잘못 통합해 고무손이 진짜라고 판단한다. 우리가 실제 손에 대한 소유감은 잃어버리면서 고무손에 대한 소유감을 얻을 수 있는 이유다. 이런 소유의 전환은 실제 생리학적으로 영향을 끼친다. 예를 들어, 실제 손의 체온이 섭씨 1도(화씨로는 2도 정도) 가까이 떨어진다.[13] 자율신경계가 그 손이 의식적 제어하에 있지 않다고 반응한 것이다.

에르손의 연구실에서 나는 최초로 고무손 착각을 경험했다(예전 시도에서는 실패했다). 에르손 연구실의 박사후 과정 연구원이었던 아르비드 구테르스탐Arvid Guterstam이 내가 참가한 실험을 맡았는데, 그는 이 방면에서 진정한 전문가였다. 나는 고무손이 내 것처럼 느껴지는 착각을 아주 강하게 경험했다. 하지만 구테르스탐은 내게 더 충격적인 실험을 했다. 내가 고무손이 있는 곳에서 촉각을 느끼기 시작하자, 그는 붓을 고무손 위로 몇 센티미터 떨어진 허공에서 실제 손 위의 붓과 똑같이 계속 움직였다.

"그건 뭐였죠? 무슨 일이 일어난 거예요? 이건 정말 이상하군요." 내가 물었다.

그는 허공에서 붓질을 하고 있었고 나는 붓의 움직임을 고무손 위의 허공에서 느끼고 있었다.

그것은 전운동피질의 뉴런들이 몸의 한 부위가 만져질 때에만 발화되는 것이 아니라, 그 부위를 둘러싼 인접 공간(이 공간을 개인공간personal space에 인접한 '개인주변공간peripersonal space'이라고 부른다)이 만져질 때에도 발화되는 '수용장receptive field'이라는 것이 있기 때문이었다. 내 뇌는 내 손의 위치를 수정해 고무손을 실제 위치로 파악했다. 고무손 위의 공간은 나의 개인주변공간이 되었고, 따라서 고무손 위의 허공을 쓰다듬은 붓질은 그 공간을 건드리는 것으로 인식되었다.

에르손 연구팀은 그런 착각을 경험하기 위해 굳이 고무손까지 필요하지도 않다는 것을 입증했다.[14] 숨겨진 진짜 손에 붓질을 하면서, 동시에 손이 있다고 생각되는 허공에 붓질만 해도 실제로 손이 존재하지 않는 곳에서 손이 만져진다는 착각을 일으키기에 충분하다.

과학적 설명은 차치하고, 그 착각을 마침내 경험해서 정말로 황홀했다고 말하자 구테르스탐이 재치 있게 받아쳤다.

"잘 속는 뇌를 갖고 계시네요."

고무손이 내 것이라고 뇌를 속이는 것은 신체적 자의식이라는 퍼즐의 한 조각에 지나지 않는다. 우리는 얼마나 신체적 자아를 속일 수 있을까? 아주아주 많이 속일 수 있다.

＊

1970년대 후반에서 1980년대 초반, 당시 젊은이였던 토마스 메칭거는 유체이탈을 경험한 것에 대해 누군가에게 말할까 말까 갈등하고 있었다. 유체이탈 경험 중 하나는 그가 교수가 되기 위해 공부하면서 변성의식상태altered state of consciousness에 대해 매우 궁금해하던 때에 일어났다. 그는 독일 프랑크푸르트에서 북서쪽으로 100킬로미터 정도 떨어져 있는 베스터발트에서 아주 엄격한 명상 수련회에 참가하고 있었다. 10주 동안 이어지는 일정에는 요가와 호흡법 훈련, 그리고 개인 명상과 그룹 명상 세션들이 포함되어 있었다. 메칭거는 모든 일정에 몰입했다. 어느 목요일, 수련회 운영자들이 명상 지도자의 생일을 축하하기 위해 케이크를 구웠다. 유지방이 많이 든 기름진 케이크였다. 메칭거는 케이크를 조금 먹고 속이 좀 불편해서 침대로 가서 잠이 들었다.

그는 등이 가려워 잠이 깼지만 몸을 움직일 수 없었다. 전신이 마비되었다. 바로 그때 메칭거는 자신이 자기 몸에서 나선형을 그리며 빠져나와 침대 앞에 서는 것을 느꼈다. 어두워서 실제로 몸을 돌려 자신의 몸이 침대에 그대로 누워 있는지 확인하지는 않았다. 그는 겁에 질렸다. 하지만 더 무서운 일이 뒤따랐다.

갑자기 그는 방 안에서 누군가가 숨을 헐떡이고 있음을 알아차렸다. "그 순간 완전히 식겁했죠." 메칭거가 말했다. 이 얘기를 들을 때 나는 프랑크푸르트 동쪽 어느 시골 마을에 있는 메칭거의 집에서 그와 함께 저녁식사를 하고 있었다. "누군가가 거기 있었고 나는 몸을 움직일 수가 없었어요. 나는 내 몸에서 분리되었어요. 매우 불쾌했지요." 물론 그 방에는 어느 누구도 없었다. 여러 해가 지나서야 메칭거는 그런 경험들에 대한 설명을 과학문헌에서 발견할 수 있었다. 그것은 해리성 상태로, 자기가 내는 소리를 자기가 낸다고 인식하지 못하는 것이다. 메칭거는 자기 숨소리에 대한 소유감을 잃어버렸기에 자기 옆의 다른 누군가가 숨 쉬는 것 같은 환각을 느꼈다.

메칭거는 명상 지도자에게 이 이야기를 했다. 하지만 실망스럽게도 그가 취한 조치는 고작 차가운 물로 샤워하고 명상을 줄이라는 조언이 전부였다(오늘날 학교에서의 명상훈련을 지지하는 메칭거는 많은 명상센터가 변성의식상태나 응급 정신질환에 대처할 수 있도록 훈련된 직원을 보유하고 있지 않다고 걱정하며 비판하고 있다).

그 일이 있고 얼마 지나지 않아 메칭거는 림부르크 남쪽에 있는 외딴 지역으로 이사를 갔다. 정신-신체 문제에 관한 박사학위 논문을 쓰는 데 집중하고, 개인 프로젝트의 일환으로 고독과 지루함이 끼치는 영향을 자신이 직접 경험하기 위해서였다. 가난한 학생 신분이었던 메칭거는 프랑크푸르트에 있는 친구들에게 전화할 돈도 없었다. 그는 350년 된 낡은 집에 혼자 살면서 양들을 돌보고 양어지(어류 양식용 못-옮긴이) 19개를 관리했다. 명상도 많이 했다. 그리고 뜻하지 않게 일어나는 유체이탈도 몇 번 경험했다. 그의 호기심과 분석력은 이제 그를 완전히 지배해버렸다. 그는 자신의 경험들을 이해하고 싶었다. 과학과 철학 문헌들을 광범위하게 살펴봤지만 의식이 뇌에서 분리될 수 있다는 증거는 턱없이 부족했다. 하지만 그는 의식이 몸에서 분리되는 것처럼 여겨지는 이원론적 경험을 너무나 생생하게 겪고 있었으며, 정말 친한 친구들이 아니면 어느 누구에게도 이 사실을 말할 수 없다는 것도 알았다.

그래서 메칭거는 실증적 데이터에 입각한 마음인지과학 분야의 신예 철학자로서, 변성의식상태에서 뇌와 의식이 정말로 분리되는지, 그리고 확실하고 입증 가능한 관찰이 가능한지 알아내기 위해 자신을 상대로 직접 실험해보기로 했다. 그는 유체이탈 초기에 나타나는 두려움을 제어하는 법을 익혔다. 하지만 의식적 자아가 실제로 몸에서 분리된다는 어떠한 증거도 발견하지 못했다.

그러는 사이 그는 다른 연구자들과 대화할 기회가 있었고, 그중 하나가 바로 영국의 심리학자 수전 블랙모어Susan Blackmore였다. 블랙모어는 격렬하고 긴 토론 끝에 메칭거의 유체이탈이 실제로는 환각이라고 확신할 수 있었다. 그녀는 그에게 침대에 누워 있을 때 유체이탈이 일어났다고 했는데 어떻게 물리적인 몸을 움직여 창가로 이동할 수 있었는지 물었다. 걸어갔나? 날아갔나? 메칭거는 실제 삶에서 일어나는 움직임과 전혀 다른 종류의 움직임이었다고 인식했다. "때때로, 내가 가고 싶다고 생각하는 순간에 이미 거기 가 있을 때가 있습니다. 그와 비슷했어요."그는 나에게 말했다. 블랙모어는 메칭거의 정신이 침대와 창가 사이를 움직이는 환각을 경험했다고, 다시 말해 그의 머릿속에서 두 지점 사이를 뛰어넘었거나 날았다고 주장했다. 메칭거는 자신이 방 안에서 움직인 것이 아니라 뇌가 만든 마음속 침실 모형 안에서 움직였다는 것을 깨달았다.

또 다른 정말 이상한 경험이 그가 실은 환각을 경험했다는 것을 확신시켜주었다. 유체이탈이 일어난 뒤 자신의 몸으로 돌아오자 그는 자기가 경험한 일을 얘기하려고 여동생을 깨우러 달려갔다. "지금 새벽 2시 45분이야. 아침 먹을 때까지 좀 기다릴 순 없어?" 여동생이 말했다. 하지만 그때 알람이 울렸고 메칭거는 다시 잠에서 깨어났다. 그때 그는 여동생이 있는 프랑크푸르트의 부모님 댁에 있는 것이 아니었다. 다른 학생 네 명과 같이 살고 있는 집에서 낮잠을 자고 있었다. 그는 꿈 연구자들이 '헛깨기false awakening'이라고 부르는, 잠에서 깨어나는 꿈을 경험한 것이었다. 하지만 헛깨기이전에 그는 유체이탈하는 꿈을 꾸었다. "변성의식상태의 다양한 층 사이에서 다중 전이가 일어난다는 사실이 분명해졌죠." 메칭거가 말했다. 그는 그렇게 생생한 유체이탈을 경험했고, 심지어 그것에 대한 꿈도 꾸기 시작한 것이다.

메칭거의 유체이탈은 그런 일들을 예닐곱 번 겪고 나서 멈췄다.[15] 하지만 그 경험들은 그에게 뇌가 어떻게 유체이탈 현상을 일으키고, 그것이 우리에게 자아에 관해 무엇을 말해주는지 알려주었다. 그는《아무것도 아닌 것이 되는 것 : 주관성의 자아 모형 이론 Being No One: The Self-Model Theory of Subjectivity》이라는 제목의 연구서에 자신의 탐구를 최종적으로 담아냈다. 이 책은 로잔에 있는 스위스 연방 기술연구소에서 내가 만났던 신경학자 올라프 블랑케의 시선을 사로잡았다.

✳

2002년 블랑케는 마흔세 살 여성에게 반복적인 유체이탈을 유도하고 있었다. 그 여성은 약물로 치료가 안 되는 측두엽 간질을 치료받는 중이었다. 뇌 스캔으로는 어떠한 병소도 발견되지 않았다. 그래서 블랑케는 간질의 원인을 알아내기 위해 수술을 택했다. 블랑케 연구팀은 일반적으로 두피에 전극을 붙여 뇌파를 기록하는 뇌전도를 사용하지 않고, 수술로 두개골에 전극을 삽입해 대뇌 피질에서의 전기활동을 직접 기록하는 방식을 썼다. 그녀는 몸에 이식된 전극을 사용해 자신의 뇌를 활성화시키는 것에 동의했다. 신경외과 의사들은 이런 기술 덕분에 정말로 발작의 원인을 찾았는지 재확인할 수 있었고, 또한 수술 시 주요 뇌 영역을 잘라내지 않아도 되었다. 그뿐이 아니었다. 와일더 펜필드가 개척한 이 방법은 각기 다른 뇌 영역의 기능들을 알아낼 수 있는 최고의 방법이다. 그리고 뇌에 관해 우리가 알게 된 것들의 대부분은 의식이 있는 상태에서 자신의 뇌를 활성화시키도록 허락한 용기 있는 환자들로부터 왔다. 블랑케는 우뇌의 각회angular gyrus에 놓인 전극 하나를 자극했을 때 환자가 이상한 느낌들을 보고하는 것에 주목했다.

자극전류가 낮았을 때 그녀는 "침대 속으로 가라앉는다"거나 "높은 곳에서 떨어진다"고 보고했다. 블랑케 연구팀이 전류를 높이자 그녀는 유체이탈을 경험했다. "침대에 누워 있는 나를 그 위에서 내려다보고 있어요"라고 그녀는 말했다. 각회는 전정피질 vestibular cortex(전정계로부터 입력신호를 수용한다) 가까이에 있다. 블랑케는 어떤 이유에서인지 전기자극이 촉각과 전정신호 같은

다양한 감각의 통합을 방해하고 있었고, 이것이 유체이탈을 일으켰다고 결론지었다.[16]

제어된 환경에서 유체이탈을 연구하는 다음 단계는, 실험실에서 건강한 실험 참가자에게 고무손 착각 같은 현상이 전신에 일어나도록 시도하는 것이었다. 메칭거의 제안으로 2005년 메칭거와 블랑케, 그리고 당시 블랑케의 학생이었던 비그나 렝겐해이거Bigna Lenggenhager가 합류했다. 그들이 사용했던 장비는 간단하고 명쾌했다. 카메라 한 대로 실험 참가자를 뒤에서 촬영했고, 그 이미지는 참가자가 착용하고 있는 입체 HMDhead-mounted display(머리에 쓰고 가상현실을 실현하는 장치)로 보내졌다. 참가자는 오직 HMD에 나타나는 것만 볼 수 있었고, 그 3D영상은 2미터 정도 앞에 있는 자신의 뒷모습이었다(실제 손이 아니라 고무손을 봤던 것과 유사하다). 실험자는 막대기로 참가자의 등을 툭툭 건드렸다. 참가자들은 등이 건드려지는 것을 느끼는 동시에 HMD를 통해 자신의 등을 볼 수도 있었다. 막대기로는 영상과 동시적으로도, 비동시적으로도 건드렸다(비동시적으로는, 영상 자료를 조금 늦게 송출해 참가자에게 촉각을 먼저 느낀 뒤에 즉각 막대기로 만져지는 가상의 몸을 볼 수 있게 함으로써 가능했다).

이번에도 역시 고무손 착각 실험과 다르지 않았다. 결과도 다르지 않았다. 촉각과 시각이 동시에 발생하는 상황에서 착각이 시작되면, 몇몇(모두는 아니다) 참가자는 자기 몸에서 2미터 정도 앞에 놓인 가상의 몸이 위치한 곳에서 촉각을 보고했고, 가상의 몸을 자

기 것처럼 느꼈다.[17]

몇 년 뒤 블랑케 연구팀은 더 많은 비용을 들여 스캐너 안에서 같은 실험을 할 수 있는 장비를 갖추었다. 실험 참가자가 누워 있으면 로봇 팔이 그의 등을 만지는 것이다. 그러는 사이 참가자는 HMD를 통해 어떤 사람의 등이 만져지는 것을 보았다. 로봇 팔은 참가자의 등을 가상 인물이 보이는 영상에 맞추어 동시적으로도 비동시적으로도 만졌다. 역시, 몇몇 참가자는 자기 몸에 대한 위치감과 소유감에 혼란을 느꼈다. 가장 눈에 띄었던 결과는 스캐너 안에 반듯이 누워 있었는데도 "내 몸을 위에서 내려다보고 있는 것 같았다"고 진술한 어느 참가자의 보고였다.[18]

"우리는 정말 흥분했어요. 자기 몸을 위에서 내려다보는 전형적인 유체이탈과 굉장히 흡사했거든요." 지금은 취리히 대학병원 브루거 연구팀에서 함께 연구하고 있는 렝겐해이거가 말했다.

참가자들이 그런 경험을 하는 동안 촬영된 뇌 스캔은 유체이탈이 측두두정 연접의 활성화와 관련되어 있음을 보여주었다. 측두두정 연접은 촉각과 시각, 자기수용성감각과 전정신호를 통합하는 곳이다. 내가 어디에 있는지 지각하는 자아위치self-location가 측두두정 연접에서의 신경활동과 관련이 있다는 객관적인 증거가 여기에 있다.

내가 로잔을 방문했을 때, 블랑케의 제자 페트르 마쿠Petr Macku가 나에게 전신 착각 실험을 해보겠느냐고 제안했고 나는 흔쾌히 수락했다. 내가 방문한 이유 중 하나이기도 했으니까. 그는 스캐너를 제외하고는 모두 앞의 실험 때와 같은 장비를 사용했다. 하지만 그때 나는 파리에서 스위스로 막 도착했기 때문에 신경이 매우 날카로웠고 아마도 기대가 너무 커서였는지 착각이 잘 일어나지 않았다. 또 다른 그럴듯한 설명이라면, 전신 착각은 효과가 약해서 누구한테나 일어나지는 않는다는 것이다. 나 역시 조금 이상한 느낌은 들었지만, 그것이 다였다.

나는 스톡홀름에 있는 에르손의 실험실(내가 예전에 고무손 착각을 성공적으로 경험했던 곳)에서 한 번 더 전신 착각 실험에 참가했다.[19] 이번에는 사람 크기의 마네킹을 마주 보고 섰다. 마네킹의 눈에는 카메라가 들어 있었는데, 그 카메라 눈은 마네킹의 복부와 손을 내려다보고 있었다. 카메라가 찍은 영상은 내가 착용한 HMD 화면으로 들어왔다. 그래서 나는 마네킹의 배와 손을 보고 있었다. 고무손 조종 전문가 구테르스탐이 이번 실험도 주도했다. 커다란 붓 두 개를 사용해 마네킹의 복부와 손을 쓰다듬는 동시에 내 복부와 손도 쓰다듬었다. 나는 내 몸이 만져지는 것을 느꼈지만 눈으로는 마네킹의 몸이 만져지는 것을 보고 있었다. 그가 복부를 쓰다듬을 때에는 별다른 느낌이 없었다(잘 속는 내 뇌에 대해서는 그쯤 해두자). 하지만 몇 분 뒤 그가 내 손가락들에 붓질했을 때, 나는 마치 마네킹의 손가락들이 만져지는 것처럼 느꼈다. 전신은 아니었지만, 마네킹의 손가락들을 내 것으로 동일시하고 있던 것이다.

에르손 연구팀은 스캐너 안에서 이와 비슷한 실험을 수행했는데, 실험 참가자들은 마네킹의 몸과 자신을 동일시하는 것으로 보고했다. 참가자들 대다수가 마네킹의 몸이 자기 몸처럼 느껴졌다고 말했다. 스캔 자료들은 좌뇌의 두정엽내피질intraparietal cortex 및 조가비핵의 활성화와 더불어 양 반구 모두에서 복측 전운동피질이 활성화되었음을 보여주었다. 내 몸을 소유한다는 느낌은 특히 복측 전운동피질과 가장 관련이 높았다.[20] 마카크원숭이를 대상으로 한 연구들에서는 이 영역에서 뉴런이 시각, 촉각, 자기수용성감각들을 통합한다는 사실을 밝혀냈다.

이 연구들에서 명확해진 것은 우리가 당연시하고 불변한다고 여기는 자기감의 속성들, 다시 말해 내 몸을 갖고 있다는 소유감, 내가 어디에 있는지 아는 위치감, 그리고 심지어 내가 어디를 바라보고 있는지 아는 시점 등이 건강한 사람에게서조차 혼란스러워질 수 있다는 사실이다.

또 자아위치, 자아식별, 일인칭 관점 등은 이러한 자아의 속성들을 만들어내기 위해 촉각·시각·자기수용성감각·전정감각 등 다양한 감각을 통합하는 각기 다른 뇌 영역들의 결실이라는 것이 자명해진다. 예를 들어, 전신 착각에 대한 에르손의 실험에서 연구팀은 몸에 대한 소유감을 조작할 수 있었다. 그리고 주로 복측 전운동피질이 여기에 관여한다는 것을 확인했다. 블랑케의 실험에서는 관점과 자아위치를 교란시켰고, 주되게 관련한 다른 뇌 영역을 측두두정 연접으로 보는 잠재적 이유를 설명할 수 있었다.

정확한 뇌 영역을 짚어내는 것과 별개로 여기에는 강력한 함의가 들어 있다. 자아위치, 자아식별, 일인칭 관점 등의 속성이 뇌에 의해 만들어진다는 사실이다. 뇌가 몸을 중심으로 하는 준거틀을 만들어내고, 우리는 이러한 준거틀에 의해 모든 것을 지각한다.

지금까지 우리는 몸의 방향과 신체 부위의 위치를 뇌에게 알려주는 다양한 외부 감각들의 통합에 관해 얘기했다. 하지만 대개 우리가 의식하지 못하는 또 하나의 중요한 감각 원천이 있다. 바로 몸 내부, 특히 (심장박동, 혈압, 내장 상태 등의 정보를 포함하는) 내장에서 오는 신호들이다. 우리는 이 책의 앞부분에서 어떻게 내부 감각들이 정서와 감정의 열쇠가 되는지, 그리고 이 경로에서 일어난 오작동이 어떻게 이인증이나 자신을 낯설게 여기는 장애를 일으킬 수 있는지 알아보았다. 자아를 몸에 완전히 고정하기 위해 뇌는 외부 감각, 위치와 균형에 대한 감각들을 몸 내부에서 오는 신호들과 통합해야만 한다. 이러한 모든 신호를 통합하는 뇌 영역에 문제가 생기면, 그 결과는 유체이탈보다 더 심각해질 수 있다. 어슈윈이 차 안에서 경험했던 종류의 도플갱어 효과로 이어지기도 하고, 브루거의 환자가 취리히에서 건물 4층 창밖으로 뛰어내렸던 것과 같은 결과를 낳기도 한다.

도플갱어 효과에서 가장 놀라운 점 중 하나는 강한 정서의 발현과 이 현상과 관련된 뇌의 메커니즘이다. 내가 듣거나 읽었던 모든 설명과 자료 중 그 어떤 것도 크리스가 경험했던 것보다 강한 정서를 드러내지는 않았다. 또 다른 자신이 에이즈로 막 사망한 동생과 이야기하는 것을 경험한 크리스의 사례를 소개한다.

＊

크리스는 샌프란시스코 베이에어리어에서 자랐다. 그는 동생 데이비드보다 일곱 살 많았다. 어렸을 적에 둘은 "형제들이 대개 그렇듯" 항상 싸웠다. 크리스가 부모님 댁에서 독립하면서부터 둘은 서로를 그리워한다는 것을 알았다. 10년 정도 형과 동생의 사이는 깊어졌다. 유머 코드를 타고난 그들은 전설적인 코미디 듀오였던 '마틴 앤드 루이스'와도 같았다. 동생 데이비드가 제리 루이스Jerry Lewis였고 형 크리스가 딘 마틴Dean Martin이었다. 그들은 항상 웃겼다. 어느 날 그들은 별난 내기를 했다. 이를테면, 데이비드는 가족들을 웃기려고 자기가 체다 치즈 1킬로그램을 한꺼번에 먹어치울 수 있다는 데 내기를 걸었다. 가족들은 데이비드가 치즈를 계속 입에 집어넣어, 치즈가 녹아 줄줄 흘러내리는 것을 보며 깔깔 웃었다.

그들은 끊임없이 거친 게임을 하며 놀았다. 크리스는 동생을 제대로 골탕 먹였던 때를 회상했다. 그때 데이비드는 곱슬머리 스타일을 하고 앉아 가족들과 함께 텔레비전을 보고 있었다. 크리스는 집 밖에서 온수기를 고치다가 캘리포니아 토종인 커다란 앨리게이터도마뱀을 발견했다. 크리스는 그 도마뱀을 잡아 입고 있던 작업복 주머니에 넣었다. 그는 집으로 들어가 데이비드 뒤로 살금살금 다가가서는 데이비드의 곱슬머리 위에 도마뱀을 떨어뜨렸다.

데이비드는 크리스가 무슨 짓을 꾸미고 있다는 것은 알았지만 심드렁했다. 크리스는 나에게 말했다. "그때 도마뱀이 날아올랐어요. 데이비드의 머리 위에서 얼굴로 뛰어내렸고, 다시 가슴으로 점프했죠. 동생은 꺅꺅 소리를 질렀어요. 의자에서 펄쩍 튀어나왔죠. 아마 땅에서 60센티미터쯤 뛰어올랐을 거예요. 방 안을 가로지르며 계속 소리를 질러댔어요." 데이비드는 크리스의 장난이었음을 알고 웃어댔다. 그 뒤로 가족들 모두가 45분 동안이나 도마뱀을 찾았지만 끝내 발견하지 못했다.

데이비드가 열여섯 살이 되었을 때, 하루는 그가 형에게 주말에 찾아갈 테니 이틀 내내 같이 보내자고 했다. 평소답지 않은 얘기라 크리스는 뭔가가 있다고 생각했다. 무엇일지 짚이는 데가 있었다. 주말이 끝나갈 무렵 긴장한 데이비드가 말을 꺼냈다. "형, 나 할 말이 있어." 크리스는 얘기하라고 했다.

"나 게이야." 데이비드가 말했다.

"난 또 뭔 대단한 거라고." 크리스가 대답했다.

"뭐야, 알고 있었어?"

"네가 아홉 살이었을 때부터 알았어. 야, 어떻게 내가 모르겠냐? 네 형인데."

결국 데이비드는 부모에게 커밍아웃을 했고 부모, 특히 어머니가 큰 충격에 빠졌다. 크리스는 부아가 나서 (이성애자인) 자신과 동생 사이에 대체 다른 점이 뭐가 있냐고 따져 물었다. "일종의 타격이었죠. 부모님을 좀 속상하게 했어요." 크리스는 말했다. 하지만 곧 가족들은 다시 하나가 되었다.

몇 년 뒤, 데이비드는 크리스에게 에이즈에 감염되었다고 했다. 크리스는 말했다. "동생은 샌프란시스코에서 행실이 좋지 않은 무리와 어울리곤 했어요. 1970년대 후반과 1980년대 초반에 샌프란시스코가 어땠는지 아시잖아요. 많은 일이 있었지요." 이때는 에이즈가 퍼지기 시작한 초기였고 효과적인 치료약도 없었다. 데이비드는 자신이 죽어가고 있음을 알았다. 그래서 그는 형에게 곧 있을 자신의 장례식을 위해 추도사를 써달라고 부탁했다.

"넌 죽어선 안 돼. 내가 혼자 남게 되잖아. 마틴에게 루이스가 없어지는 거잖아." 수십 년이 지났는데도 크리스의 목소리는 갈라졌다. 그는 슬픔을 견딜 수 없었다.

데이비드는 가족의 품 안에서 죽었다. 침대 옆에는 형 크리스가 있었다. 크리스와 아버지는 장례식에서 추도사를 읽었다. 아버지는 데이비드의 진지한 면에 대해 얘기했지만, 크리스는 마틴 앤드 루이스 이야기를 했다. 데이비드가 바랐던 대로, 킬트를 입은 스코틀랜드 백파이프 연주자들이 〈어메이징 그레이스Amazing Grace〉를 장례식이 끝날 때까지 연주했다.

두 달쯤 뒤, 크리스는 아침 일찍 잠에서 깨어났다. 침대에서 내려와 옷장이 있는 침대 끝 쪽으로 걸어갔다. 기지개를 켜고 돌아선 그는 엄청난 충격을 받았다.

크리스는 회상했다. "전기가 흐르는 것 같은 충격이었어요. 왜냐하면 내가 침대에 여전히 누워 자고 있었거든요. 그리고 분명히 내가 거기에 누워 자고 있는데도 첫 번째로 드는 생각이 내가 죽었다는 거였어요. 내가 죽었구나. 이게 첫 번째 단계로구나. 숨이 턱 막혔죠. 상황을 파악하느라 머리가 핑핑 돌았어요."

그때 전화벨이 울렸다.

"왜인지는 모르겠어요. 하지만 수화기를 들고 말했죠. '여보세요.' 데이비드의 전화였어요. 나는 데이비드의 목소리를 바로 알아들었죠. 어안이 벙벙하면서도 기뻐서 어쩔 줄을 몰랐어요." 하지만 데이비드는 전화기에 오래 머무르지 않았다. "시간이 별로 없다고 했어요. 그냥 자기가 잘 있다는 걸 나한테 알려주고 싶었다고 했죠. 가족들에게도요. 그러고 나서 전화를 끊었어요." 크리스는 말했다.

"그리고 그때 뭔가 엄청나게 빨려들어가는 느낌이 들었어요." 크리스가 길게 후욱 하는 소리를 내며 말했다. "끌려가는 듯한 느낌이었죠. 침대로 다시 던져져 나 자신에게 꽝 부딪히는 것 같았어요." 그는 비명을 지르며 깨어났다. 옆에서 자고 있던 아내 소냐가 깨어나 보니 크리스는 히스테리 상태에 빠져 있었다.

"완전히 맛이 갔었어요. 온몸이 떨렸고 땀에 젖었어요. 심장이 마치 경주마라도 된 것처럼 빠르게 뛰었죠."

크리스는 이성을 중시하는 가풍에서 자랐다. 아버지는 저명한 핵물리학자였다. 크리스가 받아온 교육으로는 이런 경험을 납득하기 힘들었다.

"내 마음은 말하고 있었어요. 동생이 자기는 잘 있다고 말해주려는 것이라고요. 죽음 너머에서 어떻게든 나와 얘기하려고 했다는 것을 당시에는 정말 믿었어요. 하지만 내 이성은 내게 어리석은 생각이라고 말했어요. 하지만 그 경험이 너무나 생생했기 때문에 스스로 합리화하기가 정말 힘들었죠."

✳

크리스가 경험했던 것은 아주 강렬한 도플갱어 효과, 신경과학적 용어로는 '호토스코피heautoscopy'라고 불리는 것이었다. 여러 가지 면에서 유체이탈과는 다르다.

유체이탈에서 자아 또는 의식의 중심은 물리적인 몸과 분리된다. 이때 자아는 공간적으로 다른 위치에 있어서 시선이 바뀐다. 물리적인 몸 그 자체는 대개 생명이 없는 것처럼 지각된다.

호토스코피에서는 환각의 몸을 지각한다. 그리고 의식의 중심이 실제 신체에서 환각의 몸으로 이동했다가 돌아오기도 한다. 자아위치와 자아식별이 공간의 용적을 차지하는데, 그 용적이 실제 몸에 쏠려 있다가 환각의 몸으로 쏠리기도 한다. 따라서 관점도 변화할 수 있다. 크리스의 경우, 그는 환각의 몸에 놓여 있었다가 실제 몸으로 순식간에 빨려들어갔다. 하지만 다른 사례에서는 브루거의 젊은 환자처럼 환각이 끝날 때까지 이러한 이동을 여러 번 경험하기도 한다.

호토코스피의 또 다른 중요한 요소는 강렬한 정서가 나타나고 감각운동계가 개입한다는 것이다. "대개 또 다른 자신이 움직이는 데, 정서나 생각을 나누는 상호작용이 있습니다. 그리고 도플갱어라는 인상을 주는 것이죠." 내가 만났을 당시 로잔에 있는 스위스연방 기술연구소의 신경학자 루카스 하이드리히Lukas Heydrich가 말했다.

물리적인 몸에 뿌리를 내린 채 시각적으로 또 다른 자신을 단순히 보는 것과 실제로 또 다른 자신과 상호작용을 하고 시점이 왔다 갔다 하는 것의 신경학적 차이를 이해하기 위해, 하이드리히와 블랑케는 다양한 자기환영 현상을 경험했던 뇌 손상 환자들을 연구하기로 결정했다. 2013년 그들은 역사상 가장 많은 사례를 연구한 결과를 출간했다.[21] 이 자료는 그러한 경험들의 신경학적 연관성에 대해 우리에게 많은 것을 말해준다.

일반적인 자기환영 환각을 보고했던 환자들은 후두엽피질occipital cortex에 병소가 있었다. 하이드리히와 블랑케는 다음과 같이 추정한다. 단순히 또 다른 자신을 보는 것은 자기감에 지장을 주지 않기 때문에 자아식별, 자아위치, 그리고 일인칭 관점도 손상되지 않는다. 더 정확하게 말하면, 그때의 환각은 시각과 체성감각 신호들 간의 통합이 잘 되지 않아 나타난 결과다.

반면, 호토스코피를 보고했던 환자들은 좌뇌의 후방 섬엽posterior insula과 인접 피질 영역들에 손상이 있었다. 호토스코피가 정서를 동반한다는 것은, 섬엽피질이 연루되었다는 얘기다. 우리는 앞에서 이인증을 다루면서 섬엽의 활동 저하가 어떻게 정서적 무감각 증상과 관련되는지 살펴보았다(정서적 생생함을 느끼지 못했던 노바스코샤의 니컬러스를 떠올려보자). 섬엽은 시각, 청각, 운동, 자기수용성감각, 전정신호들을 내장에서 오는 신호들과 통합하는 허브다. 섬엽은 몸 상태를 최종적으로 대표해 그 표상들이 주관적인 느낌들로 나타나게 하는 뇌 영역이다.

하이드리히와 블랑케는 섬엽에서 신호를 통합하는 데 장애가 생기면 도플갱어 효과가 나타난다고 추정한다. 만약 모든 것이 정상적으로 작동하면 섬엽피질, 특히 전방 섬엽은 우리 몸의 주관적인 느낌, 곧 정서와 행동들을 포함한 지각을 잘 만들어낼 것이다. 하지만 통합에 장애가 생기면, 마치 몸에 대한 표상이 하나가 아니라 두 개인 것처럼 되어 어떻게든 자아를 고정시킬 표상 하나를 골라야 한다. 어느 표상을 자아위치, 자아식별, 일인칭 관점에 붙어넣을 것인지 선택해야 하는 것이다. 신체적 자아를 규정하는 세 가지 지표(자아위치, 자아식별, 일인칭 관점)가 두 신체 표상 사이에서 왔다 갔다 할 때, 선택받지 못한 나머지 하나의 표상이 기하학적 좌표인 물리적 몸에 자리 잡지 못해 환각이 일어난다.

메칭거와 블랑케는 이러한 신체적 자아의 혼란이 우리가 체화된 자아를 느끼기 위해 필요한 기초 속성들을 알아내는 데 도움을 준다고 믿는다. 그들은 이것을 '최소한의 현상적 자아minimal phenomenal self'라고 부른다.[22] 우선 그들은 최소한의 현상적 자아의 핵심이 주체감은 아니라고 주장한다. 왜냐하면 단순히 소극적으로 누군가의 등을 만지고 그들의 시각적 입력을 혼란시키기만 해도 몸이 다른 어딘가에 있다고 느끼게 할 수 있기 때문이다. 이때는 주체감이 필요하지 않다. 메칭거는 나에게 말했다. "철학자의 관점에서 보면, 자의식에서 무엇이 필요조건이고 무엇이 충분조건인지 알아내는 것이 중요합니다. 우리는 대부분의 사람들이 필요하다고 생각하는 것, 곧 주체감이 사실은 필요하지 않다는 것을 입증해왔습니다."

더 정확히 말해 '최소한의 현상적 자아'는 더 원초적이고 체화된 자아다. 메칭거는 체화되었다는 느낌은 전반성적이고 전언어적인 형태의 자아상이라고 주장한다. 우리가 "나는 생각한다"와 같은 말로 인칭대명사를 쓰는 능력을 얻기 훨씬 이전에 생기는 것이라는 말이다. 이 자아에는 서사가 없다. 단지 몸이라는 걸 느끼는 유기체에 지나지 않는다. 이 프로세스의 다음 단계는 단순하게 몸으로만 되어 있던 이러한 원초적 자아상이 주관성이라는 자아상으로 변화하는 것이다. 메칭거는 말했다. "몸에 들어 있다고 느낄 뿐만 아니라, 자신의 주의를 통제할 수 있고 몸을 돌볼 수 있죠. 그것이 더 강한 형태의 자아상입니다. 그러면 당신은 관점을 가진 무언가가, 세상을 향한 무언가가, 그리고 그 자체로 이끌 수 있는 무언가가 됩니다. 그것은 단순히 체화된 것 이상이죠."

우리는 이제 자아에 관한 논쟁의 중심에 거의 접근했다. 철학자와 신경과학자들이 흥미를 갖는 주제는 '자아의 주관성'이다. 그것은 어디에서 오는가? 당신이 예상하듯, 견해는 다양하다. 예를 들어 블랑케는 강한 주관적 자아상을 위해서는 주의 집중이 필요하다고 생각하는 메칭거의 아이디어에 동의하지 않는다. 블랑케는 신체 소유감, 자아위치, 그리고 일인칭 관점의 조합에서 비롯되는 자아상은 주의 집중과 무관한 것이라고 생각한다. 이러한 미묘한 차이를 분류할 수 있는 실증적 자료들은 아직 없다. 하지만 이러한 불일치에도 불구하고, 자기환영 현상에 대한 연구가 무엇보다도 주체로서의 자아인 '나'를 조금씩 더 이해하게 해준다는 점이 흥미롭다.

애초에 왜 이런 최소한의 현상적 자아가 진화했을까? 유기체가 환경에 더욱 잘 적응하기 위해서였을 것이다. 만약 뇌가 몸을 도와 놀라움을 피하고 생체 항상성 평형을 유지하면서 주변 환경에서 효과적으로 움직이도록 해준다면, 뇌에 몸을 표상하는 것은 이러한 능력들을 잘 조율하기 위해 꼭 필요한 단계다. 마침내 유기체는 이러한 표상을 의식하기에 이르렀고, 나아가 신체의 강점과 약점을 알게 되어 살아남기가 유리해졌을 것이 분명하다. 하지만 이 경우, 진화를 거듭하며 다듬어진 것은 신체적인 부분이 아니라 '자아'였다.

✳

뇌가 몸의 표상을 가진다고 해서 몸 그 자체가 몸을 갖고 있다는 소유감이나 내 것이라는 느낌의 본질을 이루는 것은 아니다. 뇌는 또한 주위 환경에 대한 표상도 가지지만 환경에 몸과 같은 느낌을 부여하지는 않는다. 고무손의 경우를 보자. 일단 착각이 시작되면 당신은 고무손을 자기 손처럼 느낀다. 하지만 착각이 일어나기 전에는 고무손이 내 것이라는 느낌이 들지 않는다. BIID를 다루었던 3장에서 보았듯, 메칭거의 '현상적 자아 모형'은 일종의 '표상주의자representationalist'적 설명을 제시한다. 고무손이 뇌가 구성하는 세상 모형에 있을 때에는 내 것이라는 느낌을 주지 않지만 현상적 자아 모형에 포함되면 내 것이 된다.

'내 것이라는 느낌'에 대한 메커니즘적 설명들도 있다. 우리는 조현병에 관한 내용을 다룰 때 이에 대한 힌트를 보았다. 내 행동을 촉발시키는 사람이 나라는 것, 또는 그 행동들이 내 것이라는 느낌인 주체감은 아마도 자신의 운동동작의 결과들을 정확하게 예측하기 위한 뇌의 산물일 것이다. 그러한 예측 단계에서 뭔가 잘못되거나, 예측을 행동의 실제 결과와 비교했을 때 오류가 나거나, 그런 작업을 위한 경로에서 뭔가가 잘못되었을 때, 그때의 행동은 자신에게서 촉발되었다는 느낌을 주지 않을 수 있다.

몸을 소유하고 있다는 느낌도 비슷한 메커니즘으로 일어나는 것일까? 철학자 야코프 호비는 내 것이라는 느낌이 대개 (행동에 대한 것이든 지각에 대한 것이든) 예측하는 뇌의 산물일 수 있다고 주장한다.[23] 이런 방식으로 생각하면, 뇌는 내부 모형을 사용해 다양한 감각신호의 원인을 예측한다. 그리고 뇌가 하는 일은 예측 오류들을 최소화하는 것이다. 따라서 주체감이 성공적인 예측에서 나온 결과이듯, 몸에 대한 소유감도 몸 전체의 예측 오류들을 최소화한 데에서 비롯된 결과라고 볼 수 있다.

최소한의 자아에서 확장된 서사적 자아까지 이 모든 설명을 듣다 보면, 마치 한 겹씩 벗겨낼 수 있는 양파나 한 쪽씩 뗄 수 있는 오렌지처럼 자아도 종류에 따라 쪼갤 수 있다고 오해하기 쉽다. 물론 우리의 서사적 자아는 신체적 자아 또는 최소한의 자아가 진화 생물학적으로 진화해온 것이다. 하지만 현대의 신경과학은 복합적인 자아에서는 신체적 자아가 서사적 자아에게 정보를 주고, 서사적 자아는 당신이 몸을 느끼는 방식을 변화시킬 수 있으며, 신체적 자아와 서사적 자아가 그 사람이 속한 문화적 맥락에 영향을 받을 수 있다는 것을 말해주고 있다. 이러한 최근의 이해를 통해 살아 있는 인간에 관한 한, 뇌, 몸, 마음, 자아, 사회는 모두 서로 분리될 수 없다.

이러한 연결을 테스트해볼 수 있는 방법이 있을까? 지각과 서사적 자아를 구성하는 것에 유체이탈이 영향을 끼칠 수 있을까?

에르손 연구팀은 참가자들에게 (사람의 발 길이 정도 되는) 바비인형처럼 작은 것에서나 4미터나 되는 거인처럼 커다란 것에서 모두 가상의 몸이 자기 몸처럼 느껴지는 전신 착각을 경험하게 했다. 그런 뒤 그들이 보고 있는 물체(카메라에서 일정한 거리에 놓여 있는 각각 다른 크기의 상자들)에 대해 물어보았다. 참가자들은 바비인형과 동일시했을 때에는 상자들이 더 크고 멀리 있다고 느꼈고, 거인과 동일시했을 때에는 상자들이 더 작고 가깝게 놓여 있다고 지각했다. 연구팀은 "자기 몸의 크기는 전체 외부세계를 바라볼 때 근사치의 준거 역할을 한다"고 결론 내렸다.[24] 이것은 자기감에서 체화가 무엇보다 중요하다는 것을 보여주는 좋은 증거다.

에르손 연구팀은 또한 유체이탈이 일화기억에 끼치는 영향에 대해 정교한 장비를 가지고 테스트했다. 평소 실험 때 쓰던 HMD를 실험 참가자들에게 장착해 동시에 촉각 자극을 줌으로써 전신에서 일어나는 착각을 유도했다. 착각이 일어나는 동안 참가자들은 자신의 몸이 실제로 위치하는 곳이 아닌 다른 곳에서 방을 바라보는 것처럼 느꼈다. 그리고 배우 한 사람이 교수 역할을 맡아 참가자들(모두 대학생이었다)과 상호작용을 했다. 해럴드 핀터Harold Pinter의 연극 〈마지막 한 잔One for the Road〉을 개작한 대본("원작만큼 어둡고 무겁지는 않았다"고 에르손은 말했다)을 사용해, 교수 역을 맡은 배우가 학생들에게 질문을 했다. 일종의 구두시험 상황이었다. 사람들은 자신의 몸 밖으로 나가는 착각을 경험할 때 일화들을 조금이라도 덜 기억했는가? 다른 말로 하면, 일화기억(2장 클레어의 아버지와 앨런의 사례에서 보았듯, 서사적 자아에 필수적인 것)을 처리하는 뇌의 능력은 우리가 물리적 몸에 체화되는 것에 달려 있을까? 연구팀이 알고 싶었던 것은 이것이었다.

대답은 "그렇다"였다. 교수를 만나는 동안 유체이탈을 경험했던 실험 참가자들은 그렇지 않은 참가자들보다 일화를 기억해내는 능력이 떨어졌다.[25] "유체이탈된 상태에서 만들어진 기억들은 상대적으로 생생하지 못했고, 사건들의 시공간적 순서도 상당히 뒤죽박죽이었습니다." 에르손은 이메일에서 이렇게 말했다.

이것이 사실이라면, 유체이탈과 자기환영을 경험하는 사람들은 어떻게 생생하게 회상할 수 있을까? "그 기억들은 아마도 덜 생생하고 임시로 구성된(더 파편적이고 덜 일관된) 것일 겁니다. 만약 같은 사건을 자기 몸 안에 있을 때 경험했다면 더 강렬하고 잘 구성됐겠지요." 에르손은 말했다. 적어도 처음에는 그랬을 것이다. 그런 다음 자신의 경험을 여러 번 얘기하면서 사람들은 자신의 조각난 기억들을 굳혀나가고 끝내는 상당히 생생한 경험으로 회상하고 말할 수 있다. 또 그런 경험들의 드라마틱하고 정서적인 속성이 유체이탈 상태에서 비롯되는 기억 손상을 상쇄시킬 수도 있다. 어느 쪽이든 상관없이, 기본적인 '체화된 자아'는 더 진화된 인지적·서사적 자아보다 여러 가지 의미에서 더 근본적으로 보인다.

하지만 지금까지 우리가 탐구했던 이러한 상태들 중 어떤 것도 (실험실 사례에서든 개인적 경험에서든) 서사적 자아를 완전히 정지시키는 경우는 없었다. 슬프게도 알츠하이머병에서는 그런 일이 일어난다. 알츠하이머병의 경우, 병이 진행되는 과정에서 심신이 약해지면서 다른 인지능력들도 함께 악화된다. 그렇다면 체화된 자아만 존재하는 경우는 없을까? 서사적 자아의 재잘거림 없이 유기체가 순간을 살면서 지각하고 느끼는 경우는 없을까? 신비주의나 뉴에이지 같은 소리로 들릴지도 모르지만, 바로 거기가 우리가 향하는 곳이다.

8장

모든 것이 제자리에

황홀경 간질과 무한한 자아

황홀경 간질을 앓으면 나 자신이
내 몸, 내 삶, 세상과 완전한 하나가 된다.
강렬한 무아지경 속에서 역설적으로
나 자신을 잊어버리는 것이다.

지각의 문들을 닦아내면 모든 것은 인간에게 있는 그대로, 무한하게 보인다.[1] _ 윌리엄 블레이크

정상적인 상태에서는 생각할 수 없고, 경험해보지 않은 사람은 상상할 수 없는 행복을 나는 느낀다. (…) 그럴 때 나는 나 자신, 그리고 온 우주와 완벽히 조화를 이룬다.[2] _ 표도르 도스토옙스키

캘러머주에 있는 웨스턴미시건대학교에서 두 번째 학기를 맞았을 때 재커리 에른스트는 열여덟 살이었다. 그때 그는 처음 간질 발작을 일으켰다. 겨울이어서 캘러머주는 을씨년스럽고 구름 낀 날들의 연속이었다. 재커리는 여자친구와 함께 기숙사 방에 앉아 있다가 갑자기 공황 상태에 빠졌다. 그는 자살 충동을 느낄 정도로 기분이 가라앉았다. 음악 소리가 들리기 시작했는데, 어디에서도 연주되지 않고 그의 머릿속에서만 울려퍼지는 소리였다. 겁에 질린 재커리는 여자친구에게 근처에 있는 그녀의 부모 집으로 데려가 달라고 했고, 여자친구는 마지못해 그렇게 했다. 이 사건을 거치며 그는 있는 대로 진이 빠졌다. 그는 그저 공황발작일 따름이라고 확신하고는, 이런 일이 다시 일어나지 않기만 바라며 대수롭지 않게 넘겼다. 하지만 발작은 일어나고 또 일어났다. 거의 날마다.

재커리는 발작으로 너무 기진맥진해서 의사를 찾아갈 힘조차 내지 못했다. 그러다 잦은 발작이 잠시 소강상태를 보였고, 그는 의사에게 갈 정도로 기분이 나아졌다. 의사는 재커리를 정신과 의사에게 보냈다. 정신과 의사는 곧바로 신경과 전문의를 찾아가보라고 권했다. 뇌전도와 MRI를 찍어보았지만 아무것도 나타나지 않았다. 신경과 전문의는 항경련제인 테그레톨을 처방했다. 하지만 발작은 계속 이어져서 하루에 두 번, 세 번 올 때도 있었다. 그 신경과 전문의는 재커리의 복용량을 하루 1,000밀리그램이 될 때까지 계속 늘렸다. 재커리는 나에게 말했다. "몇 년 뒤에 다른 의사한테 진단을 받으러 갔는데, 내가 먹고 있는 약의 양을 보고 끔찍해하더라고요. 그 의사가 나를 입원시켜 서서히 약을 끊도록 했어요."

하지만 첫 번째 진단과 두 번째 진단 사이의 몇 년 동안 재커리의 상태는 더 나빠졌다. 특히 단기기억력이 심하게 나빠졌다(테그로톨의 부작용이다). 그는 수학 전공으로 대학에 들어갔는데, 수업이 언제 어디에서 있는지 거의 기억하지 못해서 항상 수업 시간표를 들고 다녀야 했다. 발작이 시작되기 전에는 고난도 미적분이나 비유클리드 기하학, 군론도 비교적 쉽게 다룰 수 있었는데, 갈수록 수학시험이 점점 더 어렵게 느껴졌다. 희한하게도 그는 이제 철학을 더 잘할 수 있었다. 철학 성적은 시험이 아니라 과제로 매겼기 때문에 기억에 의지할 필요 없이 자기 방에서 노트를 참고하며 쓸 수 있었다. "수학과목들은 다 낙제했어요. 하지만 철학수업에서는 모두 A를 받았죠."

발작은 계속되었다. 그는 발작으로 기진맥진해서 말하는 것도 걷는 것도 힘들었다. 어느새 발작이 임박한 것도 알아차리게 되었다. 그는 발작이 끝나기를 기다리며, 캘러머주에서 몇 안 되는 낡은 건물들이 있는 교정을 걸어다니기도 했다. "죽고 싶을 정도로 참담한 슬픔이 엄습했죠. 기운만 좀 더 있었다면 아마 자살을 시도했을 거예요. 너무너무 혹독하고 매우 갑작스러웠죠. 발작은 오자마자 재빨리 가버렸어요."

이러한 발작들이 압도적으로 부정적인 정서를 동반하다 보니, 자신에게 또 다른 종류의 발작도 있었음을 처음에 알아차리지 못한 것도 놀랄 일은 아니다. 그것은 첫 번째 종류의 발작보다는 뜸하게 일어났지만 갑작스럽기는 매한가지였다. 그런데 이번에는 즐거웠다. 아주 즐거웠다. 어쩌면 어릴 적부터 그런 발작이 있었는지도 모르지만, 최초의 기억은 대학교 때의 것들이었다. 마치 이전까지는 모든 것을 평평한 스크린 위에서 보다가 갑자기 누군가가 그 스크린을 치워버리고 3D 세상을 보여준 것처럼 자신을 둘러싼 세상이 또렷하고 생생하게 느껴지는 경험이었다. "나무를 보는 것을 예로 들면, 그때까지는 사진으로만 봤다가 처음으로 진짜 나무를 본 듯한 느낌이었어요. 한눈에 나무를 전체적으로 상세하게 파악할 수 있었죠. 곳곳의 질감도 알 수 있었어요. 얼마나 아름다웠는지 몰라요."

시간이 천천히 흐르는 것처럼 느껴졌다. 한 블록을 걸어 내려가는 데 평소처럼 2분 정도 걸렸을 텐데, 그 시간이 1시간처럼 느껴졌다. "시간이 늘어난 것처럼 느껴졌어요. 평상시와 비교하면 마치 초마다 더 많은 것을 경험하는 것 같았죠." 다르게 말하면, 재커리는 순간을 살고 있었다. "그때 나에게는 지금 여기 말고는 다른 어떤 곳도 없었어요. 바로 그 시각에 내가 있는 곳에 완전히 몰입했어요. 아주 즐거운 시간이에요. 1시간 뒤, 1년 뒤에 어떤 일이 일어날지 걱정되지 않았지요."

나는 그에게 순간을 사는 것이 드문 일이냐고 물었다.

"네, 아주 드문 일이죠." 그는 웃으며 말을 이었다. "나는 항상 여기저기 떠돌거든요."

그러한 재커리에게 천천히 가는 시간과 생생함보다 더 잊을 수 없는 흔적을 남긴 감정은 충만한 완결성이었다. 그는 회상했다. "세상이 아주 잘 찍은 사진이나 잘 그린 그림처럼 보였어요. 모든 물체가 제자리에 자리 잡고 있어서 매우 아름답게 보였죠. 캘러머주가 예쁜 곳은 아니거든요. 어둡고 단조로워서 몹시 우울한 도시예요. 그게 평소에 내가 갖고 있는 인상인데, 그때는 정반대로 느껴졌지요."

또한 모든 것을 다 안다는 확신도 생겼다. "그때 나는 내 주변에 관해 모든 것을 똑바로 알고 있어서 추측이 조금도 필요하지 않았어요. 세상이 정확히 있어야 할 대로, 그렇게 되어야 하는 방식대로 있다는 이상한 확신이었어요. 설명이 간절히 필요했죠. 아주 평범한 물체들, 그러니까 테이블이나 의자, 나무, 모든 것이 마치 나름의 정확성과 의도에 따라 거기에 놓인 것처럼 굉장히 강력하게 느껴졌어요. 그 물체들 너머에 어떤 주체가 있을 것 같은 강렬한 느낌이 들었죠."

재커리의 말을 듣다 보니 초자연적인 경험에 대해 말하는 신비주의자들이 떠올랐다. 그 말을 재커리에게 했더니 그는 동의했다.

재커리는 무신론자로 자랐기 때문에 초자연적인 어떤 존재가 있어 자신이 그런 경험을 했다고 여기지는 않았다. "하지만 신비주의자들이 얘기하는 게 바로 이런 것이구나 하고 명확하게 이해가 되지요." 그는 말했다.

그는 여전히 무신론자다. 그리고 컬럼비아에 있는 미주리대학교의 철학과 부교수가 되면서 신에 대한 회의론은 더 강화되었다. 하지만 그는 발작 후의 관점들이, 발작이 진행될 때 극심한 고통을 겪으며 보는 '진실'을 부정하지는 못한다는 것을 알려주기 위해 애썼다. "발작을 겪는 동안에는 세상 너머에 신 같은 존재가 있다는 것은 의심할 여지가 없었습니다. 명백했죠. 즉각적 믿음 같은 것이에요. 그런 생각을 하지 않을 도리가 없었어요."

✳

표도르 도스토옙스키Fyodor Dostoevsky라면 동의했을 것이다. 그는 간질을 앓았던 작가들 가운데 가장 잘 알려진 인물이다. 그의 발작은 종종 그에게 짙은 두려움을 남겼으나("마치 세상에서 가장 소중한 존재를 잃은 듯하고, 누군가가 죽어서 땅에 묻은 것만 같소." 도스토옙스키가 아내 안나에게 한 말이다3), 역사학자들은 그가 발작으로 정신을 잃기 직전에 '높이 솟구쳤다'고 말했던 사례들을 발견해왔다. "정상적인 상태에서는 도저히 생각할 수 없고, 경험해보지 않고서는 상상할 수 없는 행복……. 그럴 때 나는 나 자신,

그리고 온 우주와 완벽히 조화를 이룬다." 이것은 그가 자신의 전기를 썼던 작가 니콜라이 스트라코프Nikolay Strakhov에게 그 순간을 설명하면서 했던 말이다. "그 느낌은 너무나 강력하고 즐거워서 10년의 수명과 바꾸어도, 아니 삶을 송두리째 맞바꾼다고 해도 좋을 정도다."[4]

도스토옙스키의 소설 속 주인공들 중 많은 인물이 간질을 앓는다. 《백치白癡》의 주인공 미시킨 왕자는 발작이 시작되면서 황홀경에 든다. "한 번인가 두 번쯤, 그는 가슴과 정신과 몸이 활력과 빛으로 깨어나는 듯했다. 그가 기쁨과 희망에 가득 찼을 때 모든 불안은 영원히 사라진 듯했다."[5] 미시킨은 심지어 소설 속 악당 로고진에게 이렇게 말한다. "그 순간 나는 '시간은 더 이상 존재하지 않는다'는 놀라운 말을 이해할 수 있을 것 같았다."[6] 하지만 미시킨은 바보가 아니다. 그는 알고 있다. 자신의 특이한 상태가 존재의 고상한 형태가 아니라 그저 병 때문이라는 것을. 하지만 그는 그 순간들의 진실을 떨쳐낼 수 없다. 왜 그것이 중요한지 미시킨은 생각한다. "그 순간을 떠올리고 분석할 때 아주 수준 높은 조화와 아름다움이 느껴진다면 어떻게 해야 하는가. 무한한 기쁨과 황홀, 무아지경으로 넘쳐흐르는 가장 깊은 감각의 순간이자 가장 완전한 삶이라 느낀다면?"[7]

도스토옙스키가 그의 '전조aura'(간질성 발작이 일어나기 전 나타나는 증상-옮긴이)에 대한 설명을 지어냈을 정도로 천재 소설가였던 걸까? 프랑스의 신경학자 앙리 가스토Henri Gastaut는 유효한 증거들을 체계적으로 분석하고 나서 1977년에 언변 좋게 그렇다고 주장했다. "간질로 인한 심한 발작들에서 그러한 황홀경 전조가 일어나지는 않습니다. 다만 의식이 미세하게 변화되는 드문 경우가 일어난 것이죠. 저자는 창의적인 생각과 문학적 천재성으로 그의 전조를 무아지경의 느낌으로 표현했을 겁니다."[8]

하지만 이러한 관점이 뒤집히는 데에는 오랜 시간이 걸리지 않았다. 1980년 이탈리아의 신경학자들은 열세 살 때부터 황홀경 간질을 앓아온 서른 살 남자에 관한 이야기를 발표했다. 처음에 그는 의사를 찾아갈 필요를 느끼지 않았다. 하지만 '긴장성 간대성 발작generalized tonic-clonic seizure' 또는 '대발작grand mal'이라고 부르는 심한 전신성 발작이 시작되었고, 의사는 그를 신경과 전문의에게 보냈다.

그의 황홀경 간질에 대한 신경학자들의 설명은 흥미롭다. "그는 자신이 느끼는 즐거움이 극도로 강렬해서 현실에서 그와 비슷한 느낌을 어디에서도 찾을 수 없다고 말한다. (⋯) 그 순간에는 불쾌한 감정과 정서가 모두 사라지고, 마음은 완전한 무아지경의 느낌으로 가득하다. (⋯) 성적인 즐거움과는 완전히 다른 것이며, 이것과 유일하게 비교할 수 있는 것이 음악이 주는 즐거움이라고 그는 주장한다. 한번은 그가 섹스를 하던 중에 발작이 일어났는데, 기계적으로 행위를 계속하면서도 완전한 정신적 즐거움에 푹 빠져 있었다고 했다. 이에 대한 신경학적 검사 결과는 음성이었다."[9] 신경학자들은 남자가 황홀경에 든다고 주장하는 발작을 일으킬 때 뇌전도 검사까지 해봤다. 그러고 나서 측두엽에서 일어나는 발작이 황홀경을 느끼게 할 수 있다고 결론 내렸다.

그것이 최근까지의 상황이었다. 스위스 제네바 대학병원의 신경학자 파비엔 피카르Fabienne Picard는 간질과 간질을 앓는 인물들을 묘사한 도스토옙스키의 글들을 우연히 보고〈예술과 간질 Art & Epilepsy〉이라는 다큐멘터리를 구상해 제작했다. 그때까지 그녀는 이름에서부터 알 수 있듯이 사람이 잠자는 동안에 발작이 일어나는 '야간성 전두엽 간질 nocturnal frontal lobe epilepsy'을 집중 연구해왔다. 하지만 도스토옙스키의 황홀경 전조를 접하고 나서 그녀는 자신의 몇몇 다른 환자에게 더 큰 관심을 갖기 시작했다. 피카르는 나에게 말했다. "그들이 자신이 경험한 느낌을 얘기하는데 정말 놀랐어요. 도스토옙스키가 묘사한 것과 아주 똑같았습니다."

간질성 발작은 크게 전신형과 국소형 두 가지로 나뉜다. 전신형 발작에서는 전기적 방출이 전체 피질을 압도해 종종 의식을 잃을 수 있다. 황홀경 발작은 국소형 발작에 속한다. 전기 폭풍이 뇌의 일부 영역에 국한해 일어나는 것이다. 이 경우 대개 의식을 잃지 않는다.

황홀경 간질을 상세하게 설명한 의학문헌은 거의 없다. 피카르는 말했다. "이러한 발작이 자주 일어나진 않지만, 그럼에도 나는 그 숫자가 너무 적게 추산되어 있지 않나 생각합니다. 왜냐하면 황홀경 간질을 겪는 사람들 중 상당수가 자신의 경험을 밝히기를 꺼리거든요. 그때의 감정이 매우 강하고 이상하기 때문에 그 경험을 말하기가 난처할 겁니다. 의사에게 얘기하면 미쳤다는 소리나 들을 거라고 생각할 수 있죠." 또한 그러한 발작들의 황홀하고 즐거운 속성 때문에 신경과 전문의를 찾지 않는 환자들도 있다. 발작이 다른 뇌 영역까지 퍼져 기능을 잃거나 의식을 잃기 전까지는.

피카르는 황홀경 간질에 대해 얘기하도록 환자들을 설득했다. 그러고 나서 그녀는 크게 세 가지 감정적 범주로 그들의 느낌을 구분할 수 있었다. 첫 번째는 '고조된 자아인식heightened self-awareness' 이다. 예를 들어, 어느 쉰세 살 여교사는 피카르에게 이렇게 얘기했다. "발작이 일어나면 몹시 민감해지고 의식이 또렷해져요. 감각들과 모든 것이 더 크게 느껴져요. 나를 압도하지요."[10] 두 번째는 '신체적 웰빙physical well-being'의 느낌이다. 어떤 서른일곱 살 남자는 "모든 부정적인 것으로부터 보호받는 듯한 벨벳의 감촉"[11]이라고 표현했다. 세 번째는 '강렬한 긍정적 정서intense positive emotions'로, 어느 예순네 살 여성의 사례에서 가장 잘 설명된다. "신체적 느낌을 뛰어넘어 어마어마한 기쁨이 나를 채워요. 완전히 존재하는 느낌이에요. 나 자신이 완전히 통합되는 느낌이죠. 내 온몸과 나 자신이 삶과, 세상과, 그 모든 것과 믿을 수 없을 정도로 잘 조화를 이루는 느낌이에요."[12]

피카르가 보기에 이러한 묘사들은 뇌의 어느 한 영역을 가리키고 있었다. 바로 섬엽피질이다. 애리조나 피닉스에 있는 배로 신경연구소의 신경해부학자 버드 크레이그 또한 이 영역을 발견했다. 2002년 크레이그는 《네이처 리뷰 뉴로사이언스Nature Review

Neuroscience》에 〈기분이 어때요?How Do You Feel?〉라는 제목의 놀라운 논문을 게재했다. 그리고 후속 작업으로 2009년 같은 저널에 논문 〈지금은 기분이 어때요?: 전방 섬엽과 인간의 인식How Do You Feel-Now?: The Anterior Insula and Human Awareness〉을 게재했다. 이 논문들에는 전방 섬엽이 인간의 인식과 관련된 핵심 영역이자 '감각자아'를 관할한다는 자신의 가정을 입증하기 위해, 크레이그가 자신과 몇몇 다른 사람의 몸을 대상으로 실험한 결과가 담겨 있다.

우리는 앞에서 코타르증후군과 이인증, 그리고 도플갱어 효과에 섬엽이 관련되어 있다는 것을 살펴보았다. 이 증상들에서는 모두 몸 상태와 정서를 지각하는 데에 왜곡이 일어난다. 섬엽은 뇌 깊숙이, 측두엽에서 전두엽과 두정엽이 나뉘는 틈인 외측고랑lateral sulcus 안에 묻혀 있다. 섬엽의 주요 기능은 몸의 내부 상태에 관한 정보를 외부 감각들과 통합시키는 것으로 보인다. 또한 섬엽 뒤쪽에서 앞쪽으로 갈수록 이러한 신호들의 처리가 점점 더 정교해진다는 증거도 있다. 후방 섬엽이 체온 같은 객관적 속성들을 표현하는 데 반해, 전방 섬엽은 몸 상태나 정서(좋든 나쁘든)에 대한 주관적 느낌들을 만들어낸다. 전방 섬엽은 '존재한다'는 느낌을 만들어내는 것에 관여하는 듯하다.

피카르는 크레이그의 가정에 흥미를 느꼈다. 발작 중에 그들이 어떻게 느꼈는지에 대한 환자들의 설명은 그 증상들이 아마도 섬엽, 특히 전방 섬엽의 기능 이상과 관련이 있을지 모른다는 것을 암시했다. 그리고 환자 중 한 명은 이 가정이 사실일 수 있다는 예비 증거를 제시했다. 바로 황홀경 전조를 "벨벳의 감촉"이라고 묘사했던 사람이다. 그는 1996년에 우뇌 측두부의 종양을 수술했고, 2002년까지는 발작을 일으키지 않았다. 발작이 다시 시작되었지만 빈도는 줄었다. 신경학자들은 그의 발작 과정을 한 차례 정교하게 검사해서 그의 뇌 단일광자 단층촬영single photon emission computed tomography, SPECT 영상을 확보할 수 있었다. SPECT를 촬영하려면 발작이 있을 때 환자에게 방사성 추적자를 주사해야 한다(물론 사전에 환자의 동의를 구한다). 30초가 지나면 추적자는 뇌 활동이 더 활발해진 영역, 즉 혈류가 더 빨라진 뇌 영역들로 스며든다. 30분 후에 환자는 스캐너 안으로 옮겨지고, 뇌 스캔은 발작이 일어날 때 가장 활발해지는 영역을 보여준다. 이 환자의 경우, 그 영역은 우뇌의 전방 섬엽이었다.

다른 환자 두 명도 피카르의 연구에 협조해주었다. 그중 한 명이 바로 재커리로, 피카르에게 자신이 겪은 황홀경 발작을 통찰력 있게 설명했다. 다른 한 사람은 스위스 로몽에서 온 열일곱 살 난 농부였는데, 발작 도중 뇌에서 어떤 변화가 일어나는지 정교한 검사를 받으러 제네바로 왔다. 피카르는 그에게 자신의 경험을 상세하게 설명해달라고 부탁했다. 그러자 그는 그녀를 위해 자기보고서를 썼고, 거기에서 자신이 '압상스absence'(몇 초에서 몇십 초 동안 의식을 잃는 비경련성 발작 질환-옮긴이)라고 부르는 것에 대해 언급했다. '압상스'의 종류로는 의식을 잃어버리는 심각한 압상스와 의식은 남아 있는데 시간이 천천히 가는 것처럼 느껴지는 가벼운 압상스가 있다. 가벼운 압상스 때면 발작은 1초에서 2초 정도 지속되었을 뿐이지만 그는 훨씬 길게 그 상태에 머물러 있는 것처럼 느꼈다. 그래서 그는 발작이 얼마나 길었는지 판단하기가 힘들었다. 그리고 주변 환경에 있는 즐거운 것들이 발작을 유발하기도 했다. "질주하는 멋진 차, 그림들, 색깔, 꽃, 풍경, 동물들이 있는 목초지, 노래하는 새, 바람에 흔들리는 덤불들, 미소 짓는 사람, 아름다운 여자, 키스, 애무, 누군가를 생각하는 것, 희망……."

피카르는 이 열일곱 살 농부를 신경학적으로 검사해서 그러한 마법 같은 느낌의 근원이 전방 섬엽이라는 사실을 한 번 더 확인했다.

✳

로몽행 기차는 제네바에서 출발해 제네바호(프랑스어로는 레망호)의 북쪽 호숫가를 따라 빠르게 달렸다. 로잔에 도착한 기차는 이번에는 호수를 벗어나 산간지역으로 들어섰다. 로몽에 도착하자 나는 기차에서 내렸다. 캐서린을 만나기로 되어 있었다. 그녀의 아들이 바로 피카르에게 자신의 발작에 관한 보고서를 써주었던 그 어린 농부였다. 캐서린은 차를 가지고 마중 나와 나를 알베릭이 있는 농장으로 데려다주었다. 짧은 거리를 운전해 가면서, 그녀는 알베릭이 육 남매 중 셋째인데 태어났을 때 몸무게가 가장 많이 나갔는데도 그를 가장 수월하게 분만했다고 말했다. 다른 아이들과 마찬가지로 알베릭도 수중분만으로 세상에 나왔다. 그는 "엄마 배 속에 있을 때부터 가장 활발하고 힘이 왕성한" 아이였기 때문에 캐서린은 켈트어로 '곰들의 왕'이라는 뜻의 알베릭이라는 이름을 지어주었다.

알베릭은 까다롭지 않았고, 늘 행복해하는 아이였다. 그는 자연을 사랑했다(로몽 근처에 있는 300년 된 농가 주변은 엄청나게 풍부한 자연으로 둘러싸여 있었다). 아이는 맨발로 돌아다니며 소들과 노는 것을 좋아했고, 세 살쯤에는 아버지의 트랙터에 올라타기도 했다. 알베릭은 누나들보다 훨씬 늦은 세 살이 돼서야 말을 시작했다.

우리는 농장에 도착해 일하고 있는 알베릭을 만났다. 내가 그전까지 머릿속에 그리던 볼이 통통한 어린아이의 이미지는 사라졌다. 농장 일을 하느라 옷차림이 조금 흐트러진 채로, 이제는 열아홉 살이 된 건장한 청년이 부드럽고 온화한 미소를 띠고 서 있었다. 일을 하다가 손가락을 베여 피가 나고 있었다. 하지만 그는 태연하게 차를 몰아 우리를 로몽으로 데려갔다. 거기서 그는 프랑스어로 자신의 간질에 대해 얘기했고, 캐서린이 내게 통역해주었다.

첫 번째 발작은 그가 열다섯 살 때 일어났다. 발작이 있기 일주일 전, 내가 그를 처음 만났을 때와 묘하게 닮은 일이 일어났다. 알베릭은 그의 대부와 함께 고도 1,500미터쯤 되는 고원 농장에 있었는데, 대부가 목공 기계를 사용하다가 손가락 세 개를 심하게 베였다. 그는 알베릭에게 농장에 남아 특별히 관리하고 있던 첫 출산을 앞둔 소들을 돌봐달라고 얘기한 뒤, 직접 운전해서 병원으로 갔다. 알베릭이 어머니에게 전화하자 어머니는 말했다. "대부 혼자 가게 내버려둬서는 안 돼." 농장으로 달려간 캐서린은 놀라서 울고 있는 아들을 발견했다. 알베릭은 자신이 대부를 혼자 운전해서 가도록 내버려두었다는 것에 크게 충격을 받은 상태였다. "그로부터 일주일 뒤에 발작이 시작됐어요." 캐서린이 나에게 말했다.

발작은 같은 곳, 고원 농장의 오두막집에서 일어났다. 이번에는 아버지와 함께 있었다. 그들은 소들이 지내는 외양간 청소를 끝내고 벽난로 옆에 앉아 있었다. 갑자기 알베릭은 입안에서 이상하고 낯선 맛을 느꼈다. 그러고는 의식을 잃었고 곧바로 경련이 시작되었다. 알베릭은 이를 기억하지 못했다. 심각한 '압상스'가 처음으로 일어난 사건이었다. 그의 부모는 무슨 일이 일어났는지 정확히 알지 못해 그를 집으로 데려왔다. 캐서린은 알베릭이 집에서도 여전히 혼란스러워하고 있다는 것을 알았다. 캐서린이 온수를 틀어 그를 목욕시키고 있는데, 알베릭은 산 위의 오두막집에 온수가 나온다니 참 이상하다고 말했다(산 위에서는 온수가 나오지 않아 물을 끓여야만 했다). "알베릭은 집에 왔다는 것을 모르고 있었어요." 캐서린이 회상했다. 그날 밤 아버지가 알베릭 옆에 누워 잤다. "우리는 아들이 이제 다시 예전 상태로 돌아오지 못할 거라고 생각했어요. 몸에 뭔가 이상이 생긴 것 같았죠." 캐서린은 말했다.

알베릭의 대발작은 계속되었다. 주로 밤에 일어났고, 아침이 되면 명확한 징후가 있었다. 극도로 피곤하거나 입안에서 쓴맛이 느꺼졌다. 게다가 의식이 있는 상태에서 작은 발작들도 일어나기 시작했다. 그런데 이 발작은 그전의 발작과 아주 달랐다. 대개 무언가 즐거운 것들이 발작의 계기가 되었다. 농부로서는 흔히 있는, 수확철에 트랙터를 본다든지 하는 경험들이었다. 자연도 크게 영향을 끼쳤다. 때때로 그는 발작이 시작되기 전, 소들이 자신에게 말을 거는 것처럼 느끼기도 했다. 이럴 때는 발작도 즐거웠다. 캐서린이 말했다. "한번은 발작이 마치 마약 같다고 하더라고요. 정상 상태에서도 알베릭은 발작이 오기를 기다리기도 해요. 아마 발작 없이는 살 수 없을 거라고 생각하는 것 같아요."

불행하게도 알베릭은 더 위험한 압상스들을 계속 겪어야 했다. 한번은 농장에서 견습생으로 일할 때 일어났다. 새벽 4시에 일어나 속옷만 입은 채 주인댁으로 걸어가고 있었다. 주인이 "여기서 뭐 하고 있나?"라고 묻자, 알베릭은 뒤돌아 갔다. 곧 외양간에 불이 켜지는 것을 본 주인이 가봤더니 알베릭이 맨발로 콤바인에 올라타고 있었다. 기계에 열쇠가 꽂혀 있는 상태였다. 알베릭은 이 사건을 기억하지 못했다.

알베릭은 열일곱 살 때 피카르에게 진료를 받게 되었다. MRI 검사 결과 우뇌의 측두극temporal pole에서 양성 종양이 발견되었다. 2013년 3월, 내가 피카르를 만나러 제네바로 갔을 때, 그녀는 알베릭이 발작 도중 검사를 받았던 방을 보여주었다. 환자들이 누워 있는 네 개의 방에서 각각 들어오는 뇌전도 신호들을 보여주는 모니터들이 놓여 있고 실험실 기사가 앉아 있었다. 각각의 모니터에는 줄과 구불구불한 선들이 가득했다. 구불구불한 선 하나가 뇌전도 전극 하나에서 나오는 신호였다. 마치 지진계를 베껴놓은 것처럼 보였다. 오직 숙달된 신경학자나 전문 기사만이 발작 지점을 알아 볼 수 있을 듯했다. 예를 들어, 국소 발작이 일어나면 전극 하나 또 는 근처 여러 개의 전극에서 보내오는 신호가 뾰족하게 나타난다. 모든 모니터에는 구불구불한 전기 데이터들 한가운데 영상이 나 오고 있었다. 머리에 뇌전도 전극을 붙인 채 침대에 누워 있는 환 자들을 향한 카메라에서 보내는 실시간 영상이었다. 알베릭은 80 초 동안 발작을 일으키며 이 방들 중 하나에 있었다. 뇌전도는 우 뇌 전방 측두부anterior temporal region에서 발작이 시작되었음을 보여 주었다. 발작이 시작되자 알베릭에게 방사성 추적자가 투입되었 다. 그렇게 얻은 SPECT 영상은 발작이 일어날 때 우뇌 섬엽에 혈류 (또는 활성도)가 증가한다는 것을 보여주었다. 그의 종양은 이 근 처에 자리하고 있었다. 신경외과 의사들은 수술로 그의 종양을 제 거했다.

수술 전 알베릭은 정신과 의사의 진찰을 받아야 했다. 뇌수술 이후 우울장애가 생길 위험이 있기 때문이었다. 알베릭은 우울 장애의 가능성에 대해서 전혀 당황하지 않고 의사들에게 말했다. "문제없어요. 잘 안 되면, 한 방에 뻥!" 다른 말로 하면, 알베릭은 상황이 더 악화될 경우 권총으로 삶을 끝내는 것도 늘 생각하고 있 었다는 것이다. 물론 농담이었다. "의사들은 정말 놀랐어요." 캐서 린이 회상했다. 하지만 그녀는 아들의 말이 농담이라는 것을 알았다. "나는 웃었죠. 그게 농부가 생각하는 방식이에요. 소에게 이상이 생기면 총으로 쏴 죽이잖아요. 농장에서는 그렇게 말하는 게 지극히 정상이에요. 자연에 사는 사람들은 삶 속에서 이걸 깨닫죠."

수술이 끝나고 알베릭의 상태는 잠시 호전되었다. 하지만 특히 밤에 더 심각한 발작이 도졌다. 그가 농장에서 일하고 있을 때 발작이 일어나면 더 위험할 수 있다. 특히 트랙터나 콤바인을 몰고 있는데 누군가가 다가오고 있다면 말이다. 그의 상황에 대한 가족들의 반응은 아주 순박했다. 발작이 임박했을 때 개를 이용해 알베릭에게 알리는 방안을 알아보기도 했다. 앞으로 또 다른 수술을 받아야 할 수도 있다. 캐서린은 말한다. "어떤 일이 일어나든 알베릭은 자신의 병을 안고 살아가야만 합니다. 우리는 언제나 아이의 부모예요. 우리는 항상 아이 곁에 있을 겁니다. 반드시요."

안타깝게도 수술 후 황홀경 발작만 사라져버렸다. 그렇다 하더라도 알베릭을 연구할 수 있었던 짧은 기간 동안, 황홀경 발작에 섬엽이 커다란 역할을 한다는 피카르의 직관에 힘을 실어주었다. 알베릭의 설명은 재커리의 설명을 뒷받침한다. 황홀경 발작에는 자아인식과 세상에 대한 관계를 변화시키는 무언가가 있다. 피카르는 이 내용을 알베릭에 관한 사례보고에 넣었다. "그는 자신을 둘러싸고 벌어지는 상황이나 대화들에 대한 이해가 깊어지는 것을 느꼈다. 별안간 모든 것이 명료해졌다. 그는 마치 모든 것을 통달하게 된 것 같았다. 여러 사람이 논의를 하는 가운데에 있으면 더욱 그랬다. 그는 동시에 모든 것을 파악했다. 모든 것이 갑자기 자명하고, 거의 예측 가능하게 느껴졌다(그래도 앞날을 내다보는 것 같은 느낌은 없었다)."

그에 더해 일련의 신비로운 경험이 이어졌다. 시간이 느려지는 느낌, 환경에 대한 초민감성, 그리고 모든 것이 제자리에 존재하는 것처럼 지각되는 확실성. 나는 제네바에서 피카르의 또 다른 환자를 만났다. 마흔한 살의 에스파냐 건축가였다. 그는 자신의 황홀경 발작 경험을 다음과 같이 표현했다.

"그때는 내 모든 감각과 에너지를 느낍니다. 주위에 있는 모든 것을 받아들이면서 내가 그 안으로 녹아들지요. 나 자신을 잊어버리게 돼요."

피카르는 여기에 역설처럼 보이는 것이 있음을 인정했다. 발작이 일어나면 자신과 세상 사이의 경계가 흐릿해지는 동시에 아주 강렬하게 자기를 인식한다. 도스토옙스키가 썼듯, "내가 나 자신, 그리고 온 우주와 완벽히 조화를 이루는" 상태다. 모든 것과 하나가 되는 느낌 말이다.

2013년 3월에 대화를 나누던 중, 피카르는 섬엽이 이런 기이한 경험과 관련되어 있다는 직감을 떨칠 수가 없다고 말했다. "무언가가 섬엽을 침범한다는 확신이 점점 더 강해집니다. 하지만 그걸 입증할 만한 환자를 찾지 못했어요." 그녀가 갖고 있는 증거는 방사선 영상 연구들밖에 없다. 그러한 연구들은 발작을 일으키는 뇌 영역을 짚어내기에는 정확성이 부족하다. 발작은 역동적이고 빠르게 일어나는 신경 프로세스인 데 반해, 추적자가 뇌 안에 '안착'

하려면 30초의 시간이 필요하다. 그 지체되는 시간 때문에 희미한 이미지만 나온다. 마치 셔터 속도가 너무 느린 카메라로 빠르게 달리는 자동차를 찍어야 할 때와 비슷하다. 피카르는 더 선명한 자료를 원했다.

다음 날 바로 그러한 연구에 관한 소식이 도착했다.[13] 그녀가 프랑스 마르세유에 있는 티몬느 병원의 신경과 전문의 파브리스 바르톨로메이Fabrice Bartolomei한테 이메일 한 통을 받았을 때, 나는 그녀의 사무실에 있었다. 바르톨로메이의 수술팀은 황홀경 간질로 고생하는 한 젊은 여성의 뇌 안쪽 깊은 곳에 전극을 심었다. 피카르가 이메일을 읽었다. "우리가 그 환자를 분석한 결과 (…) 전방 섬엽에서 일어나는 자극이 붕 뜬 듯한 즐거운 기분과 스릴을 유발했습니다."

피타르가 답장을 보냈다. "정말 행복합니다!"

감각자아의 자리가 섬엽이라는 버드 크레이그의 가설과 황홀경 간질 사이에 관련이 있다는 것이 더욱 분명해졌다.

✳

2009년 10월, 스웨덴에서 열린 한 강연에서 크레이그가 말했다. "나는 뇌가 신비로운 곳이라고 생각하지 않습니다. 르네 데카르트가 300년 전 스웨덴에 왔을 때 말했습니다. 인간은 생각하기에 자신이 존재한다는 것을 안다고요. (…) 그는 이 형이상학적 우주에서 뇌를 빠뜨렸습니다. 그런데 뇌는 진정 우리 몸 안에 있습니다. 왜냐하면 그게 바로 우리 자신이니까요. 우리는 생물학적 유기체이고, 우리 뇌는 몸을 돌보도록 설계되어 있죠."[14]

앞에서 살펴보았듯, 뇌는 항상성을 유지함으로써 몸을 돌본다. 그렇게 함으로써 외부 환경의 다양한 변화에도 불구하고 몸의 생리를 최적의 상태로 유지하는 것이다. 크레이그는 체온조절과 관련해 항상성에 관여하는 신경경로 가운데 하나를 면밀하게 조사했고, 이것이 그를 전방 섬엽으로 이끌었다.

스웨덴의 강연에서 크레이그는 대학원생이었던 1970년대에 그를 괴롭혔던 역설에 관해 말했다. 그가 읽고 있던 신경과학 교과서들은 고통과 체온이 뇌에서 촉각을 담당하는 체성감각피질에 어떻게 표상되는지 설명하고 있었다. 이 책의 3장에서 살펴봤듯, 와일더 펜필드는 20세기 중반에 체성감각피질에 관한 지도를 제시한 바 있다. 그는 피질 영역이 신체 각 부위의 촉각과 어떻게 연관되는지 보여주었다. 하지만 고통이나 체온까지는 아니었다. "체성감각피질의 자극은 고통이나 체온에 관한 느낌을 거의 일으키지 않습니다. 그리고 체성감각피질의 병소도 결코 고통이나 체온에 영향을 끼치지 않습니다. 나는 신경과학 교과서들에 왜 이러한 모순이 들어 있는지 이해할 수 없었습니다. 물론, 정해진 답을 써서 시험은 다 통과했지요." 질문은 남아 있었다. 뇌의 어느 영역이 고통과 체온을 담당하는가?

크레이그는 신경해부학자로서 이 문제를 붙들고 늘어졌다. 실마리는 있었다. 우선, 전 세계 과학박물관 어디에나 전시되어 있는 흥미로운 착각 실험이 있다. 바로 (1896년 스웨덴의 한 의사가 발견한) '뜨거운 석쇠 착각thermal grill illusion'다.[15] 이름대로 석쇠는 여러 개의 쇠막대로 되어 있는데, 따뜻한 쇠막대와 시원한 쇠막대가 번갈아 배치되어 있다. 모든 쇠막대가 고통을 줄 만큼 뜨겁거나 차갑지는 않다. 그런데도 석쇠에 손을 올리면 타는 듯한 고통을 경험한다. "뜨거운 석쇠 착각은 신경계 조직의 기본적인 특성 중 하나인 고통의 느낌과 체온 사이의 근원적인 상호작용을 보여준다"고 크레이그는 썼다.

1990년대 중반, 크레이그와 동료들은 PET 스캔을 사용해 뜨거운 석쇠 착각으로 타는 듯한 고통을 경험하고 있는 사람들의 뇌를 관찰했다. 참가자들이 석쇠의 따뜻한 부분과 차가운 부분을 한 번에 하나씩 만졌을 때의 뇌도 관찰했다. 그들의 발견은 상당히 새로운 것을 말해주고 있었다. 고통의 경험은 전방 대상피질anterior cingulate cortex의 활성화와 관련이 있었다.[16] 반면 섬엽 중앙부부터 전방부까지는 계속 활성화되고 있었다(석쇠 자극이 고통스럽든 아니든 관계없이).

뒤따르는 연구들에서도 PET 스캔을 사용했다.[17] 크레이그는 후방 섬엽이 체온을 객관적으로 표상하는 역할을 담당하고, 전방 섬엽은 객관적 체온이 아니라 주관적 체온을 표상하는 것과 관련이 있다는 것을 입증했다. 이것은 아주 흥미롭고 중요한 차이다. 당신이 차가운 물 한 잔을 마신다고 해보자. 크레이그의 관점으로 보면, 후방 섬엽이 물의 실제 온도를 표상한다. 하지만 그 차가운 물을 더운 날에 마시는지 추운 날에 마시는지에 따라 그 물에 대한 당신의 주관적 느낌은 달라질 것이다. 아주 만족스러운 경험이 될 수도 있고 다시는 경험하고 싶지 않은 일이 될 수도 있다. 이런 주관적 느낌이 전방 섬엽에 표상되는 것이다. 그리고 그는 뜨거운 석쇠 착각에 대한 연구에서 감각이 단순한 만족감이나 불쾌감에서 열적 고통(몸이 뭔가를 해야만 하게 만드는)까지 이어질 때, 전방 섬엽과 전방 대상피질이 모두 활성화된다는 것을 보여주었다.

이 연구 결과에 따라 크레이그는 느낌이란 단지 몸 상태에 대한 지각만을 의미하는 것이 아니라, 그에 대해 무엇인가 하려는 동기 motivation까지 포함한다고 주장했다. "전방 대상피질의 활성화는 동기와 관련이 있고, 섬엽의 활성화는 느낌과 관련이 있다. 이 두 가지가 합쳐져 하나의 정서를 만든다."[18] 그리고 정서는 항상성을 유지하게 해준다. 만약 추운 날씨에 밖에 있어서 고통을 느낀다면, 그 고통으로 인해 유기체는 따뜻한 곳을 찾는다.

그렇게 해서 고통과 체온에 관한 연구는 크레이그를 섬엽으로 이끌었고, 뇌 안쪽 깊숙이 들어 있는 섬엽이야말로 자아인식에서 매우 중요하다는 생각을 낳았다. 일련의 연구들은 이제 전방 섬엽과 전방 대상피질이 분노에서 욕정, 배고픔에서 갈증에 이르는 모든 부류의 느낌에 의해 활성화된다는 것을 보여주고 있다. 크레이그는 자신의 연구와 다른 사람들의 연구들을 끌어모아 설득력 있는 가설을 만들었다. 그는 전방 섬엽이 우리의 느낌을 담당하는 뇌 영역이자 몸의 생리적 상태를 주관적으로 자각하는 신경 기저라고 주장했다. 여기에는 외부 감각과 내부 감각, 행위에 대한 몸의 동기를 표상하는 상태가 포함된다. 이러한 가설은 크레이그의 말대로 "정서인식에 대한 해부학적 기초를 제공한다고 볼 수 있다".[19]

크레이그는 전방 섬엽이 "느끼는(지각하는) 실체로서의 물리적 자아"의 정신적 표상을 시시각각 만들어내는 "물리적인 나" 또는 대상으로서의 자아의 기초를 제공한다고 주장한다.[20] 그리고 물리적 자아의 상당 부분은 (최소한 얼마간은) 불변하는 몸에 기초하고 있기 때문에 전방 섬엽은 "정신적 자아를 고정시키는 연속적 존재라는 감각의 근원"일지도 모른다. 전화 인터뷰에서 크레이그가 나에게 말했듯, "이 순간에 존재하는 즉각적 자아는 전방 섬엽에 기반한다".[21]

피카르는 이러한 연구들을 바탕으로 전방 섬엽이 황홀경 발작의 진원지일 것이라고 추정했다. 그러한 발작은 물리적인 내가 되는 경험, 지금 여기에서 경험되는 자아를 강화시킬까? 그녀의 가설을 뒷받침하는 가장 좋은 증거는 바르톨로메이가 보낸 이메일에 언급되어 있듯, 그들이 환자의 전방 섬엽을 직접 자극함으로써 황홀경 발작과 같은 느낌을 불러일으켰다는 사실이다.

✳

바르톨로메이의 환자는 스물세 살 여성이었다. 그녀는 남자친구와 함께 바르톨로메이를 찾아왔는데, 남자친구는 바르톨로메이를 몹시 의심스러워했다. "진찰하는 동안 긴장감이 감돌았습니다." 바르톨로메이는 나와 전화통화를 하던 도중에 이렇게 말했다. 어쨌거나 그는 그 여성 환자를 검사했다. 그녀는 열다섯 살 때 발작이 시작되어 결국 학교를 그만두게 되었다. 그녀는 성격이 까다로웠다. 공격적이고 반사회적 성향도 있었다. 그녀는 진찰 중에 저항했고, 감정 기복이 심했다. 그녀가 고집을 부려 늘 남자친구가 같이 왔다. 남자친구의 부정적 성향도 도움이 되지 않기는 마찬가지였다. 이 모든 것에도 불구하고, 그녀의 증상에 한 가지 좋은 점은 있었다. 끝내 의식을 잃기는 하지만, 어쨌든 그녀의 발작은 매번 황홀한 순간으로 시작된다는 점이었다. 도스토옙스키의 소설 속 인물 미시킨처럼 말이다.

"환자의 기분이 매우 좋지 않았다는 점을 감안하면, 발작이 시작되면서 강한 전율과 함께 떠다니는 기분을 느낀다는 점은 꽤 놀랍습니다." 바르톨로메이는 말했다. 그 환자는 발작이 시작되면서 황홀한 기운을 느끼는 그 순간이 행복하다고 보고했다. "발작 때의 느낌과 평소 환자의 행동이 상당히 대조적이죠."

그 젊은 여성 환자는 약을 먹어도 차도가 없었고, 두피 뇌전도 검사에서도 발작의 원인을 알아내지 못했기 때문에 바르톨로메이를 찾아온 것이었다. 바르톨로메이는 환자의 뇌 깊은 곳에 전극을 삽입하기로 결정했다. 발작 시 뇌 활동을 기록하고 간질을 유발하는 조직을 수술로 잘라내기 위해서였다. 바르톨로메이가 측정한 바로는, 발작이 측두엽에서 시작해 1초도 안 되어 전방 섬엽으로 퍼졌다. 이 영역이 발작 초기에 황홀한 느낌을 유발한다는 생각과도 맞아떨어졌다.

바르톨로메이는 같은 전극을 사용해 뇌의 특정 부위를 하나씩 차례로 자극했다. 예상했던 대로 처음 환자의 반응은 공격적이었다. 이 실험은 환자가 충분히 힘들 만했기 때문에, 뒤에 일어나는 사건들은 놀라운 반전으로 보인다. 처음 여덟 개 전극 중에서는 편도체를 자극했던 오직 한 개만 환자의 반응을 이끌어냈다. 이 경우에는 불쾌한 느낌(이 과정 전반에 대한 환자의 거부감에 보태진)이었다. 하지만 전방 섬엽의 전극이 활성화되자 상황은 바뀌었다.[22] "내가 가장 먼저 본 것은 표정의 변화였어요. 그녀는 더 행복해 보였습니다. 긴장이 누그러졌어요." 환자는 황홀경 간질이 시작될 때 느낀 전조와 비슷한 느낌을 보고했다. "매우 즐겁고 기분 좋은, 재미있게 떠다니는 느낌이에요. 팔 안쪽으로도 즐거운 떨림이 있어요." 그녀는 의사들에게 말했다. 그리고 자극의 강도가 커질수록 "재미있는 느낌"도 강해졌다. 바르톨로메이는 이것이 사례 하나에 지나지 않는다고 주의를 주긴 했지만, 이 증거는 섬엽이 황홀경 간질에 관련되어 있다는 것을 강하게 시사한다. 그는 나에게 말했다. "이런 종류의 즐거운 감각을 느끼게 하는 유일한 영역이 전방 섬엽입니다. 측두극이나 편도체, 해마를 자극한다고 해서 얻어지지 않아요."

자극 실험 뒤에 바르톨로메이는 환자에게 간질 유발 조직을 제거하는 수술을 받도록 권했다. 하지만 그녀는 거부했다. 그럼에도 불구하고 피카르는 이 환자의 경험을 통해 황홀경 간질에서 전방 섬엽이 차지하는 역할에 관해 몹시 간절했던 '증거'를 찾아냈다. 피카르는 전방 섬엽의 과다 활동이 황홀감, 행복감, 고조된 자아인식의 원인이라고 점점 더 굳게 확신한다.

뇌의 예측 메커니즘이 단지 외부 자극에 대한 지각에만 관여하는 것이 아니라 체내 상태에 대한 지각에도 관여할 수 있다고 추측해온 서식스대학교의 신경과학자 아닐 세스는 이 연구에 깊은 인상을 받았다. "섬엽을 직접 전기적으로 자극해 이런 종류의 느낌을 끌어냈다는 사실은 매우 흥미롭다"고 그는 말했다. 그 증거는 또한 "세상에서 감각적·지각적 실체가 사라졌다고 묘사하는" 이인증을 갖고 있는 사람들에게서 섬엽이 덜 활동한다는 것을 보여주는 연구 결과들과 일치한다고도 했다. 황홀경 발작 도중 과다 활동하는 섬엽은 그 반대 효과를 일으킨다.

※

"5월의 어느 화창한 아침, 나는 메스칼린(선인장의 한 종류에서 추출한 물질로 만든 일종의 환각제-옮긴이) 400밀리그램을 물 반잔에 녹여 마시고는 앉아서 그 결과를 기다렸다."[23] 1953년 봄,《지각의 문The Doors of Perception》이라는 저서에서 올더스 헉슬리Aldous Huxley

의 기이한 모험은 이렇게 시작된다. 헉슬리는 정신의학자 험프리 오즈먼드Humphry Osmond(그는 "혹시라도 올더스 헉슬리를 미치게 만든 사람으로 문학사에 불명예스럽게 남게 될까 봐 이 모험을 아주 꺼렸다"[24]고 한다)의 감독 아래 메스칼린이라는 약물을 먹었다. 공교롭게도 헉슬리는 미치지 않았다.

꽃병에는 눈부시게 다채로운 꽃들이 꽂혀 있었다. 불과 몇 시간 전까지만 해도 꽃이 마음에 들지 않았지만 약을 삼키자 헉슬리의 인식에 변화가 일어났다. "그날 아침식사를 할 때 나는 그 색깔들의 생생한 불협화음에 경악했다. 하지만 더 이상 그건 중요하지 않았다. 나는 이제 독특하게 꽂혀 있는 꽃들을 보는 게 아니었다. 아담이 창조된 날, 그가 바로 그날 아침에 보았던 것들을 나도 보고 있었다. 시시각각 벌어지는 벌거벗은 존재의 기적을."[25] 그 꽃들이 마음에 드는지 아닌지 물어봤을 때 그는 둘 다 아니라면서 "있는 그대로다"라고 말했다.

그는 공간과 시간에 대한 인식도 바뀌었음을 깨달았다. "공간은 거기 그대로 있었다. 하지만 그 중요성은 사라졌다. 정신은 방법이나 위치가 아니라 주로 그 존재와 의미에 관심이 있었다. 공간에 무심했고, 시간에는 더 완전하게 무심해졌다. 조사관이 내게 시간에 대해 어떻게 느끼는지 말해보라고 한다면 '시간은 많은 것 같다'가 내가 대답할 수 있는 전부다. 많다. 하지만 정확히 얼마만큼인지는 전혀 상관없다. (⋯) 내가 실제로 경험한 것은 한없는 지속, 그러니까 영원한 현존이었다."[26]

오즈먼드는 메스칼린, 사일로사이빈, LSD 등의 약물이 정신에 끼치는 영향을 설명하기 위해 환각제, 곧 '사이키델릭psychedelic'이라는 용어를 고안하기에 이른다. ("지옥을 헤아리거나 천사처럼 올라가려면, 약간의 사이키델릭을 먹어To fathom Hell or soar angelic, just take a pinch of psychedelic."[27] 그는 이러한 약물의 환각적 속성을 묘사하기 위해 헉슬리가 지은 글의 운율에 맞추어 사이키델릭이라는 용어를 썼다.)

헉슬리의 설명과 황홀경 발작을 경험한 사람들의 묘사가 소름 끼칠 정도로 비슷하다는 것은 별로 놀랍지 않다. 사일로사이빈 같은 환각제를 복용한 사람들에 관한 신경 영상 연구들은 역시 섬엽 피질과 전방 대상피질에서 과다 활동이 일어난다는 것을 입증해왔다.[28] 남성 참가자 열다섯 명을 대상으로 한 이중맹검 실험에서 연구자들은 아야와스카(아마존에서 주술 의식을 할 때 쓰는 향정신성 차)를 복용하면 뇌 영역 가운데 전방 섬엽의 혈류만 빨라진다는 사실을 발견했다.[29]

황홀경 발작과 환각제 모두, 가장 흥미로운 영향 중 하나는 시간의 지각에 변화가 생긴다는 것이다. 《백치》의 주인공 미시킨 왕자의 말을 떠올려보자. "그때 나는 '시간은 더 이상 존재하지 않는다'는 놀라운 말을 이해할 수 있을 것 같았다." 아니면 재커리와 알베릭 모두 발작 도중 시간이 천천히 흐르는 것처럼 느꼈다는 것을 생각해보자. 버드 크레이그의 모형이 이를 설명해준다.

크레이그의 모형에서 전방 섬엽은 125밀리초마다 하나의 '포괄적인 감정적 순간'을 만들기 위해 내부 감각과 외부 감각, 몸의 행동 상태를 통합한다. 그는 이러한 포괄적인 감정적 순간들이 연결되어 우리에게 지속적인 자기감을 준다고 주장한다. 그 순간들이 별개의 것이라 하더라도 말이다. 마치 영화를 보는 것과 비슷하다. 우리는 1초에 24개씩 별개의 장면을 이어붙인 것을 하나의 연속체로 인식한다. 과다 활동하는 전방 섬엽은 아마도 이러한 포괄적인 감정적 순간들을 더 빠르게 일으켜 주관적인 시간 감각을 팽창시키는 것으로 보인다.[30] 이는 초고속 카메라가 1초에 수백 또는 수천 개의 장면을 찍는 것과 다르지 않다. 그것을 정상 속도로 재생시키면, 마치 시간이 느려진 것처럼 모든 것이 슬로모션으로 움직이는 것을 볼 수 있다.

크레이그는 또한 전방 섬엽이 그러한 포괄적인 감정적 순간들을 몇 개씩 포착할 수 있는 완충 기억장치를 갖고 있다고 본다. 다시 말해 몇 개는 방금 지나갔고, 즉각적인 현재가 있고, 그다음 몇 개는 곧 다가올 것으로 예측된다는 것이다. 만약 우리 자신을 수십 년간 지속되는 포괄적인 감정적 순간의 연속이라고 본다면, 완충 기억장치는 폭이 고작 몇 초인 작은 창문에 해당할 것이다. 물론 이것은 전혀 증명되지 않았다. 하지만 이러한 발상은 철학자들이 자아가 있느냐 없느냐를 놓고 벌이는 논쟁의 핵심을 찌른다. 예를 들어, 철학자 자하비의 최소한의 자아 개념은 주관적 경험을 구성하기 위해 과거, 현재, 미래의 주관적 경험의 순간들을 일부 수용할 수 있는 정신적 구조가 있다는 것을 전제로 한다. 전방 섬엽이 이러한 정신적 구조를 제공하는 것일까? 지금으로서는 꽤나 솔깃해지는 추측이다.

만약 전방 섬엽이 미래 상태를 예측한다면, 황홀경 발작의 전조와 환각제로 유발된 경험의 또 다른 공통점인 '모든 것이 이치에 따라 존재하는 것처럼 생각되는 확실성의 느낌'도 설명해줄 수 있을 것이다. 이것은 우리가 자폐증과 이인증 맥락에서 살펴보았던 예측하는 뇌 또는 베이지안 두뇌 가설과도 잘 맞아떨어진다. 이것은 감각의 원인들에 대해, 그리고 우리 몸의 돌발성을 최소화하고 항상성을 유지하려면 무엇을 해야 할지에 대해 뇌가 내리는 최선의 추측을 '지각'이라고 보는 관점이다.

크레이그는 다양한 내외부 감각신호들을 통합해 가장 그럴듯한 원인을 예측해내는 것과 관계된 뇌의 핵심 영역이 섬엽이라고 추정한다. 만약 예측 오류가 작으면 우리는 기분이 좋다. 하지만 예측 오류가 커지면 불안을 느낀다. 불안은 뭔가가 제대로 되지 않고 있으며 조치가 필요하니 뇌가 신체에게 반응하라고 명령을 내리는 방법이다. 하지만 다른 모든 것과 마찬가지로, 이 예측 오류 신호 발생기도 오류를 일으킬 수 있다.

한편으로 전방 섬엽은 만성 불안이나 신경증을 낳을 수 있다. 2006년, 마틴 파울루스Martin Paulus와 머리 스타인Murray Stein은 전방 섬엽의 기능장애로 예측 오류가 정상치보다 항상 잦게 일어나면서 나타나는 결과가 만성 불안이라고 주장했다.[31] 피카르는 황홀경 발작에서 그 반대 상황이 일어난다고 보고 있다.[32] 전방 섬엽에 일어난 전기 폭풍이 예측 메커니즘을 방해해 예측 오류를 전혀 또는 거의 일으키지 않는 것이다. 결과적으로 그 사람은 세상이 마치 무결점인 것처럼 느끼고 모든 것이 완벽하게 이해되는 절대적 확실성을 느낄 수 있다.

아닐 세스는 설득력이 높은 추정이라며 이에 동의한다. "여러 가지 면에서 황홀경 발작의 현상학은 병리적 불안과 정반대에 있습니다. 불안이 몸 상태에 반영되는 모든 것에 대한 병리적·본능적 불확실성인 데 반해, 황홀경 발작을 일으키는 사람은 완벽한 느낌, 평화로운 확실성을 갖지요."

고요한 확실성, 고조된 각성, 그리고 시간이 천천히 흐르는 느낌들이 또한 신비주의적 경험들을 설명하는 근거가 된다는 것은 묘한 일이다. 피카르의 환자들은 자신의 발작에 확실하게 종교적 의미를 부여하기도 했다. "내 환자들 중 일부는 신을 믿지 않는 불가지론자인데도 그러한 발작을 경험하고부터 신앙과 믿음을 갖는 것을 이해할 수 있다고 말했어요. 왜냐하면 거기엔 뭔가 영적 요소가 있으니까요. 신비주의적 경험을 한 사람들은 어쩌면 과거에 황홀경 발작을 실제로 겪었는지도 몰라요."

이것은 그런 경험들의 흥미로운 역설이다. 자신과 주위 환경에 대해 자아인식이 높은 사람이 동시에 자신과 세계의 경계가 녹아버리는 것처럼 느끼면서, 모든 것이 하나가 된 일체감을 갖는다는 것이다.

대체 무슨 일이 일어난 것일까? 미하이 칙센트미하이Mihaly

Csikzentmihalyi는 저서《몰입: 미치도록 행복한 나를 만난다Flow: The Psychology of Optimal Experience》에서 몇 가지 실마리를 던져준다. 칙센트미하이는 몰입을 "삶에 완전히 관여하는 과정이자 기쁨과 창의력"으로 정의한다.[33] 그리고 몰입은 비슷한 역설과 맞닥뜨린다. 바로 자의식을 잃어야 한다는 것이다. 칙센트미하이가 말했듯, "자각에서 사라지는 이 한 가지에 관해서는 반드시 짚고 넘어가야 한다.[34] 보통의 일상에서 우리는 너무 많은 시간을 바로 우리 자신에 대해 생각하며 보내기 때문이다. 한 등반가는 이러한 경험의 특성을 이렇게 묘사한다. '그것은 명상이나 몰두에서 얻을 수 있는 선禪의 느낌입니다. 우리가 추구하는 한 가지는 일심一心입니다. 우리는 여러 가지 방법으로 자의식ego을 등반과 한데 어울리게 할 수 있습니다. 어떤 깨달음이 필요하지는 않습니다. 하지만 자연스럽게 이 상태에 이르면, 어떤 면에서 자의식이 없는 상태가 됩니다'".

칙센트미하이는 자의식을 잃는다고 하더라도, "최적 경험은 자아에게 매우 적극적인 역할을 하게 한다"고 덧붙인다.[35] 이것은 역설이다. 예를 들어, 그 등반가는 자신의 몸 상태와 산의 지형 등은 아주 잘 인식하고 있으면서 자아의 어떤 측면은 중지되었다고 말할 수 있다. "자의식을 잃는다는 것이 자아를 잃는다는 것은 아니다. 물론 의식을 잃는 것도 아니다. 오직 자의식만 잃는다. 의식의 문턱 밑으로 떨어지는 것은 바로 자아의 '개념'이다. 우리가 누구인지 자신에게 설명하는 데 필요한 정보를 풀어버리는 것이다."[36] 이것이 칙센트미하이의 관점이다.

따라서 여기서 사라져가는 것은 자아에 관해 알고 집착하는 반성적이고 자전적이고 서사적인 자아다. 그러는 동안 최소한의 자아, 체화된 자아는 온전히 존재하고 활동한다. 세스는 나에게 말했다. "고조된 자아인식과 고양된 세상의 연결감이 함께 존재하는 경험을 할 수 있다는 것은 현상학적으로 흥미롭습니다. 나는 그것이 우리 몸과 세상의 구분이 아마도 우리가 추정하는 것보다 더 가변적이며 유연할 수 있다는 것을 암시한다고 봅니다."

몇천 년 전 어느 수도승은 나와 타인을 구분하는 것이 유연하고 가변적이라기보다는 애초에 나라는 것 자체가 없다고 주장했다. 우리가 만약 '나'와 '나의 것'의 경험을 뒷받침하는 자아를 찾으려 한다면, 아마도 아무것도 찾지 못할 것이다. 그리고 바로 영속적인 자아라는 허구의 개념에 집착하는 것이야말로 인간 고통의 원인임을 깨닫게 될 것이다. 이것은 내가 이 책의 여정을 시작했던 곳으로 우리를 데려간다. 부처가 자아의 본질을 깨달은 후 첫 설법을 했던 전설적인 곳, 인도 사르나트. 우리는 모든 것이 시작된 곳에서 이 질문을 스스로에게 던지며 끝을 맺을 것이다.

'나는 누구인가?'

아무 데도 없고 어디에나 있는 '나'

바라나시라는 도시의 이름은 바루나강과 아시강의 이름을 합쳐
만들어졌다. 두 강은 갠지스강으로 흘러든다. 인도에서 가장 길고
가장 성스러운 강이다. 바라나시의 유명한 강둑으로 내려오는 계
단은 바루나강과 갠지스강이 만나는 북쪽 끝 지점부터 아시강이
갠지스강으로 합류하는 남쪽 먼 곳까지 초승달 모양으로 뻗어 있
다. 이 도시에는 갠지스강도 흐른다. 순례자들과 지역 주민들은 모
두 강가의 계단을 걸어 물가로 다가간다.

바루나강과 갠지스강이 합류하는 곳 근처에 라지가트라 불리는
장소가 있다. 수십 년간 진행되어온 인도의 고고학 연구는 라지가
트에서 기원전 6세기의 것으로 추정되는 고대 도시의 흔적을 발굴
했다. 이 시기쯤 한때 왕자였던 한 수도승에 관한 전설이 있다. 그

는 갠지스강을 건너 라지가트로 왔다. 그러고는 10킬로미터쯤 걸어 사르나트에 도착했다. 거기서 그는 첫 설법을 했다. 30대 중반의 그 수도승은 이후 부처라 불리게 되었다.

부처가 살았던 시기에 라지가트에서 사르나트로 걸으면서 보이는 풍경은 목가적이었을 것이다. 내가 방문했을 때 그곳은 우기였다. 마을 사람들은 내게 진흙길을 걷지 말라고 조언했다. 나는 오토 릭샤를 타고 갔다. 라지가트에서 사르나트까지 가는 길은 손으로 짠 광주리, 테라코타 항아리와 주전자, 돌로 된 타일, 그리고 정부의 허가를 받아야 하는 술을 파는 가게들로 넘쳐났다. 서너 살쯤으로 보이는 아이 하나가 연을 날리려고 애쓰고 있었다. 하지만 연을 띄우기에는 줄이 너무 짧았다. 푸라나(힌두어로 '오래된'이라는 뜻) 다리를 건너고 나서 어디쯤에서인가 길은 아스팔트에서 돌이 깔린 도로로 바뀌었다. 띄엄띄엄 놓인 돌들 사이를 바퀴가 작은 오토 릭샤로 달리다 보니 뼈가 바닥에 부딪치는 것 같았다. 악취를 풍기는 빗물 웅덩이가 이어졌고, 자동차와 버스들이 질퍽거리며 지나가는 길에는 새로운 진창들이 생겨났다. 걷는 것이 차라리 나았겠다는 생각을 안 할 수가 없었다.

사르나트에 도착했을 때 모든 것은 평정을 되찾았다. 길은 다시 아스팔트로 바뀌었다. 길가에 줄지어 서 있는 오래된 나무들은 그 지역의 역사와 잘 어울렸다. 나는 성소로 간다는 기대감에 부풀어 있었다. 하지만 밝은 깃발들로 화려하게 장식한 사원과 제자들의 상을 향해 반가부좌로 앉아 있는 커다란 불상을 보고 깜짝 놀랐다.

부처가 설법한 내용들을 전 세계 불교국가의 언어들로 새겨넣은 검은색 화강암 명판들이 조각상들을 에워싸고 있었다.

오후 늦게 나는 근처에 있는 녹야원으로 가 폭 30미터, 높이 45미터쯤 되는 거대한 사리탑 다메크 스투파 옆에 자리를 잡고 앉았다. 스투파의 아래쪽은 글자가 새겨진 돌들이 감싸고 있고, 절반 위쪽으로는 벽돌이 층지어 쌓여 있었다. '다메크'라는 말은 부처가 살던 당시의 언어인 팔리어에서 온 것으로 '진리dharma를 본다'는 뜻이다. 이 말은 부처가 녹야원에서 했던 첫 설법의 핵심이다.

나는 스투파 그늘에서 오후 햇살을 피했다. 그늘 덕분에 내 마음이 고요해졌다. 나는 서른다섯 살 수도승이 '무아'라는 급진적인 메시지를 설파했던 2,500년 전의 그때를 상상해보았다.

✳

프롤로그에서 우리가 만났던 어느 남자에 관한 우화를 떠올려보자. 그의 신체 부위들은 시체의 것들로 대체되었다. 불교 수도승들을 만난 그는 자신이 존재하는 것인지 아닌지 물었다. 수도승들은 그 질문을 남자에게 되돌려주었다. "당신은 누구인가?" 그 남자는 자신이 사람인지 아닌지조차 확신할 수 없다고 대답했다.

수도승들은 그에게 '나'(그 자신)가 진짜가 아니라는 것을 깨닫기 시작한 것이라고 말해주었다. 물론 그는 자신이 존재하는지 아닌지 의심했지만, 사실은 그에게 항상 자아란 없었다는 것이다. 수도승들은 그의 예전 몸과 새로운 몸 사이에 차이점은 없다고 말했다. 몸을 구성하는 요소들이 모여 '이것이 내 몸'이라는 느낌을 불러온다. 남자는 진실을 보았다. 그리고 불교에서 말하는 대로 해탈했다. 그는 모든 허구에 대한 집착에서 자유로워진 것이다.

내가 2011년에 사르나트를 방문했을 때는 '무아'라는 불교적 개념은 지적으로 쉽지 않은 과제였다는 사실을 인정해야만 하겠다. 당시 내가 이해한 '자아'는 상당 부분 일종의 직관에 지나지 않았다. 우리 모두가 자기 자신에 대해 갖고 있는 그런 직관. 나 자신이라는 직관적인 확실함과 직면했을 때, '무아'는 무엇을 의미하는가? 자아에 관한 이론들을 보면 결국 연구 대상은 '하나로 지각된 통일감을 갖는 자아'다. 매 순간 지각하고 존재하는 모든 것에는 통일감이 있다. 몸에 존재하고 몸을 소유하며 내가 한 행동들의 주체가 나라고 느끼는 감각. 내가 지각하는 모든 것은 나에 의해 지각되는 것이라는 느낌. 이 모든 것에서 일관성이 느껴진다. 경험들의 주체가 되는 하나의 실체가 있다. 그리고 모든 경험은 '나'에 의해 이루어진다. 이것이 바로 철학자들이 말하는 '공시적 통합성synchronic unity'이다.

또 한편으로는 이러한 실체가 시간이 지나도 지속된다는 느낌이 있다. 어린 시절의 기억들을 떠올릴 때, 그것들은 나의 기억이라고 느껴지고, 그로 인한 감정과 지각들도 내 것처럼 느껴진다. 미래의 당신을 상상해도 마찬가지다. 시간이 지나면서 우리는 성장하고 변화한다는 것을 알면서도, 그 모든 기저에는 같은 사람 또는 같은 것이 변화하거나 발전하는 것이라는 느낌을 갖는다. 철학자들은 이것을 '통시적 통합성diachronic unity'이라고 부른다.

기원전 200년 무렵의 초기 문헌을 보면, 인도의 니야야학파(니야야nyaya는 '논리'를 뜻한다) 철학자들은 공시적 통합성과 통시적 통합성을 모두 사용해 자아의 존재를 매우 효과적으로 주장한다.[1] 공시적 통합성에 관해서는 다양한 감각(촉각, 시각, 청각 등)을 수집·분석해 통일된 지각을 만들어내는 자아라는 존재가 반드시 있다고 주장했다.

통시적 통합성에 대한 그들의 입장은 더 설득력이 있었다. 그들은 무엇을 회상하든 그것이 내 기억이라고 느끼게 하는, 일관성 있는 기억을 위해서는 자아의 존재가 반드시 있어야 한다고 주장했다. 나는 당신의 기억을 회상할 수 없고, 당신은 내 기억을 회상할 수 없다는 논거에 근거를 둔 주장이었다. 그래서 만약 자아라는 것이 없다면, 과거 사건에 대한 기억은 회상하는 사람에 속한 것처럼 회상될 수 없다. 기억이 온전히 기능하려면 반드시 자아가 있어야 한다. "나는 자아를 그렇게 믿는 사람은 아닙니다. 하지만 기억이 제대로 기능하기 위해 자아가 필요하다고 보는 것이 자아를 위해 내세울 수 있는 가장 탄탄한 주장이라고 생각합니다." 매사추세츠 윌리엄스타운에 있는 윌리엄스칼리지의 티베트불교학자이자 철학자인 조지 드레퓌스Georges Dreyfus가 나에게 말했다.

대략 정리하면, 철학자들과 신경과학자들은 두 개의 진영으로 나뉜다. 자아가 실재한다고 주장하는 쪽과 그렇지 않다고 말하는 쪽이다. 그들에게 가장 큰 의문은 이것이다. 공시적이고 통시적인 통일감을 불러일으키는, '자아'라고 부를 만한 실체가 존재하는가? 자아에 관해 접근하는 한 가지 엄격한 방법은 자아가 다른 모든 것으로부터 독립적으로 존재할 수 있는가 묻는 것이다. 존재론적으로 더 기초적인 하위 범주로 나눌 수 없는, 현실을 구성하는 기본 범주 중에서도 특별한 지위를 차지하는 가장 기본적인 요소로서의 자아가 존재하는가? 자아가 없다고 보는 무아 진영 사람들은 이렇게 존재론적으로 뚜렷이 구별되는 자아를 받아들이지 않는다. 그리고 그렇게 부정하기가 더 쉽다. 자아가 존재한다고 주장하는 진영 사람들이 이 상황을 가리켜 유명무실한 논쟁이라고 생각하는 것도 당연한 일이다.

'자아에 관한 병maladies of the self'이라 부를 법한 증상에 시달리는 이 책 등장인물들의 경험, 그리고 그 경험들을 설명해주는 신경과학은 우리에게 어느 정도까지는 답을 준다. 자아의 여러 속성들은 일견 우리에게 공시적이고 통시적인 통합성을 주는 것처럼 보인다. 말하자면 우리의 서사, 행동의 주체이자 생각의 발기인이라는 느낌, 신체 부위를 소유한다는 느낌, 내가 곧 정서라는 느낌, 몸이라는 일정 부피의 공간과 내 눈 뒤쪽에서부터 비롯되는 기하학적인 시점 속에 위치한다는 느낌. 이 모든 것은 대상으로서의 자아를 구성한다고 볼 수 있다. 문제는 이것들을 구성하는 구성자constructor가 따로 있는가, 또는 그저 구성자처럼 보이는 것이 있는가 하는 것이다.

이러한 속성들이 허물어질 때조차 철학자들이 현상적 주체라고 부르는 '의식적으로 경험되는 주체로서의 자아'는 그대로 있다는 것은 명확하다. 조현병을 앓는, 이인증을 겪는, 자폐증을 경험하는, 황홀해하는, 신체 부위를 낯설게 느끼는, 유체이탈을 경험하는, 자신의 이야기를 잃어버린, 그리고 심지어 자신의 존재를 부정하는 '나'는 여전히 있다. 그 '나'는 누구인가, 또는 무엇인가?

8세기의 인도 철학자이자 아드바이타Advaita(불이일원론)학파의 신학자 아디 샹카라Adi Shankara는 자아의 정수를 시적으로 표현했다. 〈니르바나 샤트캄Nirvana Shatkam〉(6연으로 이루어진 해방의 노래)이라는 그의 시는 이렇게 시작된다.

나는 마음도 지성도 아니요
귀와 혀와 코와 눈으로 자신을 알아볼 수 있는 실체도 아니다
공간이나 땅, 빛이나 바람으로 알아볼 수도 없다[2]

시의 각 연은 '나는 누구인가?'라는 질문에 대한 답으로 끝난다. 이 답은 후렴구로 반복되며, 강렬한 마지막 연으로 치닫는다(〈니르바나 샤트캄〉 마지막 연의 내용은 다음과 같다. "나라는 것은 없다. 나는 어떤 속성도, 어떤 형태도 갖지 않는다. 나는 이 세계에도, 해탈에도 집착하지 않는다. 나는 모든 것이고 모든 곳이며 모든 시간이기에 무엇에도 바라는 바가 없다. 나는 영원한 앎이며 축복이고 선함이고 사랑이며 순수한 의식이다."-옮긴이). 일단 아드바이타의 답을 제쳐두더라

도, 이 시가 갖는 힘은 내가 아니라는 것에 관한 주장에서 나온다. 나는 내 마음이 아니고 내 지성도 아니며, 내 몸도, 내 감각들도, 내 감정들도 아니다. 나는 미덕도 아니요, 증오도 아니다. 나는 나의 재산도 아니요, 내 관계도 아니다. 나는 심지어 태어나지도 않았다.

나는 누구인가?

자아가 있다, 없다 하는 논쟁의 중심에 이 '나'가 놓여 있다. 주체로서의 자아, 아는 자로서의 자아, 주체성이라는 경험을 만드는 자아란 대체 무엇인가? 그것은 어디에서 오는가? 자아는 있는가 없는가?

불교에 수많은 학파가 있지만 그들은 모두 마지막 질문에 대한 부처의 대답은 자아는 '없다'라고 말한다. 자아라는 것은 없다. 불교에서는 당신이 만약 (성찰이나 명상을 통해) 자아를 찾고 있다면, 자아는 일시적이고 계속 변하며 지각된 통합성은 겉보기에 불과하다는 통찰에 도달할 것이라고 말한다.

서구 철학의 전통에서는 18세기 스코틀랜드의 철학자 데이비드 흄David Hume의 말이 종종 거론된다. "나 자신이라고 부르는 것에 가장 가까이 들어서면, 나는 항상 뜨거움이나 차가움, 밝거나 어두움, 사랑 또는 증오, 고통 또는 즐거움 같은 어떤 특정한 지각과 맞닥뜨린다. 그리하여 지각이 아닌 다른 것을 결코 목격하지 못한다."[3] 많은 철학자는 대개 흄이 무아 진영에 속한다고 주장한다 (비록 철학자 갤런 스트로슨Galen Strawson은 저서 《명백한 커넥션:

개인의 정체성에 관한 흄의 생각The Evident Connexion: Hume on Personal Identity》에서 그렇지 않다는 주장을 펼치긴 하지만).

철학자 대니얼 데닛Daniel Dennett 또한 무아 진영에 속한다. "모든 정상적 개인은 자아를 만든다. 자아는 뇌에서 말과 행동의 거미줄을 치는데, 다른 동물들과 마찬가지로 자기가 무엇을 하고 있는지 알 필요는 없다. 그냥 그 일을 한다. (…) 우리의 이야기가 지어지지만, 대부분은 우리가 짓는 것이 아니다. 그것이 우리를 짓는다."4 데닛은 자아가 "물리학에서의 무게중심과 같다. 그것은 추상적 개념이다. 그 추상성에도 불구하고 물리적 세계와 단단히 연결되어 있다"고 말한다.5 모든 물리적 체계는 무게중심을 갖는다. 하지만 그것은 물체가 아니라 체계의 속성이다. 무게중심을 만드는 것은 하나의 원자나 분자가 아니다. 그럼에도 이 수학적 추상은 실제 결과를 낳는다. 데닛은 자아가 서사적 무게중심이라고 말한다. "자아란 행위와 말, 움직임, 불평, 약속 등 인간을 만드는 걷잡을 수 없이 복잡한 것들을 통합하고 이해하기 위해 사실로 상정된 허구다."6

어떤 의미에서는 불교도와 흄, 데닛, 그리고 많은 사람을 다발론자bundle theorist(대상이란 실체가 아니라 다양한 성질의 집합 혹은 다발로 이루어져 있다는 형이상학적 이론-옮긴이)로 분류할 수 있을 것이다. 실시간으로, 그리고 지속적으로 통일체로 지각되는 자아는 "개별 정신적 현상의 다발로부터 만들어진 전적인 허구"다.7

토마스 메칭거 또한 무아론자다. 앞에서 살펴본 대로 그는 몸에 깊이 뿌리박혀 지속되는 생물학적 프로세스가 유기체의 뇌 안에 표상을 만들어내며, 그 표상이 자아 모형이라고 본다. 이런 역동적인 자아 모형의 내용에는 몸과 그 정서적 상태에서 감각과 생각에 이르는 모든 것이 포함된다. 당신의 자아 모형의 내용은 당신이 자신에 대해 의식적으로 경험하는 모든 것을 형성한다. 결정적으로, 의식적 자아 모형은 투명하다. 우리는 자아를 표상으로 경험하지 않는다. 머리로는 자아라는 표상의 존재를 믿는다(그리고 아마 언젠가 증명할 수 있을 것이다)고 할지라도. "아주 탄탄한, 현실을 만드는 메커니즘입니다." 메칭거는 나에게 말했다. 그에게 주관적으로 경험되는 자아, 곧 현상적 자아는 자아 모형과 세상 모형의 상호작용을 의식하면서 얻어진다. 메칭거의 생각은 자아를 하나의 실체로 보는 관점이나 살아 있는 뇌 바깥에도 존재할 수 있는 것으로 보는 관점을 무효화시킨다. 하지만 메칭거의 모형대로 주관성을 불러일으키는 신경 프로세스는 아직 명확하게 밝혀지지 않았다.

또 다른 관점은 안토니오 다마지오에게서 찾을 수 있다. 그의 원형적 자아, 핵심적 자아, 자전적 자아의 틀을 떠올려보자. 이러한 요소들은 대상으로서의 자아를 구성한다. 여기에다 그는 인식아knower 또는 주체로서의 자아를 덧붙인다. 뇌의 어떤 신경 과정이 우리에게 스스로를 인지하는 자아 경험을 주고 정신에 주관성을 부여한다. "뇌가 마음에 '인식아'를 도입할 수 있을 때, 주관성이 생겨난다."[8] 간단히 말해, 인식아로서의 자아가 우리를 의식적으로 만든다. 철학자 존 설John Searle은 다마지오의 저서 《자아가 마음이 된다》를 비평하는 글에서 이것이 순환논리라고 주장한다. "우리는 의식을 설명하기 위해 자아를 도입한다. 하지만 의식을 설명하기 위해서는 자아가 이미 의식적이라는 것을 가정하지 않을 수 없다."9

이러한 비판은 자의식의 주관성을 설명하는 데 신경과학자들과 철학자들이 직면한 과제를 드러낸다. 일부 철학자들이 주관성을 단순히 의식 그 자체(일단 어려운 문제는 차치하고)에서 비롯된 것이라고 보는 것도 놀라운 일은 아니다. 그들은 우리의 모든 경험 밑에는 자아인식의 속성인 의식적 상태가 있다고 생각한다. 더 정확히 말해, 그 의식이 주관성을 갖는다는 것이다. 그들이 주체, 또는 경험하는 누군가가 있다고 말한 것이 아님을 유념하라. 철학용어로 의식은 '재귀적reflexive'이다. "재귀성은 자동적이고 전면적이며 수동적인 것으로, 시작부터 의식을 특징짓는 것이죠." 코펜하겐대학교의 철학자 단 자하비가 나에게 말했다.

이런 식으로 생각한다면, 뇌는 자아인식의 이러한 순간들 또는 재귀적 의식의 순간들을 어떻게든 붙잡아 자아를 통일되고 견고하게 보이도록 만들어야만 한다. 하지만 신경과학은 어떻게 의식의 재귀성이 일어나는지 설명하지 못한다. 그러나 만약 이러한 의식의 속성을 기정사실로 간주한다면, 어떤 무아론자들은 자아란 없으며, 단지 재귀적 의식의 순간들만 있다고 말할 것이다.

뉴욕대학교에서 마음을 연구하는 철학자 조나던 가네리Jonardon

Ganeri는 의식이 본질적으로 재귀적이라고 받아들이는 것은 자아가 있다는 말이나 마찬가지라고 생각한다. 그는 나에게 말했다. "당신은 자아를 부정하는 게 무엇을 의미하는지 궁금하겠죠. 그냥 자아성이 의식의 재귀성으로 구성된다고 말하면 어떨까요. 나는 이것이 자아에 대한 아주 좋은 설명처럼 보입니다." 하지만 가네리는 의식이 재귀적이라 하더라도, 그것이 독립적으로 자아가 존재한다는 것을 부인하거나 부정하는 것은 아니라는 것을 알고 있다.

자하비는 '최소한의 자아' 개념을 주장한다. 내 것이라는 느낌을 경험하고 일인칭 관점을 갖게 하는 정신구조를 만드는 것이 '최소한의 자아'다. 그러한 최소한의 자아는 주관성을 경험하는 모든 순간보다 길게 지속되거나 그것을 넘어서야 한다. 그래야만 그 순간들이 동일한 주체에게 속하는 것으로 경험될 수 있다.

때때로 자신의 생각에 대한 소유감을 잃어버리는 조현병 환자들의 사례를 들어보자. "이 장애를 이해하려면 최소한의 무언가가 남아 있어야만 합니다." 자하비는 말했다. 우리가 만났던 자아의 혼란을 느끼는 사람들의 모든 경험에서 최소한의 무언가는 떨쳐버릴 수 없다. 이인증이든 유체이탈이든, 그 경험이 내 것이라는 감각은 남는다. 자하비는 나에게 말했다. "최소한의 소유감조차 없는 경험의 사례를 보여주는 시나리오는 생각해내기가 정말 어렵습니다. 그렇다면 어떻게 일인칭으로 보고될 수 있을까요?"

마지막 질문에 답하기 위해 자하비는 최소한의 자아를 상정했다. 하지만 이것은 여전히 다른 질문들을 낳는다. 최소한의 자아라는 주관적 특징을 설명하는 것은 의식이 어떻게 일어나는지 설명하는 것만큼이나 어렵다(사실상 자하비는 '자아는 의식에서 떨어져 있거나 의식과 독립적으로 존재하는 어떤 것'이라는 발상에 반대한다. 그는 내게 "최소한의 자아라는 개념 없이 의식을 이해하거나 제대로 보여주기란 불가능하다"고 말했다).

그러면 공시적 통합성을 제공하는 최소한의 자아가 어떻게 누군가에게 통시적 통합성을 갖는 전체 자아를 형성하도록 확장되는 것일까? 자하비는 최소한의 자아와 완전히 확장된 서사적 자아라는 두 가지 극단 사이에 무언가가 필요하다고 생각한다. 바로 '상호적 자아'다. 상호적 자아는 초기 유년기에 엄마 또는 다른 사람들과 상호작용하면서 최소한의 자아로부터 서서히·발달한다. 아직 서사적 자아가 완전히 발현되지 않은 상태에서 타인과의 관계를 통해 발달하는 아기의 자아를 설명하는 개념이다.

이론가들 스펙트럼의 또 다른 끝에는 인도의 아드바이타 사상가들이 있다. 그들은 모든 경험, 그러니까 당신의 경험과 내 경험만이 아니라 모든 사람의 경험의 주체가 되는 개별화되지 않는 근원적인 의식, 곧 모든 것을 목격하는 의식이 있다고 주장한다. '비인칭 경험자impersonal experiencer'다. 이것이 6연으로 이루어진 아디샹카라의 시가 말하고자 하는 결말이다.

아드바이타 사상가들은 개별적 자아라는 것은 없다고 주장하는 무아 관념에 동의하기는 하지만, 결국 다른 불교 종파들로부터 갈라진다. 다발론에 대한 불교식 설명은 "실제로는 많은 것이 존재하는데 하나에만 마음을 붙이는 데에서 비롯된 오류",[10] 곧 많은 심신의 요소가 상호작용하고 있는데 한 다발만을 현실로 잘못 지각하는 오류다. 반면 아드바이타 사상가들은 "엄격히 말하면 오직 하나만 있는데, 우리는 많은 것에 마음을 두는 실수를 저지른다"고 주장한다.[11] 오직 하나란 바로 모든 것을 경험하는 의식이다.

자아가 있는가 없는가 하는 논쟁에서 신경과학자들과 철학자들(과거와 현재의 사람들 모두)이 하나로 수렴된다는 느낌은 피할 수 없다. 굳이 이야기하자면, 너무 잘게 구별하는 것이 아닌가 하는 생각이 든다. 서로 크게 불일치하는 경우는 매우 적다. 데카르트의 이원론도 이제는 유행이 지났다. 어느 누구도 자아가 뇌와 몸이 없어진 이후에도 존재하는 독립된 존재론적 실체라고 주장하지 않는다. 또 어느 누구도 자아의 유일한 관리인으로서 하나의 특권적인 영역이 뇌에 존재한다고 주장하지 않는다. 물론 자기감에 다른 영역보다 좀 더 중요하게 영향을 끼치는 뇌 영역들은 있다. 섬엽피질이나 측두정엽, 내측 전전두엽피질 등이다. 하지만 이 중 어느 영역도 단독으로 자아를 맡는다고는 할 수 없다. 또한 이야기하는 사람 없이도 이야기가 존재한다는 서사적 자아가 허구라는 주장도 일부 있다. 사실상 신체에 대한 소유감을 포함해 대상으로서의 자아를 구성하는 모든 것은 구성자 없이 구성될 수 있다고 주장할 수 있다. 몸을 단순히 정신을 담는 그릇의 신분으로 격하시켰던 데카르트적 이원론 대신, 우리는 이제 자기감을 몸에 단단히 통합된 신경 프로세스의 결과물로 보게 되었다. 신경은 현재의 우리 모습을 만들기 위해 뇌와 몸, 마음과 문화까지 한데 결합시킨다. 이제 만족스러운 설명을 기다리는 것은 주체로서의 자아 또는 인식이다. 이 개념을 두고 의견이 나뉜다. 경험의 주관성은 어떻게 가능한 것일까? 그러한 주관성이 자하비가 최소한의 자아라고 불렀던 신경 프로세스에서 비롯되는 것일까? 아니면 의식 고유의 재귀성에서 나오는 것일까? 아니면 심신의 요소들이 상호작용하기 때문에 그렇게 보이는 것(데닛이나 메칭거의 다발론에서 보듯)에 불과할까? 바로 이러한 지점에 자아에 관한 수수께끼가 존재한다. 이 수수께끼를 풀려면 아마도 의식 그 자체에 대한 이해가 선행되어야 할 것이다.

＊

지적이고 철학적인 논쟁과 별개로, 인간에게는 고통이 있다. 이 책에서 만난 사람들이 경험한 관점에서 보면, 자아의 본질을 이해하는 것은 중요하다. 불교도들이 주장하듯, 겉으로 견고해 보이는 자아에 대한 망상적 집착이 고통을 일으킨다. 그리고 참된 본성을 깨달으면 고통이 완화될 수 있다(그리고 우리가 앞에서 살펴봤듯, 대상으로서의 자아를 구성하는 다양한 자아의 특성은 실제로 손상될 수 있는 두뇌의 역학 때문에 일어난다). 가네리는 나에게 불교에서 개인들의 고통을 자아에 일어난 병으로 보는 것은 우리가 애초에 자아에 대해 기준점을 너무 높게 잡았다는 얘기라고 설명했다. 그래서 우리는 자아에 일어난 혼란을 무언가 결손된 것으로 생각한다. 대응기제나 병원에서의 치료들, 그리고 심리치료들은 그런 이해의 결과로 생겨난 것이다. 하지만 만약 그러한 혼란들을 자아의 결손에서 비롯된 결과물이 아니라 자아라는 관념에 대한 강박적인 집착으로 본다면 어떻게 될까? 그럴 경우에는 그냥 내버려두는 것이 정신건강에 도움이 될 것이다.

5장에서 우리가 짧게 만나보았던, 10대 후반에 이인증을 겪었던 제프 아부걸과의 토론을 상기해보자. 아부걸은 자신에게 무엇이 잘못된 것인지, 왜 자신이 그렇게 낯설게 느껴지는지 매 시간 이해하려고 노력하면서 평생을 살아온 이야기를 들려주었다. 약물은 어느 정도 도움이 되었다면서 그는 말을 이었다. "단지 내가 통합되지 않았다, 분리되었다, 부서졌다고 느꼈기 때문에 약물이 그런 불편한 사고방식, 파편화된 생각들을 줄여주었을 뿐이에요. 내가 자기감을 통합하는 데 약물이 도움이 된 것은 사실이에요. 하지만 내가 열여덟 살에 가졌던 자기감을 회복시켜주지는 못했어요." 그는 자신의 와해된 자아를 이해하기 위해 '자의식이 사라져서 더 이상 통일된 하나의 개체를 지각되지 못하면 존재의 새로운 상태가 생겨난다'는 철학자들의 글에 의지했다. "내 생각에, 고대 문화에는 내가 경험해온 이인증과 비슷한 것들에 대해 찾아보고 느끼고 이해하려고 노력했던 흔적들이 있는 것 같아요." 아부걸은 말했다. 어떤 의미로 그는 과거의 자아의 측면들을 흘려보냈다. 적어도 그것을 복구하려고 노력하는 일은 그만두었다. "환자 입장에서는 두 가지 중 하나를 선택해야만 해요. 우선 모든 종류의 약물과 심리치료를 찾아 다 시도해보는 것이죠. 예전에 느꼈던 대로 자기감과 자의식을 회복할 때까지요. 아니면 이렇게 말하는 겁니다. '오케이, 50퍼센트의 나는 돌아왔어. 나머지 50퍼센트가 어디로 갈지는 두고 보자. 어떻게 되는지 한번 보자.'"

그 여정은 어느 정도 도움이 되었다. "내게 가장 큰 의문은 이것입니다. 이인증을 장애로 볼 것인가, 아니면 달라진 마음 상태로 볼 것인가, 일종의 깨달음의 여정이 시작되는 것으로 볼 것인가? 마침내 나는 단순히 인식에 일어난 변화로 바라보게 됐어요. 세상에 대한 관점이 바뀐 것이죠. 자아라는 것이 모든 존재에 비해 얼마나 덧없고 작은 것인지 깨달았어요."

물론, 아부걸이 하고 있는 작업이 가능하려면 어느 정도의 인지적 능력이 있어야만 한다. 심각한 조현병이나 자폐증, 코타르증후군을 앓는 사람들은 불행하게도 자신의 현상적 자아로부터 도망칠 수 없다. 구성자 없이 구성하는 자아에 관한 모든 얘기는 아무런 효과가 없을 것이다. 그들의 고통은 진짜다. 또한 조현병을 앓고 있는 사람에게 애초에 그런 화자가 없다는 사실에 집중함으로써 서사적 자아를 잃어버린 것에 대처할 수 있으리라 기대하는 것은 비현실적이다.

하지만 조현병, 이인증, 어쩌면 BIID까지 증상을 경미하게 겪고 있는 사람들이라면 자아의 본질에 관한 통찰을 얻음으로써 치료적 도움을 얻을지도 모른다. 나아가 그러한 통찰에서 도움을 얻을 수 있는 사람은 자아에 관한 병이 있는 사람만은 아니다.

✳

우리의 진화적 과거에, 최초로 '인식아'의 단초가 나타났던 때가 분명히 있었다. 그것은 중대한 생물학적 사건이었다. 그리고 그것은 우리 조상들에게 생존을 유리하게 해주었다. 자신의 몸을 자각하는 것, 몸에 주의를 기울이는 것은 진화적 도약이었다. 하지만 이러한 자아 과정, 다시 말해 다양한 뇌 영역 활동들의 복잡한 상호작용은 여전히 몸을 통제하는 일에 국한되었다. 우리는 더 진화하면서 다양한 형태의 장기기억과 서사적 자아를 발전시켰다. 우리는 우리의 실수에서 배울 수 있고, 미래를 구상하고 계획할 수 있다. 여기에 과거의 우리 자신과 미래의 자신에 대한 생각들이 보태지면 대상으로서의 자아가 된다.

문명이 있기 전 우리는 '지금 여기'에 살았던 동물이었다. 이제는 심리적 시간에 거주하는 존재가 되었다. 하지만 우리가 얼마나 추상적인 생각을 하든, 그러한 생각들이 자신에게 좋은지 나쁜지에 대한 피드백은 여전히 몸에 의해 중재된다. 피드백은 큰 기쁨일 수도 있고, 가슴이 철렁 내려앉는 기분일 수도 있다. 아니면 황홀감과 우울감 사이에 있는 온갖 다양한 느낌일 수도 있다. 이러한 감정과 정서들은 우리를 행위로 이끈다. 한때 이런 감정들을 먹을 것을 얻기 위해 또는 맹수로부터 도망치기 위해 느꼈다면, 이제는 생존과 직접적 관련이 없는 우리의 생각 때문에도 느낀다. 물론 이러한 감정은 인간이라는 종에게 사회와 문화, 예술과 기술 등 인간이 된다는 것과 관련한 모든 아름다움을 가져다주었다. 또한 인간을 끊임없이 갈망하는 종으로 만들었다. 대다수 인간은 더 많이 가졌다고 생각하면 기분이 좋고 안전하게 느끼며, 거꾸로 좀 덜 가졌다고 생각하면 정반대 기분이 든다. 그리고 이러한 느낌에 따라 행위한다.

우리는 이제 신체적 자아의 생존만이 아니라 관념적 자아의 생존에도 신세를 지고 있다. 그리고 이러한 관념적 자아는 무한히 거대해진다. 이러한 성가신 자아의 본성은 자신들 존재를 바쳐 그에 대해 탐구해온 도인과 수도승을 낳기도 했으며, 인간에게 걷잡을 수 없는 나르시시즘과 탐닉을 가져다주기도 했다. 종교들의 이데올로기적 완고함, 빈부 격차의 심화, 약소국가를 휘두르려는 강한 군사국가들의 헤게모니, 끊임없는 천연자원 약탈 등 인간사회의 많은 해악이 걷잡을 수 없는 관념적 자아에서 비롯되었다고 해도 지나친 말이 아닐 것이다.

자아가 대체로 허구적이라는 본성(주관성이라는 쟁점이 아직 남아 있긴 하지만)을 받아들이는 것은 우리 자신을 조절하는 데 도움이 될 것이다. 단순한 지적 이해도 효과가 있을지는 모르겠지만 말이다. 사실 불교에서 발전된 무아 개념은 지적 논쟁거리가 아니라 명상을 통해 일어나는 경험에 철학적 의미를 부여하기 위한 것이었다. 무아 진영에 있는 철학자 조지 드레퓌스는 이렇게 말했다. "무아가 매우 중요한 사상이라는 데에는 의문의 여지가 없지요. 하지만 사상에 그치는 것이 아닙니다. 주로 명상을 통해 사람들에게 일어나는 경험을 포착합니다. 자기중심성을 줄이고 자신을 타인에게 좀 더 개방하게 한다는 점에서 심오한 변화를 이끌어내는 경험입니다."

불교와 아드바이타에서 '무아'라는 개념은 인간의 고통에 대한 염려에서 나왔다. '나', 그리고 '내 것'이라고 잘못 여기는 것에 고통의 뿌리가 있다고 그들은 말한다. 이것을 깨닫고 나에 대한 집착을 내려놓는 것이야말로 해탈이자 고통을 끝내는 길이다. 조나단 가네리는 말한다. "나에 대한 인지적 집착들이 그 자체로 일종의 병이자 장애의 근원이라는 것이 불교사상의 핵심입니다."

병은 바로 자아인 것이다.

철학이 묻고 뇌과학이 답하다

열여덟 살 무렵에 있었던 일이다. 고등학교 건물의 복도를 걷고 있었는데 10미터 정도 앞에 걸어가고 있는 수학선생님의 뒷모습이 보였다. 선생님! 나는 인사를 했다. 선생님은 웃으며 무어라 말씀하셨는데 이때 오간 얘기는 기억나지 않는다. 하지만 주위에 안개라도 낀 것처럼 부옇게 보였던 복도 풍경은 생생히 기억한다. 그리고 마치 땅으로부터 어떤 힘이 내 발을 자꾸 밀어내어, 어쩔 수 없이 바닥에 발을 대지 못하고 조금 떠서 걸어다니는 것 같았던 이상한 기분도 기억한다. 그런 기분은 며칠 동안 이어졌다가 사라지고, 어쩌다 또 일어나곤 했다. 일상이 아주 비현실처럼 느껴졌다. 괴이하기 짝이 없었다. 내가 어떤 질긴 막에 둘러싸여 있어서 현실에 직접 접촉하지 못하는 것 같은 느낌이었다.

돌이켜 생각해보면 10대 후반 그 무렵, 내 뇌에는 엄청난 변화들이 일어났던 것 같다. 항상 앞에서 두 번째 줄에 앉아 과목마다 놀라운 집중력을 발휘하던 모범생이, 어느 날부터는 제일 뒷자리 창가에 앉아 수업시간에 허공만 바라보게 된 것이다. 그러다가 갑자기 뭔가 생각이 떠오르면 수첩을 꺼내어 정신없이 써 내려가곤 했다. 혼자 묻고 혼자 답하는 시간이 많아졌다. 성격과 가치관이 극단적으로 바뀌었다. 세상의 상식, 현실적인 기준 같은 것들이 혐오스럽게 느껴졌다. 이유를 알지 못했다. 목적도 목표도 없었다. 예측할 수 없고 대책 없는 내가 세상에서 가장 위험하게 느껴졌다. 하지만 이에 대해 누군가에게 말할 수도 없었다. 무엇인지 모르는 것에 대해서 어떻게 말할 수 있겠는가? 내게도 다행히 시간은 같은 속도로 흘렀고, 30대에 접어들면서는 그동안 내게 일어났던 일이 무엇이었는지 알아내기 위해 분주히 보냈다. 실존주의 철학과 부조리문학, 불교철학과 정신분석이론, 심리학에 이르기까지 나 자신을 이해하기 위해 무엇에 홀린 사람처럼 책을 찾아 읽었다. 그 와중에 끊임없이 내 안에 흐르고 있었던 질문은 바로 이것이었다. "나라고 하는 것은 과연 무엇일까?"

심리학과 철학, 신경과학 등 인간의 마음을 연구하는 학문 분야에서 오랫동안 '난제'로 여겨졌던 문제들이 몇 가지 있다. 대표적으로 흔히 '정서란 무엇인가?' '의식은 어떻게 일어나는가?' '자아란 무엇인가?' 등이 꼽힌다. 내가 활동하고 있는 철학 커뮤니티에서도 이에 대한 논쟁들은 해를 거듭해 계속된다. 혹독한 청년기를 보냈던 나는 특히 '자아'에 관해 많은 자료를 읽었다. 나는 이 책을 번역하고 나서 비로소 '자아'에 관해 모든 것을 정리하고 내려놓을 수 있게 되었다.《나를 잃어버린 사람들: 뇌과학이 밝힌 인간 자아의 8가지 그림자》는 철학과 심리학, 최근의 신경과학에 이르기까지 우리가 '자아'에 관해 알아야 할 중요한 사실들을 멋지게 담아냈다. 게다가 과학저널리즘 분야에서 탁월한 문장가로 손꼽히는 아닐 아난타스와미의 흥미진진한 전개는 놀라울 정도로 매력적이다. 번역하는 내내 나는 오랫동안 알아온 친구와 깊은 대화를 나누는 듯한 착각을 했다. 저자와는 일면식도 없고 딱 한 번 이메일을 주고받았을 뿐이지만 무척이나 친근하게 느껴진다. 아마 그것은 내가 지금껏 하고 싶었지만 할 수 없었던 작업을 해낸 인간 동료에 대한 존경심에서 비롯된 마음일 것이다. 이로써 '자아'에 관한 여정을 흡족하게 마무리할 수 있게 해준 저자에게 감사한다. 또한 이 책의 빛을 함께 알아보고 선뜻 번역을 제안해주신 길벗 더퀘스트의 박윤조 부장님께 감사드린다. 마지막으로 지금 이 책을 통해 만난 독자 여러분께 감사드린다.

긴긴 겨울밤을 밝히며 번역을 끝내고 나서 내가 얻은 하나의 깨달음은 아이러니하게도 '자아의 본질' 따위는 없다는 사실이었다. 이 대목에서 비트겐슈타인을 떠올린 것이 우연은 아닐 것이다. '자아'가 심리철학적 또는 신경과학적 실체인가, 아닌가 하는 논쟁은 어쩌면 '자아'를 바라보고 정의하는 관점과 맥락의 차이에서 비롯되는지도 모른다. 그럼에도 불구하고 철학사상 가장 매혹적인 주제 중 하나였던 '자아'에 관해 굳이 한마디로 정리하라면 나는 비트겐슈타인의 구절을 빌려 답할 것이다.

"우리에게 가장 중요한 사물들의 측면은 그것들의 단순성과 일상성으로 인하여 숨겨져 있다. 우리들은 그것을 알아차릴 수 없다. 왜냐하면 그것은 언제나 우리들 눈앞에 있기 때문이다."

2017년 3월

변지영

주석

1 Thomas Nagel, *The View from Nowhere* (Oxford: Oxford University Press, 1986), 55.

프롤로그

1 Jonardon Ganeri, *The Self: Naturalism, Consciousness and the First-Person Stance* (Oxford: Oxford University Press, 2012), 115.

1장. 나는 죽었다고 말하는 남자

1 Adam Zeman, "What in the World Is Consciousness?," *Progress in Brain Research* 150 (2005): 1-10.

2 Albert Camus, *The Myth of Sisyphus and Other Essays* (New York: Vintage, 1991), 19.

3 Michel Delon, ed., *Encyclopedia of the Enlightenment* (London, New York: Routledge, 2013), 258.

4 J. Pearn and C. Garder-Thorpe, "Jules Cotard(1840-1889): His Life and the Inique Syndrome Which Bears His Name," *Neurology* 58 (May 2002): 1400-03.

5 G. E. Berrios and R. Luque, "Cotard's Delusion or Syndrome?: A Conceptual History," *Comprehensive Psychiatry* 36, no. 3 (May/June, 1995): 218-23.

6 "René Descartes," *Stanford Encyclopedia of Philosophy*, http://plato. stanford.edu/entries/decartes

7 Thomas Metzinger, "Why Are Identity Disorders Interesting for Philosophers?," *Philosophy and Psychiatry*. Thomas Schramme and Johannes Thome, eds. (Berlin: Walter de Gruyter GmBH & Co, 2004), 311-25.

8 상동.

9 Gordon Allport, 다음 자료에서 인용. Stanley B. Klein and Cynthia E. Gangi, "The Multiplicity of the Self: Neuropsychological Evidence and Its Implications for the SElf as a Construct in Psychological Research," *Annals of the New York Academy of Sciences* 1191 (March 2010): 1-15.

10 Anil Ananthaswamy, "Am I the Same Person I was Yesterday?" *New Scientist*, July 23, 2011.

11 Pausanias, *Description of Greece*, http://www.perseus.tufts.edu/hopper/te xt?doc=Perseus:text:1999.01.0160:book=10:chapter=24

12 Swami Paramananda, *The Upanishads* (The Floating Press, 2011), 69.

13 Klein and Gangi, 앞의 글에 인용된 아우구스티누스의 말.

14 David Cohen et al., "Cotard's Syndrome in a 15-Year-Old Girl," *Acta Psychoatrica Scandinavica* 95 (February 1997): 164-65.

15 이 야만적으로 보이는 절차에 관한 설득력 있는 변론을 보려면, 셔 원 늘런드(Sherwin Nuland)의 다음 테드(TED) 강연을 보라. "How Electroshock Therapy Changed Me," http://www.ted.com/talks/ sherwin_nuland_on_electroshock_therapy?language=en

16 David Cohen and Angèle Consoli, "Production of Supernatural Beliefs during Cotard's Syndrome, a Rare Psychotic Depression," *Behavioral and Brain Sciences* 29, no. 5 (October 2006): 468-70.

17 상동.

18 Edward Shorter, "Darwin's Contribution to Psychoatry," *The British*

Journal of Psychiatry 195, no. 6 (2009): 473-74.

19 상동.

20 상동.

21 "Louis Althusser," *Stanford Encyclopedia of Philosophy*, http://plato.
    stanford.edu/entries/althusser

22 Audrey Vanhaudenhuyse et al., "Two Distinct Neuronal Networks
    Mediate the Awareness of Environment and of Self," *Journal of Cognitive
    Neuroscience* 23, no. 3 (March 2011): 570-78.

23 *Encyclopedia Britannica*, http://www.britannica.com/EBchecked/
    topic/224182/Franz-Joseph-Gall

24 Vanessa Charland-Verville et al., "Brain Dead Yet Mind Alive: A
    Positron Emission Tomography Case Study of Brain Metabolism in
    Cotard's Syndrome," *Cortex* 49 (2013): 1997-999.

25 그레이엄의 경우 배면 외측 전전두 영역이었다.

26 Seshadri Sekhar Chatterjee and Sayantanava Mitra, "'I Do Not Exist':
    Cotard Syndrome in Insular Cortex Atrophy," *Biological Psychiatry*
    (November 2014).

27 Shaun Gallagher, "Philosophical Conceptions of the Self: Implications
    for Cognitive Science," *Trends in Cognitive Sciences* 4, no. 1 (January
    2000): 14-21.

28 William James, *The Principles of Psychology*, http://ebooks.adelaide.edu.
    au/j/james/william/principles/chapter10.html

29 상동.

30 상동.

31 Thomas Metzinger, *Being No One: The Self-Model Theory of Subjectivity*
    (Cambridge, MA: MIT Press, 2003), 267.

32 다음 자료에서 인용. Sue E. Estroff, "Self, Identity, and Subjective
    Experiences of Schizophrenia: In Search of the Subject," *Schizophrenia*

Bulletin 15, no. 2 (1989): 189.

33 Elizabeth Arledge, *The Forgetting: A Portrait of Alzheimer's*, PBS, 2004, http://www.pbs.org/theforgetting/experience/first_person.html

34 상동.

2장. 나의 이야기를 모두 잃어버렸을 때

1 Ralph Waldo Emerson, *The Later Lectures of Ralph Waldo Emerson, 1843-1971*, vol. 2, Ronald A. Bosco and Joel Myerson, eds. (Athens and London: University of Georgia Press, 2010), 102.

2 Konrad Maurer et al. "Auguste D and Alzheimer's Disease," *Lancet* 349, no. 9064 (May 1997): 1546-549.

3 상동.

4 상동.

5 "History Module: Dr. Alois Alzheimer's First Cases," http://thebrain.mcgill.ca/flash/capsules/histoire_jaune03.html

6 David Shenk, "The Memory Hole," *New York Times*, November 3, 2006.

7 Maurer et al., 앞의 글.

8 상동.

9 상동.

10 상동.

11 상동.

12 Elizabeth Arldege, *The Forgetting*, 1.40 sec.

13 클레어의 요청으로 그들의 이름과 세부 사항은 수정해 적었다.

14 비평을 찾아보려면 다음을 참조하라. Pia Kontos, "Embodied Selfhood in Alzheimer's Disease: Rethinking Person-Centred Care," *Dementia* 4, no. 4: 553-70.

15 Donald E. Polkinghorne, "Narrative and Self-Concept," *Journal of Narrative and Life History* 1, nos. 2-3 (1991): 135-53.

16 Joel W. Krueger, "The Who and the How of Experience," *Self, No Self?*
    Perspectives from Analytical, Phenomenological, and Indian Traditions,
    Mark Siderits et al., eds. (Oxford: Oxford University Press, 2011), 37.

17 Dan Zahavi, "Self and Other: The Limits of Narrative Understanding,"
    Royal Institute of Philosophical Supplement 60 (May 2007), 179-202.

18 Suzanne Corkin, "Lasting Consequences of Bilateral Medial Temporal
    Lobectomy: Clinical Course and Experimental Findings in H. M.,"
    Seminars in Neurology 4, no. 2 (June 1984): 249-59.

19 William Beecher Scoville and Brenda Milner, "Loss of Recent Memory
    after Bilateral Hippocampal Lesions," *Journal of Neurology, Neurosurgery
    & Psychiatry* 20 (1957): 11-21.

20 상동.

21 Corkin, 앞의 글, 249-59.

22 Suzanne Corkin et al. "H. M.'s Medial Temporal Lobe Lesion: Findings
    from Magnetic Resonance Imaging," *The Journal of Neuroscience* 17, no.
    10 (May 1997): 3964-979.

23 Gary W. Van Hoesen et al., "Entorhinal Cortex Pathology in
    Alzheimer's Disease," *Hippocampus* 1, no. 1 (January 1991): 1-8.

24 Benedict Carey, "H M., an Unforgettable Amnesiac, Dies at 82," *New
    York Times*, December 4, 2008.

25 Daniel L. Schacter et al., "The Future of Memory: Remembering,
    Imaging, and the Brain," *Neuron* 76, no. 4 (November 2012): 677-94.

26 다음 자료에서 인용. Errol Morris, "The Anosognosic's Dilemma:
    Something's Wrong but You'll Never Know What It Is (Part 2),"
    New York Times, June, 21, 2010, http://opinionator.blogs.nytimes.
    com/2010/-6/21/the-anosognosics-dilemma-somethings-wrong-
    but-youll-never-know-what-it-is-part-2

27 위의 자료에서 인용.

28 Giovanna Zamboni et al., "Neuroanatomy of Impaired Self-Awareness in Alzheimer's Disease and Mild Cognitive Impairment," *Cortex* 49, no. 3 (March 2013): 668-78.

29 Suzanne Corkin, "What's New with the Amnesic Patient H. M.?," *Nature Reviews Neuroscience* 3 (February 2002), 153-60.

30 Clare J. Rathbone et al., "Self-Centered Memories: The Reminiscence Bump and the Self," *Memory & Cognition* 36, no. 8 (2008): 1403-414.

31 Martin A. Conway, "Memory and the Self," *Journal of Memory and Language* 53 (2005), 594-628.

32 상동.

33 Pia C. Kontos, "Alzheimer Expressions or Expressions Despite Alzheimer's? Philosophical Reflections on Selfhood and Embodiment," *Occasion: Interdisciplinary Studies in the Humanities* 4 (May 2012): 1-12.

34 다음 자료에서 인용. *The Embodied Self: Dimensions, Coherence and Disorders*, Thomas Fuchs et al., eds. (Stuttgart: Schattauer GmbH, 2010), p. V.

35 Kontos, 앞의 글, 553-70.

36 Pia C. Kontos, "Ethnographic Reflections on Selfhood, Embodiment and Alzheimer's Disease," *Ageing & Society* 24, no. 6 (2004): 829-49.

37 Pia C. Kontos, "Habitus: An Incomplete Account of Human Agency," *The American Journal of Semiotics* 22, no. 1/4 (2006): 67-83.

3장. 한쪽 다리를 자르고 싶은 남자

1 Oliver Sacks, *A Leg to Stand On* (New York: Touchstone, 1998), 53.

2 V. S. Ramachandran in Christopher Rawlence, *Phantoms in the Brain*, 2000, http://www.youtube.com/watch?feature=player_embedded&list=PL361F982E5B7C1550&v=PpEpjJgGDI#t=138

3   Paul D. McGeoch et al., "Xenomelia: A New Right Parietal Lobe Syndrome," *Journal of Neurology, Neurosurgery & Psychiatry* 82 (2011): 1314-319.

4   Leonie Maria Hilti and Peter Brugger, "Incarnation and Animation: Physical Versus Representational Deficits of Body Integrity," *Experimental Brain Research* 204, no. 3 (2010): 315-26.

5   John Money et al., "Apotemnophilia: Two Cases of Self-Demand Amputation as a Paraphilia," *Journal of Sex Research* 13, no. 2 (May 1977): 115-25.

6   David L. Rowland and Luca Incrocci, eds., *Handbook of Sexual and Gender Identity Disorders* (Hoboken, NJ: John Wiley & Sons, 2008), 496.

7   "Complete Obsession," transcript, BBC, February 17, 2000, http://www.bbc.co.uk/science/horizon/1999/obsession_script.shtml

8   상동.

9   Michael B. First, "Desire for Amputation of a Limb: Paraphilia, Psychosis, or a New Type of Identity Disorder," *Psychological Medicine* 35, no. 6 (June 2005): 919-28.

10   "Meetings," BIID.ORG, 날짜 미상, http://www.biid.org/meetings.html

11   "Complete Obsession."

12   상동.

13   Mattew Botvinick and Jonathan Cohen, "Rubber Hands 'Feel' Touch That Eyes See," *Nature* 391 (February 19, 1998): 756.

14   다음을 참고하라. V. S. Ramachandran and William Hirstein, "The Perception of Phantom Limbs: The D. O. Hebb Lecture," *Brain* 121 (1998): 1603-630.

15   Peter Brugger et al., "Beyond Re-membering: Phantom Sensations of Congenitally Absent Limbs," *Proceedings of the National Academy of*

Sciences 97, no. 11 (May 2000): 6167-172.

16 L. M. Hilti et al., "The Desire for Healthy Limb Amputation: Structural Brain Correlates and Clinical Features of Xenomelia," *Brain* 136, no. 1 (January 2013): 318-29.

17 McGeoch et al., 앞의 글.

18 Lorimet G. Moseley et al., "Bodily Illusions in Health and Disease: Physiological and Clinical Perspectives and the Concept of a Cortical 'Body Matrix,'" *Neuroscience and Biobehavioral Review* 36, no. 1 (2012): 34-46.

19 Thomas Metzinger, "The Subjectivity of Subjective Experience: A Representationalist Analysis of the First-Person Perspective," *Networks* 3-4 (2004): 33-64.

20 Rogers C. Conant and Ross W. Ashby, "Every Good Regulator of a System Must Be a Model of That System," *International Journal of Systems Science* 1, no. 2 (1970): 89-97.

21 Thomas Metzinger, *Being No One: The Self-Model Theory of Subjectivity* (Cambridge, MA: MIT Press, 2003), 267.

22 David Brang et al., "Apotemnophilia: A Neurological Disorder," *NeuroReport* 19, no. 13 (August 2008): 1305-306.

23 상동.

24 Atsushi Aoyama et al., "Impaired Spatial-Temporal Integration of Touch in Xenomelia (Body Integrity Identity Disorder)," *Spatial Cognition & Computation* 12, nos. 2-3 (2012): 96-110.

25 Randy Dotinga, "Out on a Limb," *Salon*, August 29, 2000, http://www.salon.com/2000/08/29/amputation.

26 닥터 리와 병원 직원들의 신변 보호를 위해 세부 사항은 수정해 적었다.

27 데이비드, 패트릭, 닥터 리와 병원, 그리고 인근 환경에 대한 것들도 관계자들의 이름과 신변에 관한 세부 사항은 수정해 적었다.

4장. 내가 여기에 있다고 말해줘

1   4장의 제목은 다음의 책 제목에서 가져왔다. Anne Deveson, *Tell Me I'm Here* (New York: Penguin, 1992).

2   다음 자료에서 인용. Louis A. Sass, *Madness and Modernism: Insanity in the Light of Modern Art, Literature, and Thought* (Cambridge, MA: Harvard University Press, 1994), 216.

3   Karl Jaspers, *General Psychopathology* (Manchester: Manchester University Press, 1963), 97.

4   이름과 신변에 관한 세부 사항은 수정해 적었다.

5   이름과 신변에 관한 세부 사항은 수정해 적었다.

6   Louis A. Sass and Josef Parnas, "Schizophrenia, Consciousness, and the Self," *Schizophrenia Bulletin* 29, no. 3 (2003): 427-44.

7   Louis, A. Sass, "Self-Disturbance and Schizophrenia: Structure, Specificity, Pathogenesis (Current Issues, New Directions)," *Schizophrenia Research* 152, no. 1 (January 2014): 5-11.

8   Bruce Bridgeman, "Efference Copy and Its Limitations," *Computers in Biology and Medicine* 37, no. 7 (July 2007): 924-29.

9   Erich von Holst and Horst Mittelstaedt, "Das Reafferenzprinzip," *Die Naturwissenschaften* 37, no. 20 (October 1950): 464-76. Translated as: "The Principle of Reafference: Interactions between the Central Nervous System and the Peripheral Organs," *Perceptual Processing: Stimulus Equivalence and Pattern Recognition*, P. C. Dodwell, ed. (New York: Appleton-Century-Crofts, 1971), 41-72.

10   상동.

11   Roger Sperry, "Neural Basis of the Spontaneous Optokinetic Response Produced by Visual Inversion," *Journal of Comparative and Physiological Psychology* 43, no. 6 (December 1950): 482-89.

12   Irwin Feinberg, "Efference Copy and Corollary Discharge: Implications

for Thinking and Its Disorders," *Schizophrenia Bulletin* 4, no. 4 (1978): 636-40.

13 상동.

14 James F. A. Poulet and Berthold Hedwig, "The Cellular Basis of a Corollary Discharge," *Science* 311 (January 27, 2006): 518-22.

15 Sarah-Jayne Blakemore et al., "Why Can't You Tickle Yourself?," *NeuroReport* 11, no. 11 (August 2000): R11-16.

16 Sarah-Jayne Blakemore et al., "The Perception of Self-Produced Sensory Stimuli in Patients with Auditory Hallucinations and Passivity Experiences: Evidence for a Breakdown in Self-Monitoring," *Psychological Medicine* 30, no. 5 (September 2000): 1131-139.

17 Daniel H. Mathalon and Judith M. Ford, "Corollary Discharge Dysfunction in Schizophrenia: Evidence for an Elemental Deficit," *Clinical EEG and Neuroscience* 39, no. 2 (2008): 82-86.

18 Matthis Synofzik et al., "Beyond the Comparator Model: A Multifactorial Two-Step Account of Agency," *Consciouness and Cognition* 17, no. 1 (March 2008): 219-39.

19 Matthis Synofzik et al., "Misattributions of Agency in Schizophrenia Are Based on Imprecise Predictions about the Sensory Consequences of One's Actions," *Brain* 133 (January 2010): 262-71.

20 상동.

21 Deveson, 앞의 책, 132.

22 Ralph E. Hoffman and Michelle Hampson, "Functional Connectivity Studies of Patients with Auditory Verbal Hallucinations," *Frontiers in Human Neuroscience* 6 (January 2012): 1.

23 Judith Ford, "Phenomenology of Auditory Verbal Hallucinations and Their Neural Basis," Hearing Voices: The 2013 Music and Brain Symposium, Stanford University, April 13, 2013, http://www.ustream.

tv/recorded/31412393

24 Lauren Slater, *Welcome to My Country* (New York: Anchor Books, 1997), 5.

5장. 영원히 꿈속을 헤매는 사람들

1 Virginia Woolf, *The Letters of Virginia Woolf*, Volume 2: 1912-1922. Nigel Nicolson and Joanne Trautman, eds. (Boston: Houghton Mifflin Harcourt, 1978), 400.

2 Albert Camus, *The Myth of Sisyphus and Other Essays* (New York: Vintage, 1991). 19.

3 다음 자료에서 인용. Mauricio Sierra, *Depersonalization: A New Look ar a Neglected Syndrome* (Cambridge: Cambridge University Press, 2009), 8.

4 위의 자료에서 인용.

5 다음 자료에서 인용. Dawn Baker et al., *Overcoming Depersonalization & Feeling of Unreality* (London: Constable and Robinson, 2012), 24.

6 Henri-Frédéric Amiel, *Amiel's Journal*, trans. Mary Ward. 구텐베르크 프로젝트 전자문서는 다음에서 볼 수 있다. http://www.gutenberg.org/files/8545/8545-h/8545-h.htm

7 다음 자료에서 인용. Sierra, 앞의 책, 17.

8 Russell Noyes Jr. and Roy Kletti, "Depersonalization in Response to Life-Threatening Danger," *Comprehensive Psychiatry* 18, no. 4 (July/August 1977): 375-84.

9 상동.

10 이름과 신변에 관한 세부 사항은 수정해 적었다.

11 Antonio Damasio, *Self Comes to Mind: Constructing the Conscious Brain* (New York: Vintage Books, 2012), 21.

12 "What is Homeostasis?," *Scientific American*, January 3, 2000, http://www.scientificamerican.com/article/what-is-homeostasis

13 Damasio, 앞의 책, 22.

14 상동.

15 상동.

16 상동.

17 Mauricio Sierra and Anthony S. David, "Depersonalization: A Selective Impairment of Self-Awareness," *Consciousness and Cognition* 20, no. 1 (2011): 99-108.

18 Lucas Sendeño et al., "How Do you Feel when You Can't Feel Your Body? Interoception, Functional Connectivity and Emotional Processing in Depersonalization-Derealization Disorder," *PLos One* 9, no. 6 (June 2014): e98769.

19 Jason J. Braithwaite et al., "Fractionating the Unitary Notion of Dissociation: Disembodied but Not Embodied Dissociative Experiences Are Associated with Exocentric Perspective-Taking," *Frontiers in Human Neuroscience* 7 (October 2013): 1-12.

20 Nick Medford, "Emotion and the Unreal Self: Depersonalization Disorder and De-Affectualization," *Emotion Review* 4, no. 2 (April 2012): 139-44.

21 Damasio, 앞의 책, 126.

22 Nick Medford et al., "Functional MRI Studies of Aberrant Self-Experience: Depersonalization Disorder Before and After Treatment," *Association for the Scientific Study of Consciousness*, http://www.theassc.org/assc15_talks_posters

23 William james, "What is an Emotion?" *Mind* 9, no. 34 (1884): 188-205.

24 상동.

25 전면적인 분석에 관해서는 다음을 참고하라. James D. Laird, *Feelings: The Perception of Self* (New York: Oxford University Press, 2007), 65.

26 Stanley Schachter and Jerome Singer, "Cognitive, Social and Physiological Determinants of Emotional State," *Psychological Review* 69, no. 5 (September 1962): 379–99.

27 Laird, 앞의 책, 72.

28 상동, 73.

29 상동, 78.

30 Anil Setn, ed., *30-second Brain* (London: Icon Books, 2014), 50.

31 Anil Anathaswamy, "I, Algorithm," *New Scientist*, January 29, 2011, 28–31.

32 Anil Seth, "Interoceptive Inference, Emotion, and the Embodied Self," *Trends in Cognitive Sciences* 17, no. 11 (November 2013): 565-73.

6장. 자아의 걸음마가 멈췄을 때

1 Paul Collins, *Not Even Wrong: A Father's Journey into the Lost history of Autism* (New York, London: Bloomsbury, 2004), 225.

2 Anne Nesbet, *The Cabinet of Earths* (New York: HarperCollins, 2012), 49.

3 Uta Frith, ed., *Autism and Asperger Syndrome* (Cambridge: Cambridge University Press, 1991), 6.

4 Uta Frith, *Autism: Explaining the Enigma*, 2nd ed. (Oxford: Blackwell Publishingm 2003), 5.

5 Leo Kanner, "Autistic Disturbances of Affective Contact," *Nervous Child* 2 (1943): 217-50.

6 상동.

7 "A Cultural History of Autism," PBS, July 29, 2013, http://www.pbs.org/pov/neurotypical/autism-history-timeline.php

8 Kanner, "Autistic Disturbances."

9 Philippe Rochat, "Emerging Self-Concept," *The Wiley-Blackwell*

Handbook of Infant Development, 2nd ed., J. Gavin Bremner and Theodore D. Wachs, eds. (Oxford Wiley-Blackwell, 2010), 322.

10 상동, 323.

11 Phillippe Rochat and Susan J. Hespos, "Differential Rooting Response by Neonates: Evidence for an Early Sense of Self," *Early Development and Parenting* 6, no. 3-4 (September-December 1997): 105-12.

12 Heinz Wimmer and Josef Perner, "Beliefs about Beliefs: Representation and Constraining Function of Wrong Beliefs in Young Children's Understanding of Deception," *Cognition* 13, no. 1 (January 1983): 103-28.

13 상동.

14 Alan M. Leslie, "Pretense and Representation: The Origins of 'Theory of Mind,'" *Psychological Review* 94, no. 4 (1987): 412-26.

15 상동

16 Frith, 앞의 책, 82.

17 S. Baron-Cohen et al., "Does the Autistic Child Have a 'Theory of Mind'?" *Cognition* 21, no. 1 (October 1985): 37-46.

18 Alison Gopnik and Janet Astington, "Children's Understanding of Representational Change Its Relation to the Understanding of False Belief and the Appearance-Reality Disrinction," *Child Development* 59, no. 1 (February 1988): 26-37.

19 Simon Baron-Cohen, "Are Autistic Children 'Behaviorists'?: An Examination of Their Mental-Physical and Appearnce-Reality Distinctions," *Journal of Autism and Developmental Disorders* 19, no. 4 (1989): 579-600.

20 R. T. Hurlburt et al., "Sampling the Forum of Inner Experience in Three Adults with Asperger Syndrome," *Psychological Medicine* 24 (May 1994): 385-95.

21 상동.

22 Elizabeth Pellicano, "Links between Theory of Mind Executive Function in Young Children with Autism: Clues to Developmental Primacy," *Developmental Psychology* 43, no. 4 (July 2007): 974-90.

23 Hyowon Gweon et al., "Theory of Mind Performance in Children Correlates with Functional Specialization of a Brain Region for Thinking about Thoughts," *Child Development* 83, no. 6 (November/ December 2012): 1853-868.

24 Michael Lombardo et al., "Specialization of Right Temporo-Parietal Junction for Mentalizing and Its Relation to Social Impairments in Autism," *NeuroImage* 56, no. 3 (June 2011): 1832-838.

25 Michael Lombardo et al., "Atypical Neural Self-Representation in Autism," *Brain* 133, no. 2 (February 2010): 611-24.

26 Laura Spinney, "Therapy for Autistic Children Causes Outcry in France," *The Lancet* 370 (August 2007): 645-46.

27 David Amaral et al., "Against Le Packing: A Consensus Statement," *Journal of the American Academy of Child & Adolescent Psychiatry* 50, no. 2 (February 2011): 191-2.

28 Angèle Consoli et al., "Lorazepam, Fluxetine and Packing Therapy in an Adolescent with Pervasive Developmental Disorder and Catatonia," *Journal of Physiology-Paris* 104, no. 6 (September 2010): 309-14.

29 David Cohen et al., "Investigating the Use of Packinh Therapy in Adolescents with Catatonia: A Retrospective Study," *Clinical Neuropsychiatry* 6, no. 1 (2009): 29-34.

30 상동.

31 Elizabeth B. Torres et al., "Autism: The Micro-Movement Perspective," *Frontiers in Integrative Neuroscience* 7 (July 2013): 1-26.

32 Ian P. Howard and Brian J. Rogers, *Perceiving in Depth, Volume 3: Other*

Mechanisms of Depth Perception (Oxford: Oxford University Press, 2012), 266.

33 Karl Friston, "The Free-Energy Principle: A Unified Brain Theory?," *Nature Reviews Neuroscience* 11 (February 2010): 127-38.

34 상동.

35 상동.

36 Pawan Sinha et al., "Autism as a Disorder of Prediction," *Proceedings of the National Academy of Sciences* 111, no. 42 (October 2014): 15220-5225.

37 상동.

7장. 침대에서 자기 몸을 주운 사람

1 René Descartes, "Meditations on First Philosophy," trans. Elizabeth S. Haldane, *The Philosophical Works of Decartes* (Cambridge: Cambridge University Press, 1911), 9.

2 Thomas Metzinger, *The Ego Tunnel: The Science of the Mind and the Myth of the Self* (New York: Basic Books, 2009), 75.

3 Peter Brugger et al., "Heautoscopy, Epilepsy, and Suicide," *Journal of Neurology, Neurosurgery & Psychiatry* 57, no. 7 (1994): 838-39.

4 Guy de Maupassant, *The Horla*, trans. Charlotte Mandell (New York: Melville House, 2005), 41.

5 Sunil Kumar Sarker, *T. S. Eliot: Poetry, Plays and Prose* (New Delhi: Atlantic, 2000), 103.

6 Sir Ernest Shackleton, *South! The Story of Shackleton's Last Expedition* (1914-1917). 다음에서 볼 수 있다. http://www.gutenberg.org/files/5199/5199-h/5199-h.htm

7 Constance Holden, ed., "Doppelgängers," *Science* 291 (January 19, 2001): 429.

8   Nicholas Wade, "Guest Editorial," *Perception* 29 (2000): 253-57.

9   G. M. Stratton, "Some Preliminary Experiments on Vision without Inversion of the Retinal Image," *Psychological Review* 3 (1896): 611-17.

10   G. M. Stratton, "The spatial Harmony of Touch and Sight," *Mind* 8 (October 1899): 492-505.

11   상동.

12   H. Henrik Ehrsson et al., "That's my Hand! Activity in Premotor Cortex Reflects Feeling of Ownership of a Limb," *Science* 305 (August 6, 2004): 875-77.

13   G. Lorimer Moseley et al., "Psychologically Induced Cooling of a Specific Body Part Caused by the Illusory Ownership of an Artificial Counterpart," *Proceedings of the National Academy of Sciences* 105, no. 35 (September 2008): 13169-3173.

14   Arvid Guterstam et al., "The Invisible Hand Illusion: Multisensory Integration Leads to the Embodiment of a Discrete Volume of Empty Space," *Journal of Cognitive Neuroscience* 25, no. 7 (July 2013): 1078-1099.

15   상세한 것은 다음을 참조하라. Metzinger, *The Ego Tunnel*.

16   Olaf Blanke et al., "Stimulating Illusory Own-Body Perceptions," *Nature* 419 (September 19, 2002): 269-70.

17   Bigna Lenggenhager et al., "Video Ergo Sum: Manipulating Bodily Self-Consciousness," *Science* 317, no. 5841 (August 24, 2007): 1096-1099.

18   Silvio Ionta et al., "Multisensory Mechanisms in Temporo-parietal Cortex Support Self-location and First-Person Perspective," *Neuron* 70, no. 2 (April 2011): 363-74.

19   Valeria I. Petvoka and H. Henrik Ehrsson, "If I Were You: Perceptual Illusion of Body Swapping," *PLos One* 3, no. 12 (December 2008): e3832.

20 Valeria I. Petvoka et al., "From Part-to Whole-Body Ownership in the Multisensory Brain," *Current Biology* 21 (July 12, 2011): 1118-122.

21 Lukas Heydrich and Olaf Blanke, "Distinct Illusory Own-Body Perceptions Caused by Damage to Posterior Insula and Extrastriate Cortex," *Brain* 136 (2013): 790-803.

22 Olaf Blanke and Thomas Metzinger, "Full-Body Illusions and Minimal Phenomenal Selfhood," *Trends in Cognitive Sciences* 13, no. 1 (2009): 7-13.

23 Jakob Hohwy, "The Sense of Self in the Phenomenology of Agency and Perception," *Psyche* 13, no. 1 (April 2007): 1-20.

24 Björn van der Hoort et al., "Being Barbie: The Size of One's Own Body Determines the Perceived Size of the World," *PLos One* 6, no. 5 (May 2011): e20195.

25 Loretxu Bergouignan et al., "Out-of-Body Induced Hippocampal Amnesia," *Proceedings of the National Academy of Sciences* 111, no. 12 (March 2014): 4421-426

8장. 모든 것이 제자리에

1 William Blake, *The Marriage of Heaven and Hell*. 다음 자료에서 인용. http://gutenberg.org/files/45315/45315-h/45315-h.htm

2 다음 자료에서 인용. Jacques Catteau, *Dostoyevsky and the Process of Literary Creation* (Cambridge: Cambridge University Press, 1989), 114.

3 Shirley M. Ferguson Rayport, "Dostoyevsky's Epilepsy: A New Approach to Retrospective Diagnosis," *Epilepsy & Behavior* 22, no. 3 (2011): 557-70.

4 다음 자료에서 인용. Catteau, 앞의 책, 114.

5 Fyodor Dostoyevsky, *The Idiot*, trans. Eva Martin. 다음 자료에서 인용. http://gutenberg.org/files/2638/2638-h/2638-h.htm

6   상동.

7   상동.

8   Henri Gastaut, "Fyodor Mikhailovitch Dostoyevsky's Involuntary Contribution to the Symptomatology and Prognosis of Epilepsy," *Epilepsia* 19, n. 2 (1978): 186-201.

9   F. Cirignotta et al., "Temporal Lobe Epilepsy with Ecstatic Seizures (So-called Dostoyevsky Epilepsy)," *Epilepsia* 21 (1980): 705-10.

10 Fabienne Picard and A. D. Craig, "Ecstatic Epileptic Seizures: A Potential Window on the Neural Basis for Human Self-Awareness," *Epilepsy & Behavior* 16, no. 3 (2009): 539-46.

11 상동.

12 상동.

13 Anil Ananthaswamy, "Fits of Rapture," *New Scientist*, January 25, 2014, 44.

14 A. D. Craig, "How Do You Feel?," http://vimeo.com/8170544

15 A. D. Craig, "Can the Basis for Central Neuropathic Pain Be Identified by Using a Thermal Grill," *Pain* 135, no. 3 (April 2008): 215-16.

16 A. D. Craig et al., "Functional Imaging of an Illusion of Pain," *Nature* 384 (November 21, 1996): 258-60.

17 A. D. Craig et al., "Thermosensory Activation of Insular Cortex," *Nature Neuroscience* 3, no. 2 (February 2000): 184-90.

18 A. D. Craig et al., "How Do You Feel? Interoception: The Sense of the Physiological Condition of the Body," *Nature Reviews Neuroscience* 3 (August 2002): 655-66.

19 A. D. Craig, "Interception and Emotion: A Neuroanatomical Perspective," *Handbook of Emotions*, 3rd ed., Michael Lewis et al., eds. (New York: Guilford Press, 2008), 281.

20 상동, 281.

21 Antonio Damasio, "Mental Self: The Person Within," *Nature* 423 (May 15, 2003): 227.

22 Fabienne Picard et al., "Induction of a sense of Bliss by Electrical Stimulation of the Anterior Insula," *Cortex* 49, no. 10 (2013): 2935-937.

23 Aldous Huxley, *The Doors of Perception* (London: Thinking Ink, 2011), 2.

24 "Dr Humphry Osmond," *Telegraph*, February 16, 2004, http://www.telegraph.co.uk/news/obituaries/1454436/Dr-Humphry-Osmond.html

25 Huxley, 앞의 책, 5.

26 상동, 7.

27 Obituary of Humphry Osmond in *BMJ* 328 (March 20, 2004): 713.

28 Franz X. Vollenweider and Michael Kometer, "The Neurobiology of Psychedelic Drugs: Implications for the Treatment of Mood Disorders," *Nature Reviews Neuroscience* 11 (September 2010): 642-51.

29 Jordi Riba et al., "Increased Frontal and Paralimbic Activation Following Ayahuasca, the Pan-Amazonian Inebriant," *Psychopharmacology* 186, no. 1 (2006): 93-98.

30 A. D. Craig, "How Do You Feel-Now? The Anterior Insula and Human Awareness," *Nature Reviews Neuroscience* 10 (January 2009): 59-70.

31 Martin P. Paulus and Murray B. Stein, "An Insular View of Anxiety," *Biological Psychiatry* 60, no. 4 (August 2006): 383-87.

32 Fabienne Picard, "State of Belief, Subjective Certainty and Bliss as a Product of Cortical Dysfunction," *Cortex* 49, no. 9 (October 2013): 2494-500.

33 Mihaly Csikszentmihalyi, *Flow: The Psychology of Optimal Experience* (New York: Harper Perennial, 2008), xi.

34 상동, 62.

35 상동, 64.

36 상동.

에필로그

1   Mattew R. Dasti, "Nyāya," *Internet Encyclopedia of Philosophy*, http://
    www.iep.utm.edu/nyaya

2   C. S. Aravinda, TIFR Centre for Applicable Mathematics, Bangalore,
    India.

3   David Hume, *A Treatise of Human Nature*. 다음에서 볼 수 있다. http://
    www.gutenberg.org/files/4705/4705-h/4705-h.htm

4   Daniel C. Dennett, *Consciouness Explained* (Boston: Little Brown,
    1991), 416.

5   Daniel C. Dennet, *Intuition Pumps and Other Tools for Thinking* (New
    York: W. W. Norton, 2013), 334.

6   상동, 336.

7   Miri Albahari in Mark Siderits et al., eds., *Self, No Self? Perspectives from
    Analytical, Phenomenological, and Indian Traditions* (Oxford: Oxford
    University Press, 2010), 92.

8   Antonio Damasio, *Self Comes to Mind: Constructing the Conscious Brain*
    (New York: Vintage, 2012), 11.

9   John Searle, "The Mystery of Consciousness Continues," review of
    Damasio's *Self Comes to Mind, New York Review of Books*, June 9, 2011,
    http://www.nybooks.com/articles/archives/2011/jun/09/mystery-
    consciousness-continues

10 Siderits et al., eds., 앞의 책, 23.

11 상동, 23.